高超声速气动力热
环境新型预测与验证技术

赵　民　等著

国防工业出版社

·北京·

内 容 简 介

本书旨在气动力热研究领域分析新型预测与验证技术发展脉络并推进新技术的应用。分析了高超飞行器的气动力热技术和天地一致性研究的发展,以及钝体绕流控制与减阻技术领域的新进展;提出了基于泛函的预示方法,使用智能算法在多维度数据中寻求不变规律,对湍流转捩数值预测这个艰深又重要的方向做了深入的探讨;试验验证技术中介绍了嵌入式大气数据传感系统,期望可以为飞行试验提供重要测量技术,风洞非接触测量技术则讲述了测量表面热分布的磷光热图技术和测量全场速度分布的粒子图像测速技术。

本书主要供气动力热、飞行器设计、试验测试、流体力学和对气动力热领域感兴趣的专业人员参考。

图书在版编目(CIP)数据

高超声速气动力热环境新型预测与验证技术/赵民
等著. —北京:国防工业出版社,2019.5
ISBN 978-7-118-11739-4

Ⅰ.①高… Ⅱ.①赵… Ⅲ.①高超音速飞行器—气动
传热—研究 Ⅳ.①V47

中国版本图书馆 CIP 数据核字(2019)第 043633 号

※

*国防工业出版社*出版发行
(北京市海淀区紫竹院南路 23 号 邮政编码 100048)
三河市腾飞印务有限公司印刷
新华书店经售
*
开本 710×1000 1/16 印张 20¼ 字数 373 千字
2019 年 5 月第 1 版第 1 次印刷 印数 1—1500 册 定价 268.00 元

(本书如有印装错误,我社负责调换)

国防书店:(010)88540777 发行邮购:(010)88540776
发行传真:(010)88540755 发行业务:(010)88540717

《高超声速气动力热环境新型预测与验证技术》
编写委员会

序

    航天是彰显国家实力和承载国家意志的高技术产业领域。航天器是航天发展的重要标志,各航天大国都在积极探索和研发新型航天器,而新型航天器的研发要解决许多新的科学与技术问题。超声速和高超声速是目前世界航天大国关注和研究的热点。对于此类航天器一个重要问题是热障或新的热障问题。

    热障问题实际上是气动力热问题,这是飞行器研究和设计的重要问题之一,研究和设计者在认知气动力热机理基础上,寻求对气动力热分析、试验和预测,为此必须发展新的理论预测、试验模拟和研究性飞行试验,使三者互为补充互为完善。对于高超声速飞行器来说,气动力热问题极为复杂,目前对其力热环境、力热响应、试验模拟等认识不甚清晰,解决途径有待探索和创新。

    本书作者对此进行多年研究,提出高超声速飞行器气动环境的理论、数值模拟预测和试验验证技术,是难能可贵的。本书不是一般包罗万象的气动教科书,主要对高超声速飞行的气动力热环境研究做了较全面分析,在此基础上提出一些新的预示和试验理论及技术。全书系统总结和分析了诸如高超飞行器气动力热技术发展、天地一致性、绕流和减阻、力热预示方法、转捩和湍流以及风洞先进测试等。

    书中分析了高超飞行器气动力热技术和天地一致性相关研究,梳理了发展脉络。在预示技术方面讲述了基于泛函的预示方法,希望用泛函算法分析数据识别规律,将来替代人脑识别海量数据,将数学领域的进步及时引入工程应用。这也是高超气动研究向人工智能化发展的一个途径,具有一定的前瞻性。

试验技术在工程设计中，长期处于方案验证和性能测试的位置。虽然地位很高，对工程设计具有决断性的发言权，但是也慢慢有些落伍。伴随工程设计越来越追求精细与准确，需要我们对流动的理解，从知其然要迈向知其所以然的水平。只知道总性能，不知道这些性能下深藏的流动细节和背后的物理机理，我们就不敢将余量挖到底，不敢使用跨越创新的方法。书中在试验验证技术方面讲述了风洞先进非接触测量技术，在不破坏流动本身的前提下测量气动力热分布，捕捉丰富的流动细节，为分析流动机理和考核仿真模型提供可靠的依据，为试验从知其然迈向知其所以然的水平提供方法。

　　科学、技术与工程是相辅相成的促进关系，没有工程实践就没有科学研究的方向，没有科学研究就没有关键技术的突破和工程发展的原动力。书中这些预示与试验技术，在科学领域里已经诞生，在实验室中逐步形成工程技术的雏形，但是还要通过艰苦的推动过程，才能在工程设计中得到应用。值得欣慰的是，编者根据自己长期在工程实践中积累的经验和技术，选择了这些有重要工程应用前景的新技术，并且致力于将他们推向工程应用，为科学研究成果融入工程实践中做出有益的探索。

　　千里之行始于足下，此书也许为新型高超飞行器工程技术发展照亮了一小段路，相信本书是一本从事高超飞行器研究的科技工作以及从事此领域学习的研究生的重要参考书。

2019 年 2 月于北京

前　言

推出此书,本人一直很忐忑不安,气动力热环境是个无边无际的话题,新型预测与验证方法又囊括了所有技术前沿,如此大的题目要说能够把握,难免是吹牛。但是本人又一直有个愿望,能够将多年来积累的经验和感受表达出来,邀请专家学者们一起探讨对气动力热环境和工程技术的认识,并且对未来的技术发展提出我们的想法。

气动力热环境是飞行器设计第一步就要解决的问题,又是在飞行器飞上蓝天的第一刻要重点考核的性能。如此重要的领域却面临着一个尴尬的局面。气动力热是科学研究的前沿,诸多学者倾其一生心血做理论研究,又有多少才俊在高校和实验室里提出理论模型、建立仿真方法、改进试验技术,浩如烟海的文献天天在提出新思想。然而我们面对的现实却是工程气动力热设计与验证技术远远赶不上科学前沿发展,由于行业的固守和科学思想向工程技术转换的艰难,气动力热环境的预测和验证技术其实是发展迟缓的。应当说,科学思想向工程技术转换是很多行业发展的瓶颈,气动力热环境研究方面也不例外。

本书并没有对气动力热做系统讲述,因为该领域已经有了很多优秀的教科书,而是重点关注和分析新型预测与验证技术在气动力热环境工程设计中的应用,并且选取了几个在理论上较为成熟,工程应用中有潜在推动力的技术发展方向重点做了介绍。期望读者是期待改变传统技术的有心人,能够在阅读此书后有兴趣进一步深入学习,将具有应用前景的新技术和新思想注入设计流程中,在工程应用中再次哺育,将科学理论转换为技术创新的能力。

书中首先分析了技术发展脉络探讨了发展前景,对多项新技术的内涵和工程背景做了介绍,并且从应用的角度阐述了新技术的优势与不足。相关内容包括:第 1 章高超声速气动力热技术发展;第 2 章高超飞行器天地一致性研究发展;第 3 章钝体绕流与减阻控制。

在新型预示技术方面提出了基于智能算法和数值仿真的新型预测技术。虽然目前预示技术还不具备良好的普适性和可靠性,但代表着将来预示技术的发展方向。相关内容包括:第 4 章基于泛函的高超声速气动力热预示方法;第 5 章湍流转捩数值预测方法研究。

书中提出的新型试验技术,虽然目前在工程应用中尚未普及,但是很可能在工程设计中成为重要的新型验证手段。相关内容包括:第 6 章嵌入式大气数据传感系统;第 7 章风洞选进非接触测量技术。

这些内容远远无法覆盖气动力热环境研究的宽泛,只是以有限的内容向未来发展做一个遥远的招手,以有限的认知为缩短技术创新与科学前沿之间的差距迈出小小一步。

未来已经来临只是尚未流行,期待你们这些真正了不起的技术人员,能够在这伟大时代,实现我们共同的梦想。

作　者
2019 年 1 月于北京

目　　录

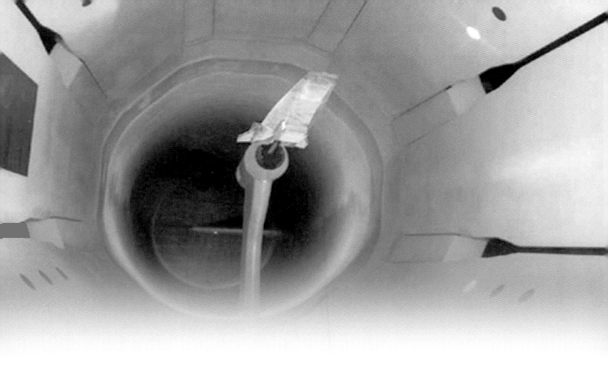

第 一 章

高超声速气动力热技术发展

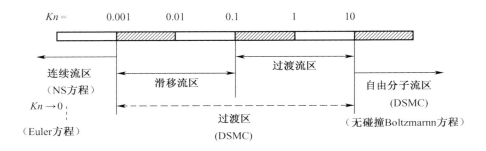

1.1　高超声速气动力预测

高超声速飞行器的气动力特性决定其飞行轨道和飞行性能,而气动力特性受到高超飞行器外形的影响。在高超声速飞行器的初始设计阶段,必须对不同外形飞行器的气动力特性进行准确预测。对于高超声速飞行器的气动力的研究,主要方法包括理论工程计算、数值模拟以及试验研究三大方面[1]。

1.1.1　高超声速气动力理论工程计算

在高超声速飞行器的研制初期,不可能投入过多的资源进行数值仿真和试验研究,因此发展快捷有效的工程计算方法进行气动力的计算就显得十分必要。

对于高超声速飞行器,空气黏性主要在比激波层薄很多的边界层内起作用,而在激波层内,可以忽略黏性作用。因此,用无黏流动的分析方法,可以预测大部分的气动特性,特别是预测升力和俯仰力矩可以取得比较满意的结果。但如果要更为准确地获得气动力信息,仍需考虑黏性阻力的影响。下面从无黏气动力的计算方法以及黏性阻力的计算方法对气动力工程计算进行介绍。

1.1.1.1　无黏气动力计算方法

无黏气动力的计算方法包括牛顿流模型法、切楔法/切锥法以及 Dahlem-Buck 法三种常用方法。

1）牛顿流模型法

将流体质点的运动看作直线运动的粒子,流体粒子撞击到物体表面后法向动量完全损失而切向动量保留。在此假设下,流体作用于物体表面的压力系数只与物面和来流方向的夹角 θ 有关。压力系数有如下表达式:

$$C_p = \frac{p - p_\infty}{\rho_\infty V_\infty^2 / 2} = 2\sin^2\theta \qquad (1.1)$$

式中:p_∞、V_∞、ρ_∞——来流压力、速度和密度;

$\quad p$——物体表面压力。

原始的牛顿压力系数公式适用于 Ma 趋近于无穷大的情况,Lees[2] 考虑了有限马赫数对牛顿公式的修正,提出修正公式如下:

$$C_p = C_{p\text{max}}\sin^2\theta$$

$$C_{p\text{max}} = \frac{2}{\gamma Ma_\infty^2}\left\{\left[\frac{(\gamma+1)^2 Ma_\infty^2}{4\gamma Ma_\infty^2 - 2(\gamma-1)}\right]^{\frac{\gamma}{\gamma-1}}\left[\frac{1-\gamma+2\gamma Ma_\infty^2}{\gamma+1}\right] - 1\right\}$$

$$(1.2)$$

式中:$C_{p\text{max}}$——驻点压力系数;

$\quad \gamma$——比热比。

图 1.1 给出来流马赫数 $Ma = 8$ 时,牛顿公式和 Lees 修正牛顿公式给出绕椭球体表面压力系数分布与精确时间推进解[3]的对比,可见对于马赫数不太高的钝头体外形绕流问题,Lees 修正公式与精确解吻合更好。

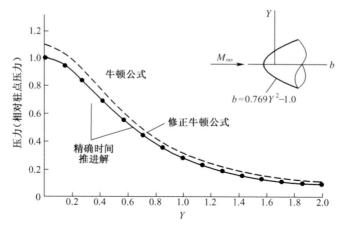

图 1.1 绕椭球体的表面压力分布($Ma = 8.0$)

2)切楔法/切锥法

切楔法/切锥法[4]用于预测二维平面/轴对称体在高超声速流场中的表

面压力分布。切楔法/切锥法的基本思想是物面上任意一点的压力等于以当地倾角 θ_i 为半楔角/半锥角的平面斜激波/圆锥激波后的压力,从而由斜激波关系式/圆锥激波关系式得到。图 1.2 是切楔法的示意图。使用切楔法/切锥法需注意,物面当地倾角不能大于来流马赫数对应的临界脱体角。因而切楔法/切锥法只适用于具有贴体激波的尖头体外形。

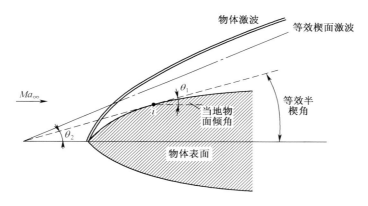

图 1.2 切楔法示意图

切楔法根据斜激波的 $\theta_i - \beta - Ma_\infty$ 关系求解每个面元处的激波角 β。

$$\tan\theta_i = \frac{2\cot\beta(Ma_\infty^2 \sin\beta - 1)}{Ma_\infty^2(\gamma + \cos2\beta) + 2} \quad (1.3)$$

求解方程得到激波角后,利用激波前后参数关系式得到激波后压力 P 以及物面压力系数 C_p。

3)Dahlem-Buck 法

Dahlem-Buck 法是牛顿流模型法与切锥法相结合的方法,在大撞击角时采用修正牛顿法,在小撞击角时采用近似的切锥法。

$$C_p = C_{pD} \cdot \frac{c_{p,\text{cone}}(Ma_\infty)}{c_{p,\text{cone}}(Ma_\infty = 20)} \quad (1.4)$$

式中:$c_{p,\text{cone}}$——相应马赫数下锥形流的压力系数,作为引入马赫数的修正;

C_{pD} ——根据不同撞击角下选择的牛顿法或切锥法。

其中：

$$C_{pD} = \begin{cases} \left[\dfrac{1}{\sin^{3/4}(4\delta)} + 1 \right] \sin^2\delta \\ C_{p\max}\sin^2\delta \end{cases} \tag{1.5}$$

式中：δ ——撞击角，也就是气流偏转角。

1.1.1.2 黏性阻力的计算方法

这里黏性阻力的计算主要是指摩擦阻力系数的计算，对摩阻的工程计算，是利用平板的研究结果，把飞行器表面展开成一个"相当平板"。通过将平板的摩阻加入形状修正因子和可压缩性修正因子来获得飞行器的摩阻。对于低速情况，平板摩阻为

$$C_{xfp} = 1.328/\sqrt{Re_L} \tag{1.6}$$

式中：C_{xfp} ——平板双面摩阻系数。

经过修正，可以计算高超飞行器摩阻：

$$C_{xf} = C_{xfp} \cdot (1 + 0.03Ma^2)^{-1/3} \cdot \eta_\lambda \cdot S_f/S_{ref} \tag{1.7}$$

式中：Re_L ——以飞行器长度计算出的雷诺数；

η_λ ——形状修正因子；

S_f ——飞行器侧面积。

1.1.2 高超声速气动力的数值模拟

在高超声速飞行器设计中，CFD 数值模拟是获取飞行器气动力的重要手段。对于高超声速绕流流场的数值模拟，现有的大多数 CFD 计算方法在气动力的计算中都能够给出令人满意的结果，可以较好地刻画流场动力学特性。但由于高超声速问题的复杂性，如高温边界层转捩、化学非平衡流效应以及高空稀薄流效应等，均会对气动力的数值计算造成影响，因而需对此类问题

进行更深入的研究。

1.1.2.1　网格/湍流模式的影响

由于高超声速飞行器壁面流动复杂,为了对气动力进行准确计算,必须考虑网格对计算的影响,同时需采用有效的转捩模式和湍流模式。

Alter[5]评估了在高超声速计算中结构网格的质量问题以及网格质量对计算结果的影响,认为网格的正交性对准确计算高超声速情况下物面的摩擦阻力计算很重要,并定义了一种网格质量评估标准,1 表示最好的网格,0 表示最差。一般的高超声速计算,要求网格质量在 0.6~0.8 之间。Nichols[6]则进一步讨论了高超声速流动中壁面计算问题,提出了一种适合高超声速流动的湍流壁面函数边界条件,使得在 $y+<100$ 的范围内,都能得到较好的壁面压力、摩阻分布。Brown 等人[7]对高超声速流动的湍流模型进行了验证,考虑物面的压力变化,摩擦阻力变化,并与试验数据进行比较,分析表明 $k\text{-}\omega$ SST 和 $k\text{-}\omega$ 湍流模型能够给出与试验更为接近的结果。

1.1.2.2　化学非平衡流效应

由于高温效应,高超声速飞行器壁面气体会发生化学反应。当化学反应时间尺度与流动特征时间尺度相当时,即处于化学非平衡流动状态,此时的 CFD 控制方程需考虑不同的气体化学组分、化学反应模型等。图 1.3 为 Gupta 等人[8]对一典型的半径为 0.305m 的球头驻点区域的热化学状态的分类。

Hassan 等人[9]针对"阿波罗"返回舱开展了考虑化学非平衡效应的气动分析,研究了化学反应和振动激发对升阻比和配平攻角的影响,考虑了 5 组元化学反应模型进行计算($Ma=27$),并与理想气体和试验结果进行了比较。结果表明考虑化学非平衡效应计算的升阻比系数小于考虑理想气体计算的结果,并与试验结果吻合较好。Papadopoulos 等人[10,11]采用 5 组元化学非平衡模型对航天飞机不同攻角下俯仰力矩的特征进行了计算研究。结果表明

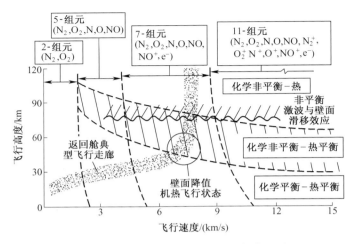

图 1.3　驻点区域空气热化学状态分区图

考虑化学非平衡效应会推迟俯仰力矩系数的逆转。Bisceglia 等人[12]开展了考虑化学非平衡效应的数值模拟研究,对 $Ma = 9 \sim 26$,高度 $40 \sim 80km$ 飞行条件的壁面压力分布和摩阻系数进行了比较,发现压力分布和摩阻系数受到来流马赫数的影响,并与试验和飞行数据进行对比,吻合较好。

1.1.2.3　稀薄气体效应

高空大气气体稀薄,流动不满足连续性假设,需考虑自由分子流动作用。DSMC(直接模拟蒙特卡洛法)从微观角度建立气体分子运动模型,可对高空稀薄流流场进行计算。Bird[13]曾用该方法计算航天飞机的升阻比系数,结果与试验吻合较好。吴伟等人[14]也考虑稀薄流效应的影响,采用 DSMC 方法对于三维球头的气动力特性进行了数值仿真研究,得到了球头绕流流场的压力分布。结果表明稀薄流低密度效应对于表面压力系数分布和阻力系数的影响很大,球头阻力系数明显增加。

1.1.3　高超声速气动力的试验研究

高超声速风洞气动力试验研究对高超声速飞行器设计和性能评估具有着重要的意义。高超声速飞行器工作环境极其特殊,伴随着高温、高焓、剧烈的化学反应等效应,再加上其复杂的结构外形,这对气动性能的数值计算造成了困难。目前高超声速风洞气动试验仍是研究、预测高超声速飞行器气动性能和解决关键气动问题的主要方法[15,16]。

1.1.3.1 气动力测量技术

目前可用于开展高超声速气动力各类试验的地面设备主要包括常规高超声速风洞、脉冲型高超声速风洞(包括激波风洞/炮风洞和高超声速脉冲燃烧风洞)以及弹道靶设备等。

常规高超声速风洞,通常 $Ma<10$,且工作压力及密度均较高,试验时间相对较长(从秒到分钟)。脉冲型高超声速风洞,虽然模拟 Ma 较高,可达 20,且工作压力及温度(8000K)均较高,但试验时间短(毫秒量级)。弹道靶是一种实现气动试验模型在静止气体中自由飞行的空气动力学地面试验设备,获得模型的气动特性参数,特别是动导数等动态气动特性系数,最大 Ma 可达 15。

Holland、Engelund 等人[17,18]对美国 Hyper X 系列试验飞行器的风洞气动力试验进行了总结,对高超声速试验、超声速/跨声速试验进行了分析,并获得了不同速度范围下气动力系数随攻角变化的规律,如图 1.4 ~ 图 1.7 所示。这对高超声速飞行器的飞行试验有重要的参考价值。

图 1.4 Hyper X 试飞器高超声速风洞气动试验($Ma=6$)

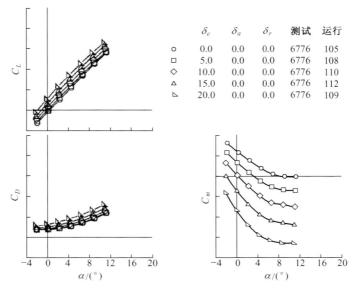

图 1.5　Hyper X 试飞器高超声速下的气动性能参数($Ma=6$)

图 1.6　Hyper X 试飞器超声速/跨声速风洞气动试验

1) 风洞天平技术

风洞天平是高超声速风洞气动力试验研究的核心和关键设备,风洞天平技术水平的高低,将直接影响风洞气动力测试结果的准确性和可靠性[19]。根据天平测量原理、测量敏感元件的不同,可以分为应变天平、压电天平和光纤天平等。

应变天平在高超声速气动力试验中应用最为广泛,技术最成熟。但由于高超声速测力环境恶劣,且往往模型尺寸较小,因而测力量程小,这就对高超

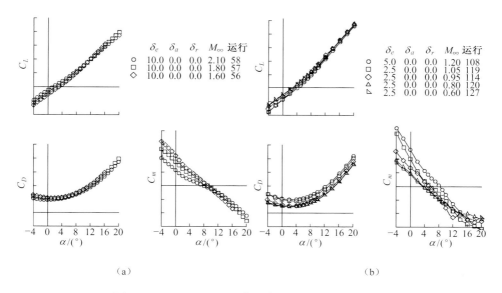

图 1.7 Hyper X 试飞器高超声速下的气动性能参数

(a)$Ma = 2.1 \sim 1.6$；(b)$Ma = 1.2 \sim 0.6$。

声速测力天平提出了较高的要求。目前国内外已经发展出各种内置、外置微量天平，包含温度修正、动态性能补偿等功能，如图 1.8 所示。Vadassery[20]设计了一种外置应变阻力天平，并在 $Ma = 9.4$ 下对钝头体模型进行了测力试验(图 1.9)，试验结果与理论吻合较好。该天平设计充分利用现代有限元技术，进行了大量的仿真分析，对结构强度及脉冲响应都进行了合理的估计，这使天平的设计更为合理。

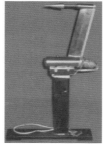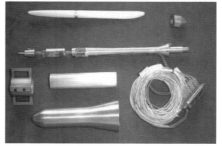

图 1.8 不同种类的高超声速微量天平

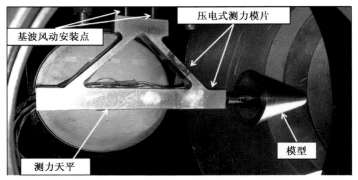

图 1.9 钝头体高超声速阻力试验($Ma=9.4$)

压电天平利用压电陶瓷或晶体的压电效应进行气动力测量。压电天平具有刚度高、响应快、结构简单、载荷范围宽和模型适应能力强等特点。国外已有不少学者对此类天平进行了设计、研究,该类天平已在激波风洞中具有广泛应用[21,22,23],如图 1.10 所示。Marineau[22]的试验结果表明在相同的精度下,压电天平在频响上比传统应变天平提高 350%,灵敏度上提高 400%。对于升力、阻力系数以及力矩的测量上与 CFD 数值仿真结果相差在 5% 以内。Jia 等人[23]设计制作了新型六分量压电天平,并经过静态校准和动态测试。试验结果表明该天平的非线性误差和可重复性误差分别为 0.06% 和 0.19%,具有较好的动态响应和跟随性。Lv 等人[24]利用有限元软件(ANSYS)进行压电天平设计,分析其固有频率及模态等结构动力学信息,保证天平结构的可靠性,并通过改变压电材料参数,来获取天平的最优性能。

图 1.10 压电天平实物图[21]

光纤天平是为了适应等离子和电磁条件下的空气动力学试验研究而发展起来的一种新型测试天平[25,26]。光纤应变天平目前主要有两种类型。一种是基于法布里-珀罗干涉仪(Fabry-Pérot interferometer)制成。美国阿诺德工程发展中心(AEDC)对此类天平的设计研制开展了大量工作,通过与传统应变天平试验对比(图1.11),表明该光纤天平具有更高的精度和抗干扰能力。中国空气动力研究与发展中心(CARDC)根据此原理也自主研制了两分量光纤天平原理样机(图1.12),研究表明此类天平对电磁干扰完全免疫,对温度变化也不敏感,故其灵敏度较高、耐腐蚀、抗电磁干扰,能在高温环境中正常工作。另一种是基于光纤光栅制成,由光纤光栅反射波长的漂移来感应应变。Edwards[27]为了便于与传统应变天平进行比较,在一个六分量尾支应变天平上加入了光纤传感器,并针对一钝头体进行了法向力和俯仰力矩的测量,结果表明光纤天平具有较高的精度与灵敏度,并能较好地适应高温情况。Vasudevan[26]则利用光纤天平对高超声速气流下的平板的摩擦阻力进行了试验测量,并取得了较好的结果,试验模型如图1.13所示。沈阳航空航天大学

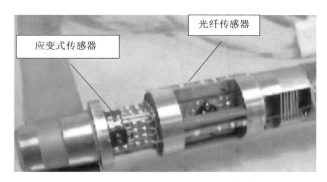

图 1.11　AEDC 光纤应变天平[27]

图 1.12　CARDC 制作的两分量光纤天平原理样机

图 1.13　高超声速风洞中利用光纤天平测平板摩阻($Ma=8.35$)[27]

研制了五分量光纤光栅测力天平并进行了动校试验。结果表明该光纤光栅天平与传统应变天平具有相同精度,但该天平受温度影响较大。因此,第一类光纤天平,即基于法布里-珀罗干涉原理制作的天平则更有发展前景,更适用于高超声速的恶劣试验环境。

2)数据采集技术

高超声速风洞的数据采集系统主要有总线式和仪表式两种。总线式有PCI、ISA 总线数采板和 VXI、PXI 总线平台数采系统。由于技术发展和设备更新的周期性,可以预见在今后的十几年期间,现有数采系统将继续发挥作用。同时,采用 PXI 总线的数采系统将在风洞中得到更为普遍的应用,而一些嵌入式现场总线数采系统也将逐步在风洞中得到应用。

从测试精度指标要求来看,系统的静态测量精度应达到 $0.01\% \sim 0.02\%$,动态测量精度应不低于 $0.1\% \sim 0.5\%$;而对于数采系统的采集速度要求,静态数采系统 10 万次/秒已经完全满足风洞试验需求,而动态数采系统则可能发展到 20MHz 以上。

1.1.3.2　气动力试验分类

全模测力试验是高超声速风洞气动力试验采取的主要形式。通过该试验获得模型在不同马赫数和姿态角下的纵向和横向气动力特性,如升力、阻力、侧力、俯仰力矩、偏航力矩及压力中心等特性。

模型自由飞试验是在风洞流场建立后,利用模型投放装置快速将模型投放到试验段流场中,记录模型的运动轨迹,具有无支杆干扰的特点,尤其适合阻力、底部压力、多体干扰以及静态、动态气动特性测量研究。

喷流干扰特性试验用于确认发动机喷流(内流)对飞行器外流的干扰,合理布局飞行器结构,达到减小阻力及提高飞行稳定性的目的。航天飞机的喷流反作用控制特性(RCS)以及导弹的姿态控制、自主飞行等特征都与喷流干扰效应相关。

铰链力矩试验测量模型各舵面的气动力对舵转角的力矩,以给出舵面的操纵效率,为设计合适的操纵装置提供依据。铰链力矩测量通常采用全模型。模型由尾支杆支撑,气流作用在舵面上的力和力矩采用内置于模型内部的天平测量。

动稳定性(动导数)试验是测量飞行器气动力系数和气动力矩系数对飞行器无量纲旋转角速度或姿态角变化率的导数。动导数是影响飞行器飞行动力学的重要气动参数。

1.2　高超声速气动力问题研究发展趋势与展望

高超声速飞行器的气动力是高超声速飞行器研制过程中的一个关键指标。如上所述,无论在工程计算、数值模拟、还是试验研究上,对于气动力的研究都有了长足的进展。但随着高超声速技术的不断发展,对于气动力测试的要求越来越高,仍有以下几个问题较为突出:

(1)高超声速气动力的工程计算是一种快捷的气动力计算方法,传统计算往往忽略摩擦阻力(简称摩阻),只进行无黏阻力计算。其原因在于低超声速飞行器(一般指 Ma 介于 $1.2 \sim 3.6$)波阻很大而摩阻很小,在气动力工程计算中注重波阻而忽略摩阻,即主要采用牛顿流模型法进行无黏气动力计算。而对于高超声速飞行器($Ma>5$),雷诺数变小,其摩阻往往不可忽略,甚至有可能大于波阻,因而我国未来高超声速武器的气动力工程计算一定要考虑摩擦阻力效应。

(2)高超声速飞行器壁面流动复杂,连续流区域的基于 N-S 方程的气动力数值计算已受到网格划分、湍流模式以及转捩模式选取的影响,极大影响数值计算的准确性。目前虽有大量工作开展,但仍旧是高超声速飞行器研制需发展的重要研究方向。

(3)对于气动力的数值计算,连续流区域基于 N-S 方程进行计算,而对于高空自由分子流动区域,连续流假设不满足,N-S 方程控制方程不再适用,需发展新的控制方程进行数值计算。

高超声速稀薄流(自由分子流动)的流动控制方程为 Boltzmann 方程。由于 Boltzmann 方程本身的高度非线性,传统数值求解方法在实际运用时遇到了极大的困难。而基于统计思想的直接模拟蒙特卡罗(Direct Simulation Monte Carlo,DSMC)方法,从微观角度建立模拟分子的碰撞、迁移和能量交换等过程,是目前最有能力模拟现实情况下三维高超声速稀薄气体流的方法,并在对气动力、气动热的预测分析中取得了较好的效果,曾成功应用于美国航天飞机的升阻比计算,所得结果与飞行试验数据相符。

(4)过渡流区域介于自由分子流和连续流动之间,数值计算方面极难处理,连续流的 N-S 方程的数值计算不适用,而稀薄流的 DSMC 的方法受网格、时间步长以及仿真分子数等因素限制,在过渡流区域的计算效率低,计算量大,因此并不适用。对于过渡流区域,需开展高效、可靠的数值计算方法的研究。

对于过渡流区域的数值计算,目前广泛采用的方法有如下两种。①采取滑移边界条件的 CFD 算法。对于过渡流区域,壁面无滑移条件不满足,可采用速度滑移和温度跳跃壁面边界条件,对基于 N-S 方程的 CFD 方法进行修正。该方法在一定程度上可以解决边界条件问题,但当气体稀薄程度加大时并不适合。②将 CFD 和 DSMC 方法耦合计算,发挥各自的优点,扩展两种算法的使用范围,使其适合过渡区域流动的计算。这种耦合算法的研究是目前过渡流区域数值计算的研究热点,大多以提高两种算法的数据交换稳定性为目标开展研究。该耦合算法可以保证较高的计算精度,且具有较快的计算速度,适合过渡流区域的数值计算。

(5) 由于高温效应,高超声速飞行器壁面气体会发生化学反应,对气动力的计算造成影响,如何开展考虑化学反应的数值计算是重要的研究方向。

当化学反应时间尺度与流动特征时间尺度相当时,即处于化学非平衡流动状态,此时化学反应效应不能忽略,CFD 控制方程需考虑不同的气体化学组分、化学反应模型等,对控制方程进行补充修正,从而以保证数值求解的准确性。这里化学反应模型、化学反应组分的选取均是研究热点问题。

(6) 高超声速风洞气动力试验是为高超声速飞行器设计和性能评估提供可靠数据不可或缺的重要技术手段。高超声速风洞测力天平工作条件相对恶劣、天平温度效应控制要求高,并可能需要进行电磁隔离。开展相应的高精度、高灵敏度及抗干扰的天平测力技术极其重要。

光纤天平是解决上述问题的一个重要技术途径,具有较高的精度与灵敏度,并能较好的适应高温情况以及电磁干扰,是天平测力技术的一个重要发展方向。

1.3　高超声速气动热预测

随着高超声速飞行器的设计飞行速度大幅提高,由气动加热产生的高温热环境变得越来越严酷。以 $Ma=6$ 的高超声速飞行器为例,其前端天线罩锥部的瞬时热流密度可超过 $1.2\mathrm{MW/m^2}$,驻点温度可高达 1200℃。由文献[28]记载的美国航天飞机穿越大气层时各部位的温度分布可知,机体、机翼、垂尾等大部分区域的温度在 750~1450℃之间，飞行器前锥端部和进气道等部位甚至会出现接近 1800℃的局部高温区。高速飞行时严重的气动加热所产生的高温会显著降低高超声速飞行器材料的强度极限和飞行器结构的承载能力，使结构产生热变形，破坏部件的气动外形并影响飞行器结构的安全性能。可以说高超声速飞行器气动热的准确预测以及材料和结构的热防护与热强度问题已成为事关飞行器研制成败的关键。

高超声速气动热预测是高超声速飞行器顺利研制的技术保障，由于复杂的飞行环境(空气离解、流动转捩等)、复杂的气动外形结构等因素，给高超声速气动热的准确预测带来了困难。高超声速气动热预测，从理论上讲没有一种较为普适的预测方法，地面试验设备也不可能完全模拟众多因素，一直是高超声速研究领域的一大难点。目前，高超声速气动热预测方法也可以分为工程计算、数值模拟以及试验研究三种方法。

1.3.1　高超声速气动热的工程计算

工程计算方法是基于边界层方程相似解，经过理论分析并进行合理假设推导获得，或根据试验数据，通过理论分析形成的半经验方法。工程计算方法自提出以来，因其计算过程简单，且计算效率高，因而得到了迅速的发展。

1.3.1.1　零攻角轴对称简单外形飞行器

1）驻点热流的计算

对于飞行器驻点热流的计算，采用边界层相似解求表面摩阻系数，层流采用 Blasius 表面摩阻公式，湍流采用 Schultz-Grunow 表面摩阻公式，并利用 Eckert 参考焓方法分析高速气流压缩性影响，及雷诺比拟关系式计算表面热流密度。具体的应用形式有被广泛采用的 Fay-Riddell 公式，以及考虑了激波效应的 Kemp-Riddell 公式等。不同驻点热流计算公式的计算结果对比如图 1.14 所示。

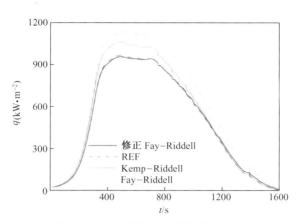

图 1.14 不同驻点热流计算公式对比

2）非驻点热流的计算

对于非驻点热流计算，由于流体参数和热力学参数沿物面方向发生变化，相似解不存在，因此需引入假设，即各参数沿物面方向的变化率远小于沿物面法向的变化率。此时速度剖面与法向坐标可以通过一定的变换使速度剖面在流向方向相同，即存在局部相似解，从而进行计算。Lees[29]根据非驻点局部相似解得到了钝体层流热流密度分布公式，该公式可以用来预测球头、锥体等部分的热流密度分布，给出的结果同地面试验数据有良好的一致性。Vaglio[30]及Zoby 等人[31]也发展了不同的非驻点湍流热流密度计算公式，如图 1.15 所示。

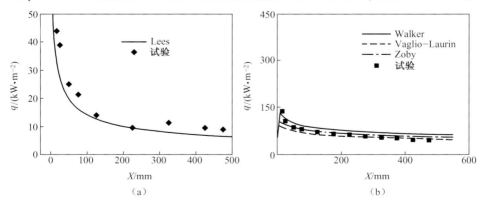

（a）   （b）

图 1.15 非驻点热流计算与试验比较

（a）层流状体；（b）湍流状态。

1.3.1.2 有攻角并带有翼/舵的复杂外形飞行器

目前飞行器的类型多种多样,按不同方式可以分为不同的类型。就气动热研究而言,飞行器外形可按其身部的宽钝比(Aspect Ratio,指飞行器的宽度与厚度之比)可分为小宽钝比飞行器、大宽钝比飞行器等。针对这两种复杂飞行器外形,有不同的气动热计算方法。

1) 小宽钝比飞行器计算

小宽钝比飞行器身部大面积区域的工程计算方法主要有轴对称比拟法、等价锥法等。

轴对称比拟法基于小横流假设,以流线作为一坐标轴,采用 Manger 变换,把三维边界层方程简化为准轴对称边界层方程,从而每一条表面流线对应于不同的轴对称等价体,且各个流线间独立,可用于计算有攻角小宽钝比的飞行器表面热流。Hamilton 等人[32]采用此方法建立了一套适用于理想气体和空气平衡气体的计算高超声速流中任意三维钝头体层流、转捩和湍流加热率的方法,并与试验结果吻合较好。

等价锥法是将有攻角的流动用零攻角等价锥的流动代替,其等价锥的半锥角是攻角、物面倾角和圆周角的函数,相当于有攻角物面相对于来流的局部倾角。

2) 大宽钝比飞行器的计算

大宽钝比外形可采用片条理论,即平行于飞行器的中心线把飞行器切出若干二维的片条,并假定这些片条之间没有干扰,把这些二维片条作为二维钝头物体,计算这些二维物体的表面热流,最终可获得整个飞行器表面的热流。

Adams 等人[33]采用片条理论对高超声速斜掠柱体,三角翼等模型的表面压力、表面热流及表面流线流动进行了计算,并与风洞试验数据进行了比较,结果吻合较好。

1.3.2 高超声速气动热的数值模拟

高超声速飞行器大气层内飞行一般可能会经历自由分子流、稀薄过渡流及连续流这三种不同的流动区域。三种不同的流动区域对高超声速气动热的数值计算有重大影响。

克努森数 Kn 是反映气体稀薄程度的无量纲参数，$Kn = \lambda / L$，λ 为分子平均自由程，L 可以取为飞行器整体特征长度或者边界层厚度。根据 Kn，气体流动可分为连续流区、过渡区和自由分子流区，定义如图 1.16 所示。我国未来高超声速飞行器主要巡航飞行高度 30～100km 范围内，由图 1.17 可知飞行区域主要处于过渡区域，需考虑稀薄气体效应。

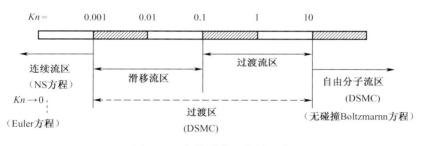

图 1.16 气体稀薄程度的区分

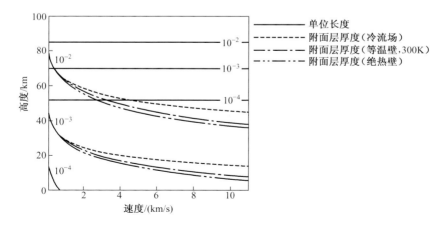

图 1.17 克努森数随着高度和飞行速度变化的等值线分布

1.3.2.1 连续流动的气动热数值计算

连续流区域的数值模拟是通过求解 N-S 方程及其各种简化形式来计算飞行器表面热流密度,包括求解黏性激波层(VSL)方程、抛物化 N-S 方程、全 N-S 方程等。而方程的求解受数值格式、网格形式以及湍流模式的影响较大,进而影响气动热的预测。

阎超等人[34]研究了不同计算格式(Roe 的 FDS 格式、Van Leer 的 FVS 格式、AUSM+格式及中心差分格式)对热流计算精度的影响,认为 AUSM+格式对热流计算最为准确。潘沙等人[35]讨论了网格形式对热流计算的影响,结果表明由于壁面温度梯度较大,热流计算对壁面法向网格分布极为敏感;且发现气动热计算的收敛过程比压力和流场收敛慢得多,即以方程残差和压力收敛作为气动热收敛的依据是不正确的。张向洪等人[36]对于不同湍流模型对热流密度计算的影响进行了分析,与试验结果比较发现 SST 模型与 $k-\omega$ 模型对热流密度的计算具有较好的结果,计算结果如图 1.18 所示。

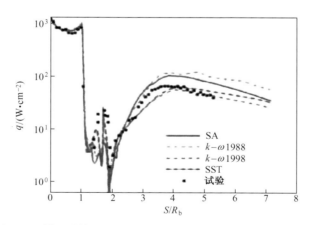

图 1.18 轴对称模型不同湍流模式仿真结果与试验结果的比较

1.3.2.2 稀薄流区的数值模拟

稀薄流区域流动不再满足连续性假设,流体的控制方程为 Boltzmann 方程,由于该方程的高度非线性,传统数值计算方法求解困难。而直接模拟蒙特卡罗法(DSMC)基于统计思想,从微观的角度建立气体分子碰撞、迁移和能量交换等过程,是目前最有能力模拟真实三维高超声速稀薄气体流动的方法。

Moss 等人[37]利用 DSMC 方法计算了双锥体模型以及中空柱裙模型的高超声速流动状态。计算中考虑了激波边界层干扰,边界层流动分离等重要现象。结果表明计算结果对于网格精度,物理模型参数敏感,并与 CUBRC 的试验结果进行了比较,试验结果吻合较好,结果如图 1.19 所示。我国 CARDC 也基于 DSMC 方法研制了稀薄气体动力学计算软件,该软件经过大量的风洞试验验证。可用于各类超声速/高超声速飞行器、羽流、局部气动干扰以及热环境精确预测,相关的研究成果如图 1.20 和图 1.21 所示。

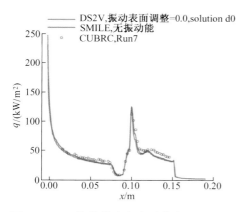

图 1.19 双锥体热流密度计算与试验比较　　图 1.20 子午线上热流计算与试验比较

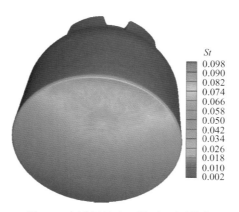

图 1.21 返回舱表面热流云图分布

1.3.2.3 过渡流区域的数值模拟

过渡流区域流动在数值模拟方面极难处理。由于气体较稀薄,连续流的 N-S 方程计算可能局部或全部区域失效,带来较大误差,而稀薄流的 DSMC 方法受网格、时间步长以及仿真分子数等因素限制,在过渡流区域的计算效率低,计算量大,因此并不适用。目前针对这一区域的处理方法主要有如下三种。

1)滑移边界条件的 CFD 算法

过渡流区域的基于 N-S 方程的 CFD 数值模拟,需对壁面边界条件进行修正。此时的边界条件需考虑低密度和热蠕动效应,采用速度滑移和温度跳跃壁面边界条件。经过滑移边界条件修正的 N-S 方程数值模拟可以应用于过渡流区域的计算。计算结果如图 1.22 所示,可以看出考虑滑移边界的计算结果更为接近 DSMC 的计算结果。

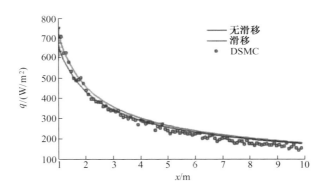

图 1.22 平板表面热流密度分布计算比较(计算高度 80km,$Ma = 8.2$)

2)基于 Boltzmann 方程跨流域高超声速统一算法

基于 Boltzmann 方程基本理论,考虑气体分子密度、碰撞频率、热力学效应等作用,根据微观分子动力学概率统计原理,推广应用气体运动论离散速度坐标法,引入最优化方法确定离散速度坐标点,将单一的气体分子速度分布函数方程化为可用计算流体力学有限差分方法数值求解的双曲型守恒方程。但此方法计算量较大。

3）CFD/DSMC 耦合算法

将 CFD 和 DSMC 方法耦合计算，发挥各自的优点，扩展两种算法的使用范围，使其适合过渡区域流动的计算。这种耦合算法的关键之处在于两种算法之间的数据交换方式，为了抑制数据交换时产生的统计波动，有多种交换边界处理方法发展起来。其中，Boyd 发展的 MPC 耦合技术[38] 被广泛采用，该方法可以保证较高的计算精度，且具有较快的计算速度。

1.3.3　高超声速气动热的试验研究

高超声速飞行器的气动热工程计算和数值模拟均在实际问题上进行了不同程度的简化。为了获得准确的气动热数据，需进行试验研究，并为气动热的计算提供数据参考。这对高超声速飞行器的研制有着重要的意义。

气动热试验技术主要包括加热技术、温度测试、热流测试、高温应变测试等。

热试验辐射加热装置有石英灯加热器、石墨加热器、电弧灯加热器等多种。石墨加热器可以提供较高的温度，但其升温速度慢，不能满足高超飞行器表面升温速度大的需求。电弧加热器也可提供较高的热流密度，但其工作不稳定。石英灯发热功率大，体积小，热惯性小，电控性能优良。

美国 NASA Dryden 采用模块化石英灯（图 1.23）加热装置进行气动加热环境模拟，可实现 1650℃高温。

对结构表面温度测试，NASA Dryden 还主要采用热电偶进行（图 1.24）。热电偶是高温高压恶劣条件下热环境测量的主要手段，具有响应快、输出大、性能稳定等特点。NASA Dryden 研制了黑体光导管温度测试技术，用于高温复合材料结构温度的精确且可重复性测量，并在黑体校准炉内完成了黑体光导管温度传感器的校准，在温度范围为 800～1500℃之间，黑体光导管温度传感器与光学高温计之间误差小于 1.1℃（图 1.25）。黑体光导管具有抗电磁

图 1.23　NASA Dryden 模块化石英灯

辐射干扰，测试范围宽，耐高温等优点[39]。

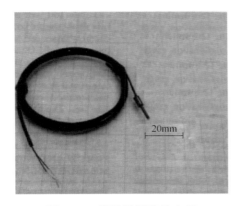

20mm

图 1.24　激波风洞的热电偶

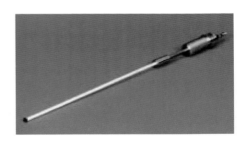

图 1.25　黑体光导管温度传感器

　　热流测试技术包括点热流测试和大面积热流测试。对于点热流测试，主要采用电热流传感器进行，具有精度高、尺寸小、高频响应等特点。Tao System 和 Virginia Tech 联合研制了新型小尺寸、高频响应热流传感器，应用于高速航天器热流测试，如图 1.26 所示。2002 年 NASA Glenn 提出了在氧化铝基片上研制双面、单面薄膜惠斯通电桥热流计，比热电堆型薄膜热流计更容易制造，且输出信号更大，如图 1.27 所示。

　　大面积热流测试包括红外热图、温敏漆技术、热色液晶技术等（图 1.28、图 1.29），它可通过光学测量方法获得模型表面整体的热流分布，具有空间分

图 1.26　Tao System 和 Virginia Tech 研制的热流计

图 1.27　双面与单面薄膜惠斯登电桥热流计

辨率高、形象直观的优点,但其测试精度较低。

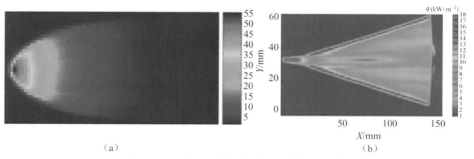

　（a）　　　　　　　　　　　　　（b）

图 1.28　激波风洞和低密度风洞红外热图

（a）激波风洞；（b）低密度风洞。

　　现有的应变传感器类型主要包括箔式应变计、焊接式应变计、绕线式应变计以及二氧化硅光纤应变计。高超声速飞行器结构热试验需要研究极端环境温度下精确可靠的应变测试方法。近年来美国 NASA Dryden 认识到光

图 1.29　激波风洞温敏热图

纤传感器这项新型测试技术具有许多传统传感器所没有的优点(耐高温、防电磁干扰等),能够解决高超声速飞行器结构测试的需求,开始全面发展高温光纤测试技术,如图 1.30 所示。

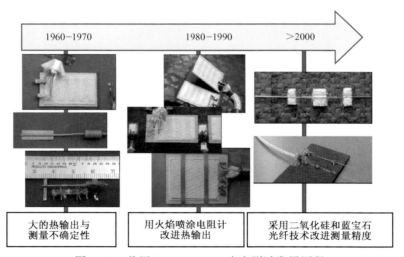

图 1.30　美国 NASA Dryden 应变测试发展历程

1.4　高超声速气动热问题研究发展趋势与展望

1)气动热预测的工程计算方法和数值计算方法结合使用

气动热预测的工程计算方法存在过多简化,难于计算复杂外形,且计算精度有限;而数值仿真方法计算量大,计算处理麻烦,耗费过多时间。有效的解决方法是将二者结合,边界层外的无黏区域数值求解,而边界层内黏性区域进行理论公式计算,获得高超飞行器表面热流分布,可节省大量的计算时间,并适用于复杂飞行器外形。

2）提高地面试验加热能力与测试精度

气动热预测的试验方面困难主要有两点:高温环境的模拟和高温环境下物理量的准确测试。目前石英灯、石墨加热器、电弧灯加热器以及聚焦加热装置等多种辐射加热方式并用,基本可以实现高温环境。传感器测量精度仍需提高;且应具有抗电磁干扰能力(高温会电离空气),光纤测试技术的使用在一定程度上可解决上述问题。对于大面积热图测试,需提高数字图像的时间和空间分辨率,从而提高整体测试的精度。

3）我国高超声速飞行器热防护技术发展方向

现有飞行器热防护系统大多外形简单,防护时间短,主要采用烧蚀热防护。而高超声速飞行器在大气层内长时间飞行,需要进行长时间隔热、防热,此外由高超声速飞行器需要较好的气动外形,而烧蚀防护会破坏气动外形表面,因而对高超声速飞行器,烧蚀防护并不适用,需开展新的热防护方法研究,如考虑采用主动隔热技术等,具体的主动隔热技术有发汗冷却、薄膜冷却及对流冷却等。如使用防热材料,应考虑采用陶瓷复合材料和增强 C/C 复合材料为超高温隔热的主要材料,避免使用金属隔热材料。

对于高超声速飞行器热防护的具体实现上则可以考虑主动、被动隔热技术相结合的方式,综合两种隔热技术的优点。

目前,高超声速飞行器热防护系统设计发展趋势为"一体化设计",即把高超声速气动加热环境、机体高温表面向外辐射散热、机体结构向内传热分析、材料强度特性、结构的热响应分析、结构的热膨胀变形以及结构内部冷却系统特性等结合在一起的设计分析方法,这种设计方法综合考虑了飞行器各系统之间的相互影响,使得对热防护系统的分析设计更加接近它所处的真实环境。但此设计方法也存在较多的实际困难,例如如何建立接近真实情况的复杂边界条件下多物理场耦合的理论与数值模型,并找到较为精确的分析求解方法。

1.5　小结与展望

高超声速流动下对于气动参数的预测有诸如马赫数无关原理等定性规律,已经建立了牛顿模型、Lees 修正、切锥法等对于压力系数的预测方式,以及由于高超声速可压缩性、附面层增厚等特性带来的更为复杂的黏性作用估计方式,针对层流和湍流有着不同的考虑附面层影响的摩擦阻力的计算方式等。

而对于气动热问题的研究,主要涉及整体气动热和局部气动热两个方面。同时由于高超声速情况下存在复杂的激波波系结构,以及存在激波与附面层的不同干扰模式将导致不同程度的局部热流放大的情况,使得对于气动热的预测在高超声速飞行器的研发过程中变得尤为重要。需要指出的是,通过对驻点附面层的气动加热问题的研究以及通过对压差阻力系数与摩擦阻力系数对再如飞行器总起气动加热热流的影响分析,建立了高超声速流动下的钝头体理论。

此外,高超声速流动的数值模拟和试验研究同样面临这许多困难与挑战。数值模拟方面需要根据实际飞行环境,建立有效的流体介质模型,尤其是对高层大气稀薄流动的模拟,以及多种复杂的化学与热非平衡情况下的高度非线性控制方程的高精度的差分格式的建立,并且高精度的湍流计算模式是不可避免的问题,而对于复杂飞行器表面的热流的准确模拟也有待更高精度的计算模式的建立。因此,化学反应效应、湍流模式、稀薄气体效应以及无黏流模型下激波间断解、气动加热问题等都使得对于高超声速流动的数值模拟仍然具有广阔的研究前景。而对于高超声速流动的试验研究,集中在合适的风洞装置的建立、高灵敏度和频率响应的参数测量设备的开发上,虽然已有包括光纤天平等多种正在快速发展的测试设备,但是高超声速流动测试环境恶劣、高超测试环境的建立方式不方便(风洞试验时间短、高温热环境模拟困难等)等都制约了对高超声速流动的试验研究的开展。

高超声速流动与航空航天等众多领域有着紧密的联系,未来对其的研究仍将朝着试验、理论与模拟三个方面相互结合辅助的方向发展。

参 考 文 献

［1］ ANDERSON J D.Hypersonic and high temperature gas dynamics［J］.AIAA Education,2006,5:16-19.

［2］ LEES L.Hypersonic flow.In the Fifth International Aeronautical Conference［J］.Los Angeles,1955,2:241-276.

［3］ FRITSCHE B.Note on the application of SCARAB to the MIR re-entry［J］.Proceedings of theinternational work-shop on MIR deorbit,2001,5:92-101.

［4］ GENTRY A E,SMYTH D N,OLIVER W R.The mark IV supersonic-hypersonicarbitratry bodyprogram,volume Ⅱ-program formulation［J］.Technical report,AFFDL-TR-73-159,1973,23:55-59.

［5］ ALTER S J.A structured-grid quality measure for simulated hypersonic flows［J］.AIAA Paper,2004,15:612.

［6］ NICHOLS R H,NELSON C C.Wall function boundary conditions including heat transfer and compressibility［J］.AIAA Journal,2004,42(6):1107-1114.

［7］ BROWN J L.Turbulence model validation for hypersonic flows［C］//8 th AIAA/ASME Joint Termophysics and Heat Transfer Conference,Saint Louis,MO,2002.

［8］ GUPTA R N,YOS J M,THOMPSON R A,et al.A review of reaction rates and thermodynamic and transport properties for an 11-species air model for chemical and thermal nonequilibrium calculations to 30000 K［J］.NASA STI/Recon Technical Report N,1990,90:27064.

［9］ HASSAN B,CANDLER G V,OLYNICK D R.The effect of thermo-chemical nonequilibrium on the aerodynamics of aerobraking vehicles［C］//27 th AIAA Thermophysics Conference,1992.

［10］ PAPADOPOULOS,PERIKLIS E,et al.CFD,simulations in support of shuttle orbiter contingency abort aerodynamic database enhancement［J］.AIAA Paper 3067,2001,23:15-19.

［11］ PRABHU D K,PAPADOPOULOS P E,DAVIES C B,et al.Shuttle orbiter contingency abort aerodynamics,ii:real-gas effects and high angles of attack［J］.AIAA-Paper,2003,16:1248.

［12］ BISCEGLIA S,RANUZZI G.Real gas effects on a planetary re-entry capsule［J］.AIAA/CIRA 13th International Space Planes and Hypersonic Systems Technologies, AIAA Paper, 2005, 3385:7.

[13] BIRD G A. Application of the direct simulation Monte Carlo method to the full shuttle geometry[C]. AIAA and ASME, Joint Thermophysics and Heat Transfer Conference, 5 th, Seattle, WA, 1990.

[14] 吴雄, 陈伟芳. 过渡区球头气动力特性 DSMC 仿真研究[J]. 航天返回与遥感, 2002, 23(3):1-5.

[15] 蔡国飙, 徐大军. 高超声速飞行器技术[M]. 北京:科学出版社, 2012.

[16] 张涵信. 高超声速气动力试验[M]. 北京:国防工业出版社, 2004.

[17] HOLLAND S D, WOODS W C, ENGELUND W C. Hyper-X research vehicle experimental aerodynamics test program overview[J]. Journal of spacecraft and rockets, 2001, 38(6):828-835.

[18] ENGELUND W C, HOLLAND S D, COCKRELL C E, et al. Aerodynamic database development for the Hyper-X airframe-integrated scramjet propulsion experiments[J]. Journal of Spacecraft and Rockets, 2001, 38(6):803-810.

[19] 贺德馨. 风洞天平[M]. 北京:国防工业出版社, 2001.

[20] VADASSERY P, JOSHI D D, ROLIM T C, et al. Design and testing of an external drag balance for a hypersonic shock tunnel[J]. Measurement, 2013, 46(7):2110-2117.

[21] GEORGE R D, JAMES F M. An improved piezo-electric balance for aerodynamic force measurements [J]. IEEE Transactions on Aerospace and Electronics System, AES-4 (3), 1968:351-359.

[22] MARINEAU E C. Force measurements in hypervelocity flows with an acceleration compensated piezoelectric balance[J]. Journal of Spacecraft and Rockets, 2011, 48(4):697-700.

[23] JIA Z, GAO Y, REN Z, et al. Research on the characteristics of a piezoelectric balan-ce for the dynamic motion device[J]. International Journal of Industrial and Systems Engineering, 2014, 18(3):364-381.

[24] LV Z, LIU X, ZHANG Y, et al. Simulation and analysis of a piezoelectric balance[J]. Electromagnetic Nondestructive Evaluation (XVIII), 2015, 40:141.

[25] CHANDRAKISHORE M, SRIHARI G K, RUDRESH C, et al. Aerodynamic load measurements at hypersonic speeds using internally mounted fiber-optic balancesystem[C]. Instrumentation in Aerospace Simulation Facilities, 2005. iciasf'05. 21st International Congress on. IEEE, 2005:119-122.

[26] VASUDEVAN B. Measurement of skin friction at hypersonic speeds using fiber-optic sensors[C]. AIAA CIRA 13th International Space Planes and Hypersonics Systems and Technologies Conference, 2005:3323.

[27] EDWARDS A T. Comparison of strain gage and fiber optic sensors on a sting balance in a supersonic wind tunnel[D]. Virginia:Virginia Polytechnic Institute and State University, 2000.

[28] 李成功, 傅恒志, 于翘. 航空航天材料[M]. 北京:国防工业出版社, 2002.

[29] LEES L. Laminar heat transfer over blunt-nosed bodies at hypersonic flight speeds[J]. Journal of Jet Propulsion, 1956, 26(4):259-269.

［30］VAGLIO‐LAURIN R.Turbulent heat transfer on blunt‐nosed bodies in two‐dimensional and general three‐dimensional hypersonic flow［J］.Journal of the Aerospace Sciences,2012.

［31］ZOBY E V.Comparisons of free‐flight experimental and predicted heating rates for the Space Shuttle ［R］,AEDC Report,1982.

［32］DEJARNETTE F R,HAMILTON H H.Aerodynamic heating on 3‐d bodies includingthe effects of entropy‐layer swallowing［J］.Journal of Spacecraft and Rockets,1975,12(1):5-12.

［33］ADAMS J.JOHN C,WILLIAM R.MARTINDALE.Hypersonic lifting body windward surf‐ace flow‐field a‐nalysis for high angles of incidence［R］.AEDC Report,1973.

［34］阎超,禹建军,李君哲.热流 CFD 计算中格式和网格效应若干问题研究［J］.空气动力学学报,2006,24(1):125-130.

［35］潘沙,冯定华,丁国昊,等.气动热数值模拟中的网格相关性及收敛［J］.航空学报,2010,31(3):493-499.

［36］张向洪,伍贻兆,王江峰.轴对称再入舱模型气动热特性数值模拟研究［J］.应用力学学报,2012,29(3):284-290.

［37］MOSS J N,BIRD G A.Direct simulation monte carlo simulations of hypersonic flows with shock interactions ［J］.AIAA Journal,2005,43(12):2565-2573.

［38］SCHWARTZENTRUBER T E,SCALABRIN L C,BOYD I D.A modular particle‐continuum numerical method for hypersonic non‐equilibrium gas flows［J］.Journal of Computational Physics,2007,225(1):1159-1174.

［39］EDMUND H,EVERLYN C,PATRICIA P.Research engineering annual report［R］.NASA Report,1999.

第 二 章

高超飞行器天地一致性研究发展

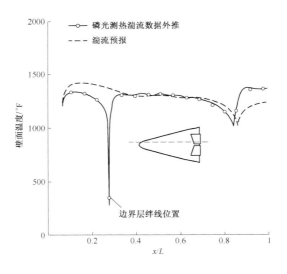

2.1　高超飞行器气动力热环境

高超飞行器具有全空域、大速域的飞行环境条件。地面设计难以全面模拟高空环境和飞行条件,需要发展综合考虑真实飞行状态下各种物理效应的高精度环境预示和验证方法。

高超飞行器从地面发射到再入过程中,在大气层中高速飞行,必然受到气动力热环境的显著影响。飞行器气动力热特性的准确预示,可以从设计源头上提升航天飞行器总体性能和关键指标。具体来讲,气动升力和阻力的精准预示有利于航程的准确估算;气动力矩的精准预测有利于姿控精细化设计,提升机动性能和打击精度;气动操纵面铰链力矩的准确预示,可以使伺服机构结构设计、舵机选择、电源选择上避免过大的余量;气动载荷的预测精度直接影响到载荷、结构设计结果,过于保守的结构设计会带来不必要的质量冗余,进而影响飞行距离、机动性能和投掷质量等关键指标;精准的热环境预示可以有效降低热防护结构的质量余量。因此,提升航天飞行器性能需要发展高精准度的气动力热环境预示方法。

高超飞行器在大气外飞行时,由于飞行时间短,通常忽略辐射环境的影响。随着对各类航天器辐射环境效应研究的深入,发现即使飞行任务时间短,轨道低,高超飞行器也会受到高能粒子的辐射影响,尤其是单粒子效应,是一种概率事件,飞行过程中敏感器件受到高能粒子入射时,达到其单粒子效应阈值即有可能发生故障。另外,电子器件特征尺寸不断减小、集成度不断提高,加剧了发生单粒子效应的风险,因此各航天任务中越来越重视辐射环境效应的影响。

高超飞行器在飞行任务中,尤其是爆发强太阳活动时,电子设备有可能受到损伤,其功能受到严重影响。空间辐射环境效应精确预示技术可针对航天飞行器飞行环境中的空间高能带电粒子辐射效应进行分析,准确评估高能粒子对电子系统的影响,提高可靠性,支撑航天飞行器设计水平的跨越提升。

相对亚声速或超声速飞行,高超飞行器头部流动阻滞产生的高温导致了空气分子的振动激发、解离甚至电离,使得普通空气变成一种不断进行热化学反应的复杂介质。这种介质微团的微观变化通过改变其化学物理与热力学特性对宏观运动状态产生重要影响,并导致传统气体流动相似规律的失效,使高超声速流动现象超出了经典气体动力学理论能够准确预测的范围,成为现代气体动力学研究的前沿学科之一。特别是对于先进的新型空天飞行器,其外形结构要求日益精细,气动布局与结构设计难度也越来越高,因而高超声速流动气动力/热特性预测方面的困难,已经成为制约空天飞行器研制与发展的一个重要瓶颈。目前已经认识到的主要困难在于高焓热化学反应气体流动相对于传统的亚、超声速气体流动,表现出非线性、非平衡和多尺度的流动特征,至今依然缺乏具有适当精度的数学物理方程,使得风洞试验依然是获得飞行器气动数据的主要手段之一。

为了发展高超飞行器,研究高焓热化学反应气体流动,世界上发展了大量不同类型的高超声速地面试验设备,如通过降低静温获得高马赫数的常规高超声速风洞、直接加热空气的高超声速风洞和应用强激波压缩的高焓激波风洞。这些风洞采用不同方式来提高试验气流的马赫数、总温和流动速度,并获得了很大进展,为高超声速流动和飞行器设计提供了大量数据。但是,由于各种风洞的驱动能力和加热方法的限制,它们提供的试验气流也受到不同程度的限制,难以完全复现实际高超声速飞行情况下的流场状态,如飞行雷诺数、飞行马赫数、总温、总压、总温/壁温比、激波前后的密度比、流场流态、试验模型的几何尺寸等。即使目前世界上最先进的高超声速风洞也只能部分模拟飞行条件,因此地面风洞试验获得的结果一般不能直接应用于飞行器设计和飞行试验规划。

更困难的问题在于不同类型高超声速地面试验设备能够模拟的流动状态存在差异,进而导致试验数据的差异。例如在马赫数相同的条件下,不同风洞之间的试验条件在雷诺数、静温、总压、流动速度等关键参数也存在明显差别,使得获得的风洞试验数据缺乏可比性,给飞行器气动性能预测和高焓热化学反应气体流动规律研究带来了极大的不确定性。因此开展高超声速风洞试验数据相关理论及其相应的关联方法研究,由此提高风洞试验数据的可靠性与可应用性,进一步获得从地面风洞试验数据到飞行条件的天地一致性预示方法,对于发展高超声速飞行技术,认识高温气体流动规律具有重要意义。

气动力热环境研究需要开展大量的仿真及试验工作,其中涉及大量的试验设备、试验模型资源(试验模板、试验环境模型、试验变复杂度模型、商业软件模型、自研软件模型等)、仿真及试验数据,而目前这类设备及数据的存放分散、不易查看、难以快速查找。因此,需要构建一套统一、规范、安全、便捷的航天飞行器数据挖掘系统来对这些资源、仿真及实物试验数据进行有效管理,提供资源及数据的按部件和版本的在线存储及查询、数据的实时查看和客户端轻量化显示、数据的预处理和结果分析并提供多种数据挖掘算法,实现异构、分布资源之间的数据交互共享,实现资源数据、模型、知识的有效存储及管理,充分利用这些资源达到虚实结合的目标,将数据分析的结论在总体方案设计层面进行广泛应用,为研制工作提供有力支撑。

2.2　气动力热天地一致性研究现状

气动力性能和气动热防护是新型飞行器设计必须考虑的两个关键因素。但高超声速条件下地面试验很难完全模拟飞行条件下的来流参数和模型状态,如来流参数不同和模型缩比等使气动力/热试验结果与飞行结果存在一定差异,导致设计的妥协。因而,气动力/热天地一致性预示与验证方法研究是新型飞行器成功研制和性能提升的关键技术突破点。

在一百多年航空航天飞行器的发展过程中,人们已经成功地设计了亚声速和超声速飞行器,并应用相似理论在风洞试验数据关联方面做了大量的研究工作,取得了许多具有实际应用价值的工程计算方法。但是,60多年高超声速飞行技术的研究并没有真正获得适于高超声速风洞试验数据的相似理论,使得高超声速飞行器气动力/热风洞试验数据的处理还局限于经验性的内插与外推修正。事实上,由于高温气体效应的影响,高超声速地面试验不存在可靠的相似性准则,而且高超声速飞行条件的极端要求使风洞试验模拟技术不能满足实际飞行状态的需求,导致预测的飞行器气动特性缺乏可靠性。高超声速飞行器气动力/热数据天地一致性研究的不足,严重地限制了大量风洞试验数据的综合应用,降低了对于飞行器设计的参考和指导作用,增加了新型飞行器研制的成本、周期和风险。美国高超声速飞行器 X-51 和 THV-2 飞行试验的不断失利突显了高超声速流动现象的复杂性和飞行器气动特性可靠预测的迫切需求。

对于气动力热相关性研究,美、苏早在 20 世纪 60 年代就已开始,并已用于火箭的头锥、喷管以及各种内燃发动机的传热问题,公开的论文已有很多。研究工作集中在两个方面:一方面是参数辨识解法,以热传导方程作为参数估算的状态方程组,将状态方程估算参数求导得到灵敏度方程组,采用差分法求解状态方程组和灵敏度方程组;另一方面是对测量误差灵敏度分析。美国 AEDC 在马赫数 4,总温 411K 的试验条件下对缩比模型 7:400 的 Rockwell 60-OTS 航天飞机模型在 AEDC 的 A 风洞和 C 风洞进行试验,并对试验结果进行比较,对模型表面干扰区、非干扰区及主要突起物气动热特性进行分析,通过修正因子将风洞气动热测量结果外推到实际飞行中。美国在研制航天飞机所占用的风洞时间共约 9 万小时,动用 44 座风洞,其中有 5 米量级的跨、超声速风洞,1 米量级的高超声速风洞,2 米量级的高温热结构风洞,1.5 米量级的高马赫数、变雷诺数活塞风洞等,但仍不能满足各相似参数的要求,必须对未能模拟的参数进行修正。当时主要的修正包括结构变形、流场参数、由热防护材料的粗糙度和突起物引起的型阻、流场参数变化等,将数据整理后逐渐形成了 ADDB 数据库。同时,美国进行了一系列的飞行试验,试验分模型及全尺寸两种类型,积累了大量数据,提供了修正现有理论和地面试验结果的基准,形成 OADB。

风洞试验数据关联理论、关联数据库和天地换算算法的研究对飞行器的设计和飞行数据预测是非常关键的。如美国航天飞机配平攻角的问题就是由于数据库预测得到的配平攻角与飞行试验的配平攻角不一致造成的。再如美国的X-43A在第一次飞行中,由于方向舵损坏造成了整个飞行试验失败。经分析发现,原因是由于地面试验数据的不准确,导致预测得到的飞行气动力不准确,影响了舵轴的设计。在 X-43A 第一次飞行失败后,他们不得不重新进行地面试验研究,对数据库进行修正,根据修正结果,重新设计方向舵,从而保证了第二次和第三次飞行试验的成功。美国在高超声速飞行器的发展过程中获的经验教训表明了高超声速风洞试验数据关联理论、试验数据库和天地换算算法研究的重要性。

苏联及俄罗斯在航天领域做过重大贡献,包括在研制暴风雪航天飞机的过程中进行了大量的风洞试验,同时辅以理论分析及飞行试验,形成数据库,通过气动外形数据库的分析即可确定初步方案,节省了大量资金。英国的皇家航空研究院建有战术弹单独部件及组合体风洞试验分析系统,同大攻角气动计算相互配合完成战术弹的气动分析。

航天飞行器的大部分弹道处于稀薄大气层或外大气层内,这个阶段不可避免地会遇到稀薄效应、黏性效应、压缩效应和高温真实气体效应的耦合问题。国外气动力特性天地换算方法,发展了先进的数值计算方法、风洞试验方法,并通过大量的飞行数据进行地面设计方法的修正改良。气动特性的天地一致性理论基础、地面工作量和天地换算经验都有较高的水平。

从现有的简化外形,特别是 Moss 的空心柱-裙的研究现状来看,国外对此研究已取得初步结果,并已开始为高超声速稀薄过渡流区的气动特性研究服务。20 世纪 70 年代,前述各种气体效应修正只能给出整体特性的影响,但现阶段已能给出局部特性的影响,即各种效应对气动力热分布情况的影响。

国外在试验数据管理方面起步较早,开展试验数据挖掘技术研究有着较好的技术基础。随着大数据热潮在全世界范围内的掀起,大数据技术也在国外众多领域不断发展并得到应用。

空间辐射环境效应方面,国外形成了成熟的评价机制,针对空间环境模式、空间辐射环境效应形成了丰富的研究成果。NASA、ESA、法国航天局及俄罗斯空间研究机构均开发了各自的空间辐射环境效应分析软件,既包含商业软件,又包含在线分析软件。

与国外相比,国内稀薄气体效应的研究进展相对较慢,多集中于数值模拟方面,而且不具备成熟的能够反映飞行环境下稀薄气体效应的地面试验条件。国内非平衡流体的研究主要集中于理论分析和数值模拟工作。由于风洞试验能力不足,缺乏第一手的试验数据,国内对非平衡效应和壁面催化效应的物理化学模型研究较少,缺乏试验基础,与试验结果的对比验证也较少,主要依靠国外地面试验以及飞行试验数据。另外,由于热化学非平衡的理论模型复杂,相应模型在数值方法中实现难度较大,国内类似于国外 LAURA 那样的较为成熟通用的计算软件还有待进一步发展。

国内在数据管理领域与自研系统集成方面还存在一定局限性。在试验数据管理领域的发展和应用非常迅速,目前市场上已经出现了商品化的试验数据管理系统,典型的如 Newtera TDM 和 TDM3000 等,但是对于海量试验数据的挖掘算法分析方面比较欠缺。

我国在航天飞行器研究中已做了许多地面试验研究工作,大型运载火箭、返回式卫星、载人飞船返回舱的气动热问题已得到较好解决,这为气动热的天地一致性研究奠定很好基础。高超声速技术经过近 20 年的发展,取得了一些成绩,但与美、俄等高超声速技术领先国家相比,仍有一定差距。在高超声速飞行器气动力/热理论、计算和试验研究方面,已经拥有进行高超声速飞行器气动热地面试验研究的有力手段,并建立了系统化的试验方法和管理体制。存在的问题主要是现有试验设备不能进行演示验证真实飞行条件下飞行器全尺寸模型的气动力和气动热试验,难以进行飞行器整体气动热分布及热载荷研究,同时在高超声速流动测量技术上也需要提高。气动热环境预示方面,还没有系统综合的天地一致气动特性预示方法,并且相关方法和工具亟待飞行数据的验证和改进。

2.3　气动热天地换算方法发展

2.3.1　气动热的天地差异

　　高超速复杂外形飞行器防热系统设计是飞行成败的关键技术。确定外界传入飞行器的气动加热是防热设计的基础。特别是长时间、大热载飞行，对于这部分能量处理的准度和精度，直接关联和威胁到热防护设计的可靠性。已有气动加热的工程和数值计算方法、气动热风洞地面试验测量技术、电弧加热器的材料烧蚀与热结构模拟试验。目前高超声速风洞气动试验仍是研究、预测高超声速飞行器气动性能和解决关键气动问题的主要方法[1]。如何将理论分析与数值模拟，地面试验应用到飞行条件，需要建立气动热地面试验与飞行条件相关性研究，即气动热天地一致性。气动热的天地一致性就是研究真实飞行环境与地面模拟环境的差别，建立气动热环境天地数据关联方法，将风洞试验结果推至飞行条件下，对飞行器飞行热环境进行预测。主要解决天地之间热环境的规律，趋势与可信度范围内的量值。

　　飞行器的热环境受来流条件（包括来流马赫数、雷诺数、攻角和侧滑角）、表面流场特性（包括层流、转捩[2]和湍流）、表面材料特性（包括表面粗糙度、表面抗氧化特性、表面吸附特性等）的影响。无论是地面试验，还是数值模拟，都难以完全模拟上述众多的影响因素，这就给天地一致性带来很大的难度，因此进行热环境天地数据关联分析显得非常重要。

　　高超声速复杂外形飞行器所采用的外形比较复杂、飞行速度大、高度范围广、环境参数变化大，因此影响气动热环境因素非常广和复杂，几乎包括大型运载火箭、载人飞船、再入飞行器回收的全部气动问题。当飞行器进入高空飞行时，往往经过稠密大气层和稀薄气体层，也即连续流区、过渡区和自由分子流区（通常用克努生数〔Knudsen〕来划分流动区域，不同流动区域采用不同的计算方法），并伴有不同流态：层流、转捩和湍流加热，采用单一方法计算气动热环境困难较大。因此在飞行器设计中,对不同外形采用不同计算方法,即使同一种外形,在不同飞行高度,飞行器不同位置也需采用不同计算方法,因此飞行器的气动加热非常复杂,影响因素较多。为了防热设计需要,必须对气动加热进行可靠性、可行性研究。

高超声速复杂外形设计时所需的气动加热数据来源一是由可靠的计算手段得到,二是由地面试验结果得到。即便计算方法非常成熟,也常常要求地面试验验证。如果计算方法不成熟,在很大程度上依赖地面试验结果。但由于试验设备(或方法)的限制,往往不能满足实际要求的全部试验模拟准则,因而对某些模拟准则放松或放弃。这就需要解决以下两个问题:①得到的试验结果在多大程度上能够应用到真实飞行状态;②对试验结果进行哪些理论分析和计算,才能把现有的试验结果推算到实际飞行条件中。这两部分工作称为气动热地面试验与飞行试验相关性研究,也称之为气动热"天地一致性"。根据发展的需要,随着射程和再入速度的增加,再入热环境与总热载荷更加严酷,特别是局部的热防护部位。对于热防护系统而言,研制面临十分困难的问题。为了完成飞行器结构与热防护系统外推设计,必须考虑热环境对材料烧蚀影响,因此决定外推烧蚀的地面模拟试验基本参数和模拟准则,主要考虑气动热环境引起烧蚀外形的变化。分析认为地面模拟试验与空中飞行状态的不同在于:

(1)地面试验不能完全模拟与空中的热环境状态;

(2)尺度效应,缩比模型的影响;

(3)热环境流场的品质影响。

但地面试验结果能否直接用于飞行状态?如果地面试验可以用于飞行状态要作哪些修改?这就要求利用地面试验结果进行量化处理,找出符合规律性的特征几何参数,作为天上烧蚀外形的依据。通常分析关键参数,找出地面试验与飞行状态天地之间的差别。经分析认为影响烧蚀外形的计算公式很多,归纳起来有以下几点:

（1）不同压力计算公式；

（2）不同热流计算公式；

（3）不同热增量计算公式；

（4）不同转捩计算公式；

（5）不同机械剥蚀计算公式；

（6）不同热化学烧蚀计算公式；

（7）不同烧蚀外形计算公式；

（8）不同激波外形计算公式。

经过多年的研究认为，影响烧蚀外形上述八项内容已基本取得统一，其中公认关键参数包括粗糙度、层流、转捩、湍流和转捩雷诺数。在上述八项内容中机械剥蚀、热化学烧蚀和烧蚀外形计算与计算冷壁热流关系不大，其余几项是计算冷壁热流必须讨论的问题。通过理论计算增程后的热环境和地面模拟试验，将已成功的模拟飞行试验考核结果，外推到增程的飞行弹道，完成弹头总体结构与热防护系统外推设计。

多年来，由于飞行数据的缺乏，气动热天地一致性研究进展较为缓慢，虽然以往大型运载火箭、返回式卫星、载人飞船返回舱等测量了一些数据，但多侧重总体参量，对于热环境数据尚无详实的热流数据，给天地一致研究带来困难。通过气动热的专门飞行试验数据取得详实的气动热数据，同时结合数值仿真研究，使用地面试验、飞行试验和仿真的数据开展天地一致性规律研究，侧重偏差量输入的影响，最终拟给出热环境分布规律，这是气动热天地一致性研究的发展方向。

2.3.2　气动热试验的数据关联性

风洞试验与真实飞行之间存在的差异，包括流态、来流品质、洞壁及支架干扰、壁温及湿度、测量仪器、气动弹性变形、模型保真度及安装、真实气体效应等。为了由风洞试验反映真实飞行情况,需对风洞试验结果进行修正。Praharaj 等人[3]研究了超声速导弹喷流地面试验与真实飞行间的尺度效应,并利用 CFD 数值计算验证了地面试验尺度修正方法的可靠性。Ewald 等人[4]对于风洞壁面的修正方法进行了总结研究,汇总了常用的壁面修正方法。Viswanath[5]和 Cahn[6]等人对于模型支杆对地面风洞试验结果的影响进行了分析,并开发了相应的修正方法。Steinle[7]等人针对风洞中来流扰动对测试结果的影响进行了研究。

国内研究人员也开展了相应的研究工作,倪章松等人[8]采用等效动压法和壁压信息法对于运八飞机带螺旋桨模型风洞试验数据进行洞壁干扰修正。尹陆平等人[9]将实测洞壁压力作为边界条件,利用 Euler 方程对流场进行计算,并与边界条件为远场压力的计算结果进行比较,再通过与试验结果的对比,表明此种修正方法是可行的。章荣平等人[10]对于风洞尾撑支杆干扰效应进行了数值和试验研究,讨论分析了不同支撑方式下对结果的影响。陈德华等人[11]针对小展弦比飞机的非线性气动特性预测,完成了支架、洞壁、进气、喷流、雷诺数及静弹性等影响的修正。阎超等人[12]研究了不同计算格式对热流计算精度的影响,认为 AUSM+格式对热流计算最为准确。潘沙等人[13]讨论了网格形式对热流计算的影响,结果表明由于壁面温度梯度较大,热流计算对于壁面法向网格分布极为敏感;且发现气动热计算的收敛过程比压力和流场收敛慢得多,即以方程残差和压力收敛作为气动热收敛的依据是不正确的。张向洪等人[14]对于不同湍流模型对热流密度计算的影响进行了分析,与试验结果比较发现 SST 模型与 k-ω1998 模型对于热流密度的计算具有较好的结果。

目前,针对气动热试验数据外推等深度分析,各国的这类工作还在继续进行和深化。如美国 NASA 开展的高超声速演示验证飞行计划已经进行多年,从 X-30、X-33、X-34、X-37、X-38、X-43、X-51 等多种型号研制开发所出现的上马下马活动,充分表明了对高超声速飞行器的研制和发展(图 2.1 和图 2.2)。图 2.3 给出了美国新一代高超声速飞行器试验机外形。

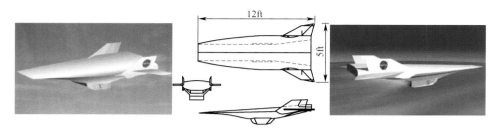

图 2.1 Hyper-X 计划[15] X-43 超燃冲压飞行器试验机

图 2.2 X-51 高超声速巡航导弹

图 2.3 美国新一代高超声速飞行器试验机

美国 NASA 大力发展高超声速飞行器,以实施全球远程、精确、快速打击,进行了深入分析和充分的评估。这对我国开展高超声速飞行器研究与设计,是一个很好地借鉴。

气动热天地一致性机理研究认为,飞行器气动热和防热设计中有两类地面模拟试验:一类是以相似准则为基础的气动性能模拟试验,模拟的物理量是无因次气动系数,如升力系数,阻力系数,力矩系数等,由于相似准则是严格从空气动力学基本方程推出来的,试验结果直接推到天上不会有人怀疑,因此在飞行器气动设计中,没有提出天地一致性的问题;另一类是以物理特性为基础的热防护模拟试验,模拟的物理量是有因次量,如烧蚀速度、表面温度等。这些试验是模拟理论基础的,是对烧蚀过程的物理量变化机理的分析研究,真实材料的烧蚀是在高热流条件下才能进行,因此热流绝对值是模拟烧蚀全过程的最为关键环境参数。由于热响应有一个滞后效应,因此加热时间亦是一个重要因素。

决定热环境大小有三个因素,即总焓、压力和模拟的几何尺寸。这三个因素中,总焓又是最重要的因素。目前用于热防护试验的电弧加热器,由于受到功率的限制,上述三种因素不可能同时满足,只能根据烧蚀和热响应机理选择最主要的 1~2 个条件。例如驻点热化学烧蚀试验,可以选择热流和总焓作为主要热环境模拟条件,几何尺寸和压力不作模拟条件来考虑;又如考虑材料的机械剥蚀,可以选择热流和压力作为主要热环境模拟条件;对于烧蚀外形试验,几何尺寸是一个重要因素,因此选择尽可能大的尺寸和热流两个条件。由于电弧加热器不能完全模拟空中热流的条件,自然提出一个问题,电弧加热器试验结果能否直接推到空中,即天地一致性问题。过去主要通过理论分析和计算方法来解决这个问题,例如宏观热防护理论基本解决了传统设计中的热防护参数,但新型飞行器所涉及的烧蚀外形远比确定热防护参数复杂得多。

尽管已经针对气动热天地换算技术已经开展了较为系统的研究工作,但与国外气动热天地换算技术以及可重复使用高超声速飞行器热防护系统精细化设计仍存在一定差距,主要集中体现在以下几个方面:

(1)层流情况下对不同类型飞行器大面积区域热流换算公式的选择还存在一定的人工干预;

(2)湍流情况下的大面积区域气动热天地换算技术还有待开展更多验证工作;

（3）对壁温比对气动热换算技术的影响研究较少；

（4）局部复杂流动区域的热环境天地换算技术仅针对翼舵前缘开展了初步研究，对压缩拐角、缝隙等复杂流动结构尚未开展研究；

（5）以上所有研究均基于理想气体展开，对高温真实气体效应下的气动热天地换算方法的有效性及可靠性需要开展进一步研究。

2.3.3 大面积区域气动热环境换算方法

针对大面积区域气动热环境换算方法的研究，主要包括以下四个方面。

1）敏感性参数选择研究

不同类型飞行器或者同一飞行器表面不同部位需要采用不同的换算方法来进行气动热试验数据关联外推，且关联公式的选择与当地气流的压缩性密切相关。尽管马赫数可以作为气流压缩性的标志，但只根据当地边界层外缘马赫数选择关联公式往往无法得到较好的关联结果，因而目前针对具体飞行器外形的换算公式选择需要凭借经验。针对不同类型飞行器，如大钝头体外形、扁平体外形以及细长体外形等，可选择对外形依赖性最为敏感的参数，进而将其作为气动热大面积区域换算方法选择以及换算公式修正的依据。

通过对流动控制方程和边界层方程相似解的热流公式进行理论分析，分别针对不同的流态和流动特征，如附着流、分离流、激波干扰流动等不同区域的流动特征，分析研究无量纲热流比拟系数 q/q_s、斯坦顿数 St、换热系数 h 等随模型几何尺度、马赫数、雷诺数、流场总温总压等参数的变化规律，获得影响气动热天地换算的主要气动参数和几何参数。在敏感性参数理论研究的基础上，针对典型的风洞试验和飞行条件，开展 CFD 和工程计算，根据理论计算结果，分析研究各个参数对气动热的影响规律。

相应地开展地面风洞试验验证研究：针对不同类型飞行器外形，在激波风洞上开展不同缩比模型测热试验。根据风洞试验结果，分别针对附着流、分离流、激波干扰流动等不同的流动特征，分析研究各敏感性参数：如尺度、雷诺数、总温、总压及多参数耦合效应对气动热的影响规律,对理论分析结果进行试验验证。

2)湍流情况下气动热换算方法研究

湍流情况下气动热环境地面试验与飞行条件相关性理论研究的主要方法是:以工程计算公式为工具,推导分析不同来流条件下热流分布的差异,科学简化热流公式中的次要因素,对类似因素进行相似比拟消去,最终简化得到地面风洞试验条件下和飞行条件下的关联因子;建立初步的外推预测理论,再通过大量的风洞试验结果和飞行结果验证,对推导过程中的近似和简化的合理性进行分析,最终得到合理的热环境地面试验与飞行条件下的相关性理论。

对于湍流情况下的气动热工程计算公式而言,研究人员发展了不同的计算公式。由于求解过程中采用的近似假设和参考焓有所不同,导致热流计算公式有所不同,其计算结果也有一定的差别,有时甚至相差 20% ~ 30%。因此需要对不同湍流热流计算公式的差别进行了分析比较,从而得到更为合理可靠的气动热天地换算方法。

目前重点研究不同湍流热流计算公式的差别,并给出不同热流公式的适用范围,在此基础上,对各热流公式进行简化推导,建立湍流情况下的气动热换算方法,并比较不同换算方法之间的差距。

针对不同湍流热流公式分析建立关联参数,开展差异性和适用性研究,特别是针对风洞试验和飞行条件下广泛的雷诺数变化范围、来流静温的变化范围、包括模型尺度的影响,通过大量的试验和数值模拟结果,修正通过相关性理论分析建立的各个影响参数的因子,真正建立针对复杂外形不同部位、不同流动特征的关联换算参数。

3)壁温效应研究

目前研究给出的气动热关联参数与天地换算方法都是基于冷壁热流的假设得出的,而实际飞行器在飞行过程中,壁面温度随时间变化,导致风洞试验条件下模型表面的壁温与飞行条件下飞行器表面的壁温差别较大,需要分析研究壁温或壁温比的影响。

在层流情况下,对于模型表面壁温对换算结果的影响开展了初步的研究,结果表明换算结果受飞行器驻点的壁温比与飞行器表面当地的壁温比影响较大。而对于湍流情况下壁温比的影响尚未开展研究,因此需要针对目前的换算方法深入开展热壁修正以及壁温比效应研究。

由于可重复使用飞行器再入时总温相对较低,因此壁温比对表面热环境的影响较为显著。目前开展的风洞试验壁温约在 290K,总温在 430～2280K 之间,壁温比的变化范围在 0.12～0.67 之间,范围非常广,导致开展变壁温试验非常困难。故拟从两个方面开展研究:一是通过利用工程计算结果、数值计算结果,研究不同壁温比条件下飞行器表面热环境的差异,在已有的壁温比影响研究基础上,验证大面积区域冷壁热流、复杂流动区域冷壁热流(驻点/前缘、压缩拐角、舵翼区域等)随壁温比的变化规律,综合考察其物理机制,建立壁温比对飞行器表面热环境天地换算方法的影响关系式;二是针对国内外典型的飞行试验,根据激波风洞试验条件,选择典型试验状态和缩比模型进行风洞测热试验,通过对风洞试验数据的外推换算,对典型飞行状态的表面热流进行预测,包括冷壁热流和考虑壁温影响的热壁热流,同时对飞行状态进行工程和数值计算。通过对天地换算预测结果、计算结果、飞行测量结果进行对比分析,对考虑壁温修正的换算方法进行完善和验证。

4) 高温真实气体效应研究

可重复使用高超声速飞行器的发展和推动,高温气体的真实气体效应对飞行器气动热的影响引起了空气动力学界的关注。一个重要问题就是真实气体效应的试验模拟问题,为此需要了解真实气体的流动的相似规律。然而目前高温气体相似律——双尺度律是在两体碰撞反应条件下得到的,而真实高温空气不完全是这种情况。因而必须开展具有化学反应的高温气体流动及相应的相似准则的研究。

在高超速流动条件下,由于流动伴随着高温,导致空气分子振动激发、解离甚至电离,使得普通空气变成一种不断进行着热化学反应的复杂介质,高超声速的飞行环境突出特点是真实气体效应。气动热重点研究其中的热化学反应流,包含气流本身的热化学变化以及气流与模型表面的催化、裂解反应。要全面获得含真实气体效应的气动热研究,要求地面试验模拟设备满足气体成分、气流总温、气流速度以及特征密度。另外还要保证与流动特征时间和化学反应特征时间相关的 Damkoler 数。需要从三个方面开展研究:一是开展目前双尺度律的适用范围研究;二是对高超声速非平衡流中,各物理量对非平衡效应的依赖性进行研究,三从高温空气非平衡流 N-S 方程组及边界条件出发推导正、逆反应均重要的非平衡流动的相似准则,重点研究发展地面风洞气动热试验结果(包括完全气体和高温真实气体)如何换算应用于飞行条件下高温平衡、非平衡流动情况下的热环境预测方法。

2. 3. 4　局部气动热环境换算方法

由于局部问题的复杂性,目前的研究手段均无法准确获取气动加热的量值。其天地换算方法与大面积区域具有一定的类似性,但又有其独特性,必须专门予以研究。

2. 3. 4. 1　局部复杂干扰区域气动热天地相关性

对于在高马赫数情况下存在严重的激波/激波干扰、激波/边界层干扰等复杂的局部干扰气动加热现象,使得翼前缘、局部干扰区以及舵面等部位的热流非常高,局部区域热环境往往决定飞行成败。

美国在航天飞机研制过程中,针对典型局部干扰区,如航天飞机上表面的背风分离区、侧面的涡流上洗区域、整流罩等局部干扰区,通过风洞试验数据的拟合,得到无量纲化热流随 Re 的变化曲线,在攻角相同的前提下,直接外推到飞行条件。在风洞试验的 Re 范围内,飞行数据与风洞试验外推数据一致。

图 2.4 是升降副翼上的控制点预测得到的温度值与飞行试验数据之间的比较。从图中可见原始模型预测值偏保守,经过飞行试验数据调整后的结果与实际飞行结果吻合得很好,但是实际飞行条件下的转捩在比预测结果在更高的雷诺数(即飞行后期)下发生。

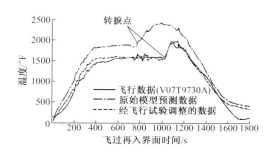

图 2.4　控制面温度比较——升降副翼翼梢

图 2.5 是体襟翼控制点预测得到的温度值与飞行试验数据之间的比较。最初的加热模型只包含了体襟翼偏角小于 15° 时的情况,为将模型扩展到体襟翼偏角 22.5° 的情况,将风洞数据加入到飞行调整后的加热模型中。飞行数据表明,在再入的大部分阶段,体襟翼上的流动可能处于转捩阶段。

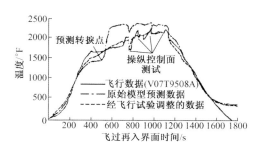

图 2.5　控制面温度比较——体襟翼边缘

对于航天飞机侧面的涡流上洗区域,从风洞试验数据推导出,涡位置与强度对攻角、偏航角和 Re 数据敏感。在风洞中改变这些参数后造成的结果是涡沿机身侧面向前或向后移动。对前机身侧面,无量纲化热流对 Re 的变化不敏感,如图 2.6 所示。沿机身侧面向后移动,在机身长度的 30% 处,在风洞试验的 Re 范围内,飞行数据与风洞试验外推数据一致,如图 2.7 所示。对

于 Re 较低的情况,飞行数据低于外推值;对 Re 较高的情况,飞行数据一般与外推值相等或稍高。对于受涡洗涤强烈影响的区域,风洞外推数据与飞行试验数据差异较大,这种差异随着 Re 的增大而增大,如图 2.8 所示。

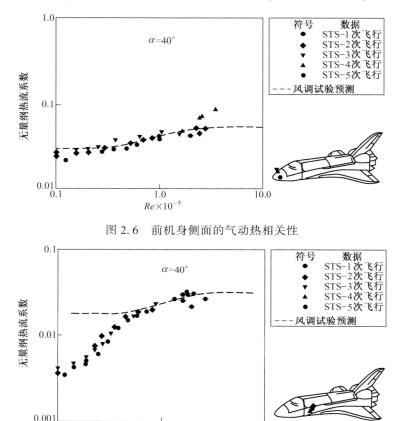

图 2.6　前机身侧面的气动热相关性

图 2.7　沿机身长度的 30% 处气动热相关性

对于垂尾的风洞试验数据外推,可分为无涡流区和与涡流有关的区域。一般而言,对于无涡流区域,飞行数据与风洞试验外推数据是基本一致的(图 2.9),这主要应用于垂尾的下半部分。对于受涡流影响的区域,流动与机身侧面的情况相似。在低 Re 下,流动出现分离,而且飞行数据比风洞外推结果要低。当 $Re \approx 2.0 \times 10^{6}$ 时,飞行条件下的数据快速升高,这就使得在较高 Re 下,飞行数据与风洞外推数据一致或略高(图 2.10)。对于有效载荷舱门

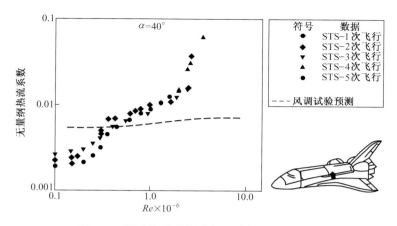

图 2.8　涡洗涤强烈影响的区域气动热相关性

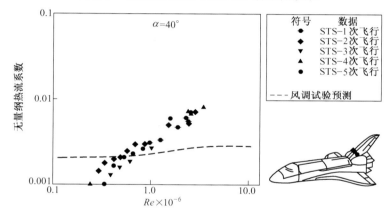

图 2.9　垂尾底部加热相关性($\alpha=40°$)

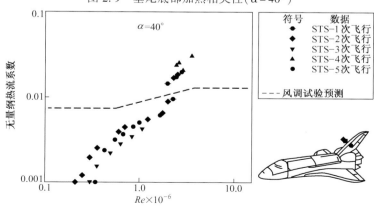

图 2.10　垂尾顶端加热相关性($\alpha=40°$)

位置,在风洞试验中,流动特征是一对弱涡沿着舱门顶部通过,但在飞行试验中,这对弱涡在 $\alpha=40°$ 大攻角下并不呈现为附着状态。为了对有效载荷舱门的风洞数据进行外推,所采用的相关参数是基于自由流条件的斯坦顿数。当该参数用于风洞数据和飞行数据时,随着飞行器的攻角减小,飞行数据与风洞试验外推数据之间的差距也随之减小,如图 2.11 所示。

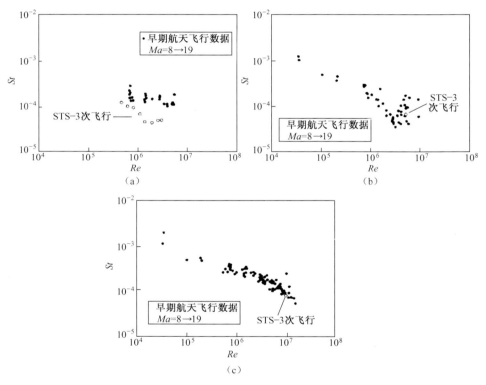

图 2.11 机身上表面 $f=180°$ 子午线 $X/L=0.7$ 位置气动热相关性

(a)$\alpha=40°$;(b)$\alpha=35°$;(c)$\alpha=30°$。

对于局部区域的气动热问题,国外还通过简化外形,针对压缩拐角、前向台阶、凸起物、空腔等典型的流动模型,开展了大量的风洞试验研究,在此基础上通过试验数据的关联,建立峰值热流与峰值压力的比拟关系:

$$\frac{\dot{q}_{\text{peak}}}{\dot{q}_{\text{in}}} = \left(\frac{p_{\text{peak}}}{p_{\text{in}}}\right)^n \tag{2.1}$$

式中：q_{peak}——峰值热流（kW/m^2）；

　　q_{in}——热流（kW/m^2）；

　　p_{peak}——峰值压力（Pa）；

　　p_{in}——当地压力（Pa）。

　　典型流动区域的局部热流计算公式用于风洞试验和飞行条件的气动热计算预测。这种在理论分析和试验数据基础上建立的根据风洞数据外推预测飞行热环境的方法，在航天飞机轨道器的飞行热环境设计中得到了成功的应用，并且经过了飞行数据的验证。特别是在获得了大量的飞行测量数据以后，针对航天飞机表面不同的特征点，对预测结果进行了分析比较，对方法进行了进一步的修正，为 X-34、X-38、X-37B、HTV 等后续飞行器的飞行条件下气动热预测，提供了坚实的技术基础。

　　图 2.12 是 X-38 飞行器在马赫数 6、40°攻角、20°舵偏角情况下，下表面某截线上的外推预测得到的温度值与 CFD 计算结果之间的比较。从图中可见对于大面积无干扰区域风洞试验外推结果与 CFD 计算结果吻合得很好，对于舵面干扰区域，外推结果高于 CFD 计算结果，总体来说两者符合较好。

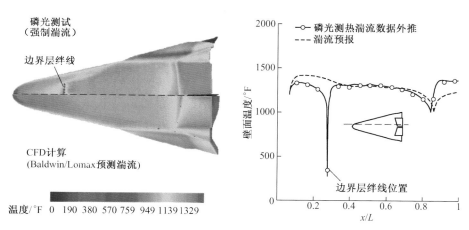

图 2.12　X-38 表面温度的外推结果与计算结果比较

但值得指出的是,这种方法建立的主要依据是航天飞机外形的地面风洞试验数据,并通过航天飞机飞行数据对方法进行修正,因此对于其他外形的普适性需要进一步验证。

近几年来对局部热环境的气动热换算方法开展了初步研究,主要是针对舵前缘激波/边界层干扰、激波/激波干扰、分析流场结构特点,在考虑雷诺数、马赫数、尺度等因素后,从不同舵前缘热流计算公式出发,初步得到了影响翼前缘、舵面气动热环境地面试验与飞行状态之间的主要因素。

层流条件下,有后掠翼前缘与无后掠圆柱前缘热流之间的转换关系为

$$q = q_{\Lambda = 0} \cos^n \Lambda \qquad (2.2)$$

式中:q——后掠角为 Λ 的圆柱前缘热流($\mathrm{kW/m^2}$);

$\quad q_{\Lambda=0}$——无后掠圆柱前缘热流($\mathrm{kW/m^2}$);

$\quad \Lambda$——后掠角(°);

$\quad n$——常数,Λ 在 0°~60° 范围内可取 1.5,在更大后掠角范围内,可取 1.0~1.5。

实际上,由于无后掠圆柱热流与等半径球头热流存在如下关系:

$$q_{\Lambda = 0} = q_0 / \sqrt{2} \qquad (2.3)$$

式中:q_0——与无后掠圆柱等半径的球头在来流条件一致情况下的驻点热流。

因此,有的文献中也写成如下形式:

$$q = 0.707 q_0 \cos^n \Lambda \qquad (2.4)$$

Cato 给出了层流翼前缘热流的另一种估算方法:

$$q = 0.75 q_0 [1 - 1.857 (\Lambda/90°)^2 + 1.097 (\Lambda/90°)^3] \qquad (2.5)$$

可以看出,式(2.4)和式(2.5)均认为层流条件下以等半径球头驻点热

流归一化的前缘无量纲热流与来流条件无关,仅仅取决于有效后掠角,对于同一外形在不同的条件下,如果攻角相同,那么等效后掠角也相同。对于不同缩比模型或全尺寸飞行器,翼前缘的半径与飞行器头部驻点的半径比值相等,在攻角相同的情况下,有效后掠角也是相同的。因此,对于翼前缘,在不考虑激波干扰的情况下,以驻点热流为参考的无量纲热流,与模型缩比尺度、马赫数、雷诺数都无关。在攻角相同的情况下,风洞试验的翼前缘无量纲热流与飞行情况相等。即

$$\frac{\left[\dfrac{q}{q_0}\right]_2}{\left[\dfrac{q}{q_0}\right]_1} = 1 \tag{2.6}$$

但是,在湍流条件下,Johson 给出了湍流条件下的前缘热流计算公式:

$$q = 0.75 q_0 \frac{K_T}{K_L} \left[\frac{2\rho_\infty U_\infty R_N}{\mu_\infty}\right]^{0.3} \left[0.01714 + 0.01235 \sin(3.53(\Lambda - 10^3))\right]$$

$$\tag{2.7}$$

式中:K_T——湍流因子;

　　K_L——层流因子;

　　ρ_∞——来流密度(kg/m^3);

　　U_∞——来流速度(m/s);

　　μ_∞——来流黏性系数[$kg/(m \cdot s)$];

　　R_∞——圆柱半径(m)。

其中 K_T/K_L 取值为 $\sqrt{2}$。

从公式可以看出,以等半径球头驻点热流归一化的舵前缘无量纲热流,不仅与等效后掠角有关,还与自由流雷诺数、前缘半径、湍流度之比等因素有关。那么显然同时存在着尺度效应与雷诺数效应。对于相同来流条件下的

不同缩比模型,舵前缘无量纲热流存在着尺度效应,即使来流参数完全一样,当地湍流度也有可能不一致,因此湍流度参数不能消去。综上所述,湍流翼前缘关联参数可表达为

$$\left(\frac{q}{q_0}\right)_2 \Big/ \left(\frac{q}{q_0}\right)_1 = (R_{N2}/R_{N1})^{0.3}(Re_{\infty 2}/Re_{\infty 1})^{0.3}f_b\left(\left(\frac{K_T}{K_L}\right)_2 \Big/ \left(\frac{K_T}{K_L}\right)_1\right)$$

$$(2.8)$$

从上面层流和湍流情况下的翼前缘热流计算公式可以看到,在不同流态下,风洞试验与飞行条件下热流影响参数存在较大差别,需要对推导得到的关联参数开展计算及相关的试验验证,并且对于基于其他翼前缘热流公式的影响参数也还需要开展进一步分析研究。

2.3.4.2 局部区域气动热环境相似准则

局部流动区域的气动热环境相似准则研究,主要是分析控制局部复杂流动的物理机制,采用理论分析和试验验证相结合的手段,解释该物理机制的表征参量以及物理现象的表征关系,建立局部复杂流动的简化流动模型,并建立该简化模型的表征方程,依据简化表征方程获得局部流动气动热环境试验模拟准则。对于不同种类的飞行器表面的局部问题种类众多,其结构特征与气动热环境的特点也存在较大差别。针对典型外形飞行器表面气动热环境严重的关键局部气动热环境问题开展研究,如偏转舵面形成的压缩拐角、舵轴缝隙、防热瓦缝隙、突起物及凹腔等,包括以下三个方面的研究。

1)典型局部流动区域热流计算模型

局部气动热环境流动简化模型研究,主要是针对典型外形飞行器的偏转舵面压缩拐角、舵轴缝隙、防热瓦缝隙、突起物及凹腔气动热问题进行研究,调研国外类似的局部流动模型和气动热环境的研究成果,包括局部流场结构和流动模型的试验与计算研究结果、气动热环境工程计算的理论模型、计算公式等。分析各种局部气动热工程预测方法和理论模型,结合地面风洞局部气动热试验分析局部气动热的影响参数,采用理论分析手段提取控制局部流

动物理机制的流场参数及其表征关系,在此基础上构建能够有效描述不同局部复杂流动的简化模型,建立局部气动热风洞试验模拟和工程计算的理论模型,采用试验与数值模拟相结合的手段评估该简化模型的可靠性及适用性。

2)局部热环境影响参数研究

局部流动气动热环境影响参数研究,主要包括两个方面内容:一是在局部流动模型调研的基础上,通过比较分析各种局部气动热环境工程计算方法和关联公式,分别针对压缩拐角和缝隙,分析研究影响局部气动热的关键参数,包括流场参数、流动状态、边界层厚度、压缩拐角的长度、高度、与边界层的相对高度、缝隙的宽度、缝隙的方向、缝隙周围的流场与几何特征,分析研究这些参数对局部热流和压力分布的影响规律。二是根据理论分析结果,针对局部气动热环境的影响参数,对国内外典型的风洞试验结果进行数值和工程计算验证。特别是利用数值模拟结果,研究实际飞行情况下局部气动热环境与不同缩比的全模型试验及局部模型试验结果的差别,分析研究局部流场参数、边界层厚度、压缩拐角的几何参数、缝隙宽度及由于缩比引起的周围流动特征变化对缝隙气动热的影响规律。根据上述理论分析和数值模拟分析的研究结果,针对压缩拐角和缝隙流动,确定局部气动热环境风洞试验模拟的关键参数和模拟准则,包括马赫数、雷诺数、边界层厚度、压缩拐角的几何缩比尺度、缝隙的几何缩比尺度等参数的模拟准则。

3)局部热环境地面试验数据应用研究

局部气动热环境风洞试验数据外推应用研究,应特别注重局部气动热试验结果的天地一致性与试验数据外推应用研究问题。局部气动热环境风洞试验数据外推应用比大面积区域的问题更为困难,因为即使是缩比的全模型气动热风洞试验,对局部区域的气动热试验存在两点特殊的难点:一是由于缩比以后使得局部的几何尺度非常小,很难进行准确的热流测量;二是由于局部的分离再附及气动热特征往往与局部的绝对几何尺寸及与边界层的相对厚度相关,可能会由于缩比而影响局部的流动特征及峰值热流。对于局部气动热环境风洞试验数据应用而言,局部峰值热流及对应的热流比拟系数是非常重要的。因此,在进行局部气动热环境风洞试验数据应用研究中,应注意各个流场参数对峰值热流及对应热流比拟系数的影响规律研究。特别是通过试验得到的有关峰值热流比拟系数必须能够与实际飞行条件下的比拟系数具有明确的对应关系。比如,对应局部气动热环境,通常都重点关注峰值热流与当地无干扰热流的比值。如果通过风洞试验获得的这种热流比值与实际飞行情况存在较大差别,而又无法建立二者之间的关联和换算关系,那么局部气动热环境风洞试验就没有意义。针对局部热环境问题结合数值计算、工程经验公式以及风洞试验三种手段从两个方面开展研究:一是直接使用具有普适性的热流公式直接对飞行器条件下的局部热环境进行计算,并采用数值计算方法进行验证;二是针对具体外形飞行器的局部复杂流动区域,根据大量试验数据和计算结果,拟合出关于局部热环境影响参数的曲线或者公式,将地面风洞试验数据外推到飞行条件下。

2.4　飞行试验的发展

飞行试验是天地一致性研究的重要环节。从地面试验、仿真映射到天上环境过程中需要有大量的天上飞行试验数据,尤其是需要大量与地面试验相互对应的天上试验。飞行试验与一般意义的产品系统验证的遥测试验有本质的不同,可以通过多次专门的和单项的测量取得大量翔实的测量数据。这类飞行试验测量数据,为天地一致性研究中提供了天地相关性所最为缺乏的数据。

2.4.1　飞行试验发展背景

高超声速飞行技术领域面临着若干高超声速气动相关的瓶颈问题,迫切需要发展以空气动力相关技术研究和验证为目的低成本、小规模飞行试验。这类飞行试验研究高超声速气动力/热相关问题,弥补地面试验模拟能力的局限性,解决系统创新中的气动布局、气动力/热精确预测、高效热防护等气动技术难题。研究成果可以为飞行器性能提升和自主创新积累技术,最大限度地降低大型系统级飞行试验的技术风险,缩小与美国等发达国家高超声速技术差距,为国家后续相关工程研制和基础技术研究提供重要技术支撑。

美国 50 多年的 X 系列研究计划印证了低成本、小规模飞行试验的重要性,可以说这是推进创新技术工程化的一种不可或缺的技术手段。钱学森先生生前非常重视这种空气动力技术研究的方法,认为飞行试验与地面试验技术和数值模拟技术相辅相成,构成高超空气动力技术研究的完备手段。

与系统级飞行验证试验相比,飞行试验研究单一或小系统关键技术问题,获取相关数据。由于目标的聚焦,飞行试验的费用大大低于系统级大型飞行试验费用,同时能够大大缩短研制周期。因此,开展低成本、小规模飞行试验技术研究具有重要的科学和工程意义,必将大大推动高超声速飞行相关技术的发展。

2.4.2　飞行试验实施案例

近年来国内外陆续实施了很多飞行试验计划,其中有多个计划是以基础科学问题或单项技术为研究目标,以下对此类飞行试验做简要介绍。

2.4.2.1　HIFiRE 计划

HIFiRE(Hypersonic International Flight Research and Experimentation)计划是 AFRL 和 DSTO 的一个联合计划,该计划的目的为发展和验证新一代高超声速空天系统,为空天飞行器的设计提供基础数据,为全球快速打击和快速进入空间提供技术支持。该计划主要研究高超声速空天飞行和武器系统的高超声速物理现象和环境,具体为:①发展和验证高超声速现象和计算模型;②指导具有典型高超声速飞行环境特征的地面试验技术发展;③发展可用于飞行试验的仪器和测试技术;④发展高超声速飞行试验和载荷设计方法;⑤发展高超声速数值模型、地面试验和飞行试验修正方法。

HIFiRE 计划的试飞器布局和飞行方式较多,下面以 HIFiRE-0 和 HIFiRE-1 为例进行说明。

1）HIFiRE-0

（1）总体情况。

HIFiRE-0 是为了降低 HIFiRE 系列飞行计划的风险而开展的试飞平台级飞行试验,主要用于飞行平台系统的有效性验证,包括水平传感器、加速度计、冷推系统、飞行计算机及软件系统等飞行试验平台子系统的验证。HIFiRE 系列计划飞行平台 60% 以上的子系统将通过 HIFiRE-0 的飞行试验进行验证。为了降低工程实施难度和飞行试验风险,HIFiRE-0 没有任何科学问题载荷。

（2）技术状态。

HIFiRE-0 试飞器外形为简单的 1067mm 长的圆锥和 433mm 圆柱（图 2.13）,圆锥段采用不锈钢薄板材料,圆柱段采用结构铝材料制成。HIFiRE-0 由两级 Terrier-Orion 固体发动机助推,实现最大飞行高超过 300km、再入速度 $Ma>7.5$ 的飞行弹道。

图 2.13　HIFiRE-0 试飞器结构示意图

（3）实施情况。

2009 年,HIFiRE-0 完成了首飞。通过 HIFiRE-0 飞行试验,有效降低了 HIFiRE 系列飞行计划的风险,大大提高了其成功率,为 HIFiRE 计划提供了成熟可靠的试验飞行平台。

2）HIFiRE-1

（1）总体情况。

在 HIFiRE-0 成功飞行的基础上，HIFiRE-1 基于此平台，开展了飞行试验，其任务结合了三项高超声速流动飞行试验内容，分别是高超声速圆锥边界层转捩测量、高超声速激波边界层干扰诱导的边界层分离流动和气动光学效应。

（2）技术状态。

HIFiRE-1 试飞器为锥柱裙外形，圆锥半锥角 7°，尾裙 33°，如图 2.14 所示。HIFiRE-1 试飞器安装了大量的脉动压力、热流传感器，用于圆锥边界层转捩测量。如图 2.15 所示为 HIFiRE-1 试验飞行弹道。

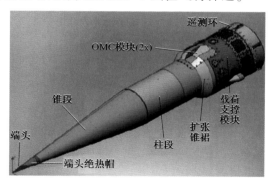

图 2.14　HIFiRE-1 试飞器外形示意图

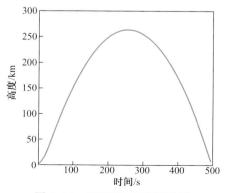

图 2.15　HIFiRE-1 飞行弹道

（3）实施情况。

HIFiRE-1 于 2010 年完成首飞。HIFiRE-1 是非常成功的低成本飞行试验，获得了 15G 以上的高超声速边界层转捩、激波边界层干扰和气动光学方面的数据，为 HIFiRE 系列飞行计划奠定了很好的基础。

HIFiRE 试验飞行器小结：

HIFiRE 计划是为开展高超声速再入飞行器和高超声速巡航飞行器研制而制定的高超声速飞行试验计划，根据任务载荷的不同计划制定了 10 个飞行任务，分别针对不同试飞器、不同弹道和不同的科学技术内容。为了有效降低飞行试验计划的技术风险，HIFiRE 单独为试飞平台验证设计了一次飞行试验，即 HIFiRE-0。通过 HIFiRE-0 飞行试验验证了 HIFiRE 飞行试验平台超过 60% 以上的子系统，其飞行试验的成功有效地确保了 HIFiRE 系列飞行计划的顺利实施。在 HIFiRE-0 成功的飞行的基础上，HIFiRE-1 执行了包括高超声速圆锥边界层转捩、激波边界干扰诱导分离以及气动光学效应等科学试验内容，获得了大量的高超飞行试验基础数据，为高超声速飞行器发展提供了对物理现象和物理模型的认识。

从 HIFiRE 计划的顺利实施可以发现，对于高超声速再入飞行器和高超声速巡航飞行器研制的复杂问题，单项关键技术的飞行试验是非常必要的，可有效降低研制风险、缩短研制周期，为工程研制提供必要的科学认识和技术储备。

2.4.2.2 SHEFEX 试验飞行器

SHEFEX（SHarp Edge Flight EXperiment）是 DLR 用于研究新概念航天气动布局和尖化前缘、组合面布局验证的飞行试验计划，此外，SHEFEX 系列飞行试验可获得高超声速气动物理等方面的重要认识，并成为新概念和新技术飞行试验验证的试验平台。SHEFEX 计划未来将孵化出再入飞行器、高超声速飞机和 TSTO 等航天技术。

SHEFEX 先期计划由三个飞行试验项目组成,SHEFEX-I 已于 2005 年完成飞行试验,SHEFEX-Ⅱ计划于近期进行飞行试验,SHEFEX-Ⅲ于 2015 年实施飞行试验。

1)SHEFEX-I

(1)总体情况。

面向先进高超声速运输系统,SHEFEX-I 飞行试验的主要目标为验证尖化前缘对高超声速飞行器气动性能影响,以及考核组合面(TPS)性能,同时通过飞行试验数据验证 DLR 发展的高超声速物理模型、计算方法和地面试验数据。SHEFEX-I 飞行器外形如图 2.16 所示。

图 2.16　SHEFEX-I 飞行器照片

(2)技术状态。

飞行系统由一级发动机 Brazilian S30、二级发动机改进 Orion、SHEFEX-I 试飞器和整流罩组成,试飞器无飞控装置,由二级火箭完成飞行控制,如图 2.17 所示,其飞行任务剖面和飞行时序如图 2.18 所示。

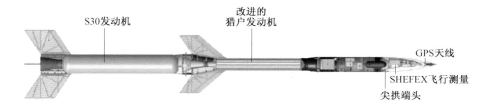

图 2.17　SHEFEX-I 系统组成

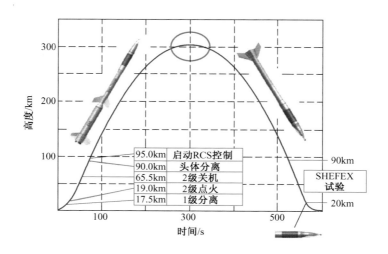

图 2.18　SHEFEX-Ⅰ飞行剖面

（3）实施情况。

SHEFEX-Ⅰ于 2005 年成功完成飞行试验,飞行时间 550s,高度 300km,航程 211km,试验窗口为再入段高度 90～20km,试验时间 40s。飞行试验获得了大量高超声速再入气动力/热数据,同时也验证了飞行控制系统、高超声速飞行测试系统等关键技术,并且为后续的 SHEFEX 计划飞行试验提供了成熟的试验飞行平台。

2）SHEFEX-Ⅱ

（1）总体情况。

SHEFEX-Ⅱ试飞器是 SHEFEX 系列开发项目路线图中的第 2 步,其飞行试验窗口与最大飞行马赫数从 SHEFEX-Ⅰ的 20s,$Ma=6$ 分别提高到 45s,$Ma=11$。其主要目标为:测试高超主动气动控制系统（重点为制导导航控制）、新的惯导平台、星敏传感器,验证主动冷却热防护、传感器（温度、热流和压力）、耐高温天线技术等。

（2）技术状态。

试飞器组成基本同 SHEFEX-Ⅰ（图 2.19）,系统全长 12.6m,质量为

6.7t。固体火箭发动机作为第1级推进装置。试验窗口在再入段高度100km处开始,在这个高度,大气的影响效应开始显现。在当前的飞行包络中,飞行器将在再入段以最大 $Ma=11$ 的速度飞行45s(图2.20)。

图2.19　SHEFEX-Ⅱ组成示意图

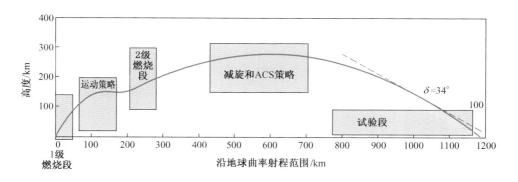

图2.20　SHEFEX-Ⅱ任务剖面

（3）实施情况。

SHEFEX-Ⅱ原计划2010年进行首飞,后因发射系统和载荷系统的原因推迟发射,目前计划在近期发射。

SHEFEX 试验飞行器小结:

SHEFEX 计划是为开展新概念再入飞行器、高超声速飞机和 TSTO 等航天技术研究而制定的试验飞行计划。为实现这一系列研究目标,DLR 制定了循序渐进、逐步实施的发展方案,首先进行 SHEFEX-Ⅰ飞行试验,验证气动布局、热防护等高超声速再入的关键技术和发射、助推的试飞平台技术,同时通过飞行试验获得高超声速物理现象和物理模型的认识,并验证和完善高超声速气动力热环境的理论计算模型和地面风洞试验技术;在此基础上,由SHEFEX-Ⅱ执行亚轨道再入的制定导航控制主动冷却热防护、传感器(温度热流压力)等关键技术。

由SHEFEX研究计划的实施情况可知:对于新概念高超声速再入飞行器而言,只有通过飞行试验才能获得对高超声速物理现象和物理模型足够的认识,才能实现对计算模型和地面风洞试验结果的验证和校准,气动、防热等关键技术的成熟度与否必须依靠飞行试验进行检验,为减低试验风险,单项技术的飞行试验验证是必不可少的。

2.4.2.3　HyBoLT

(1)总体情况。

HyBoLT(Hypersonic Boundary Layer Transition)是NASA支持的高超声速气动基础问题研究项目,主要针对高超声速边界层转捩问题和转捩流动控制问题。高超声速边界层转捩和转捩流动控制问题是飞行器热防护设计和降热减阻设计的前提和基础,对于航天飞机等轨道飞行器进入大气后的边界层转捩问题,目前理论分析技术缺乏试验数据校准,地面风洞试验技术无法模拟实际飞行状态,因此NASA开展了关于高超声速边界层转捩测量的单项飞行试验研究。

(2)技术状态。

HyBoLT飞行系统由多级助推火箭ALV X1、适配器、指令舱和HyBoLT飞行器组成,塔架发射,无回收装置。试飞器为尖楔外形,半楔角6°,前缘半径3.8mm,楔长2.28m,侧部为圆锥外形(图2.21)。HyBoLT的飞行弹道为抛物型弹道(图2.22),其试验窗口为前65s。

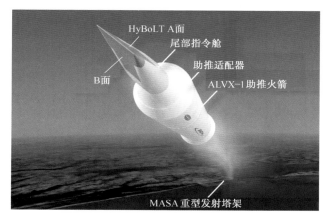

图 2.21 HyBoLT 飞行系统示意图

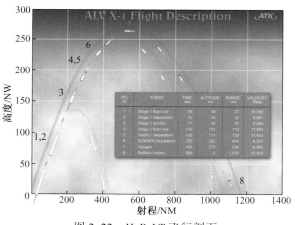

图 2.22 HyBoLT 飞行剖面

（3）实施情况。

项目于 2008 年进行了飞行试验,在发射后 20s 由于助推火箭控制系统异常导致飞行任务终止,但已经获得了大量的边界层转捩飞行试验数据,如图 2.23 所示。

（4）小结。

HyBoLT 是 NASA 为解决高超声速再入飞行器和高超声速巡航飞行器研制过程中遇到的高超基础气动问题而开展的单项科学任务试验计划,其研究

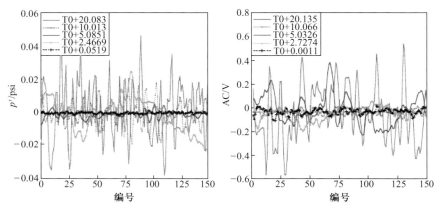

图 2.23　HyBoLT 飞行试验获得的脉动压力和脉动热流数据

对象为尖楔边界层转捩和转捩流动控制。尽管 HyBoLT 计划以首飞失败结束,但还是在短短 20s 内获得了大量的边界层转捩飞行试验数据,为高超声速飞行器设计提供了技术支持。

2.4.3　飞行试验发展方向

通过飞行试验将建立航天气动飞行试验技术,实现航天气动研究理论、地面试验、飞行试验三大手段的齐套。飞行试验的气动测量技术可应用于高超声速飞行器激波/边界层干扰、高超声速边界层转捩、真实气体效应等新概念高超声速飞行器研制关键气动技术和重要气动基础问题的研究,为理论数值模型和地面风洞试验测量提供飞行试验数据校验,所得飞行试验结果可直接用于有关天地一致性研究。为建立天地之间的相关规律,提供重要的试验基础。

飞行试验将成为实用的天上精细试验,成为地面试验的延伸,成为地面与天上一致性规律的数据输入和试验验证。

2.5　小结与展望

总体来看,传统的天地一致性分析方法具有很强的经验性与主观性,获取的结果具有局部数据依赖性,缺乏普适性。然而,新型飞行器的技术储备不足,预测精度比传统飞行器要求更高。气动力热天地一致性的精确预示研究,是新型飞行器发展亟待突破的方向。

飞行器试验设计与验证手段不完善,天地一致性关系等基础理论与客观规律研究不充分,缺乏对真实环境全面准确的预示,导致天地关系存在较大差异。虽然积累了大量的地面、飞行试验数据,但在利用试验数据库进行飞行环境精确预示、天地一致性验证等方面还有很大的需求。地面试验受到地面条件的限制,普遍存在力学环境预示不精确、地面试验条件与天上有本质差别,试验测量技术无法满足精确测量要求等问题。地面试验本身的特点容易导致过试验或欠试验,如何提升地面试验的有效性,进一步接近天上的环境一直是气动力热研究的重要课题。

气动力热天地一致性验证研究,主要包括三个方面:一是通过对不同风洞试验条件的测量数据进行相互换算,对关联方法进行验证,采用建立的关联换算方法,在考虑模型缩比尺度、雷诺数、马赫数、总温、总压、壁温比等参数的影响情况下,对试验结果关联、换算和预测,将可以有效地对天地换算方法进行验证。如果风洞试验采用 1:1 模型,试验流场的马赫数、雷诺数、总温、总压等能够较好地模拟试飞体的飞行弹道参数,那么试验结果热流和无量纲热流都将与实际飞行情况相同,就可以为天地换算方法的验证提供依据。二是利用理论计算方法进行验证。针对典型外形飞行器,通过风洞试验数据的天地换算,对典型飞行状态及沿弹道的气动热进行预测,同时,利用数值和工程计算方法,获取典型外形在风洞试验条件下不同缩比模型、不同流场条件下的理论计算结果。通过天地换算预测结果与理论计算预测结果的相互对比,对天地换算方法进行验证。三是利用国内外典型飞行结果对方法进行验证。根据风洞试验数据外推至飞行条件,对飞行结果进行预测,并通过与国外的典型飞行试验结果和国内已开展过的典型飞行试验结果进行对比,对相关性方法进行验证和完善。

最后,还需要对气动热天地换算方法的精度进行评估,给出外推数据的置信区间。拟通过对不同边界层相似关联参数进行理论分析,研究由天地换算关联参数推导过程中产生的不确定度,并结合地面风洞试验数据的误差和不确定度分析,全面研究天地换算方法和风洞试验数据的不确定度,建立天地换算预测结果的不确定度评估方法。并针对典型状态的风洞试验条件和飞行条件,对不同条件下的气动力热分别进行理论计算和天地换算,通过对计算结果与天地换算结果的比较,确定由天地换算产生的误差带。

基于国内外有关研究的成果和经验,建立较为完整的从风洞试验到飞行相关性修正体系,研究风洞试验与真实飞行之间差异的诸因素及其变化规律,形成实用的、可靠的风洞试验数据修正和使用的一整套方法,最后形成一种具有普适性的设计规范,并根据若干飞行试验数据,给出气动参数特性相关性的规律。

未来新型高超飞行器的环境日益复杂,当前在天地一致性验证技术方面还无法满足可靠性等评估要求。需要深入开展天地一致性预示与验证研究,通过地面试验或虚拟仿真等手段,预示飞行器面临的日益复杂的气动力、热、载荷、电磁等的飞行环境,并在地面模拟飞行环境及各系统试验验证,支撑飞行器准确摸清实际飞行边界及其自身的能力边界。

参 考 文 献

[1] 蔡国飙,徐大军.高超声速飞行器技术[M].北京:科学出版社,2012.

[2] 唐登斌.边界层转捩[M].北京:科学出版社,2015.

[3] PRAHARAJ S C,ROGER R P,CHAN S C,et al.CFD computations to scale jet interaction effects from tunnel to flight[J].AIAA Paper,1997,97-0406.

[4] EWALD BFR,editor.Wind tunnel wall corrections[R],vol.AGARD-AG-336.AGARD,1998.

[5] VISWANATH P R,RAJENDRA G.Sting corrections to zero-lift drag ofaxisymmetric bodies in transonic flow 13[J].Aeronautical Journal,1990,94:279-288.

[6] CAHN M S.An experimental investigation of sting-support effects on drag and a comparison with jet effects

at transonicspeeds[J].NASA Report,1956.

[7] STEINLE F, STANEWSKY E. Wind tunnel flow quality and data accuracy requirements[R]. Advisory group for aerospace research and development neuilly-sur-seine (france),1982.

[8] 倪章松,贺德馨.等效动压洞壁干扰修正方法的研究与应用[J].空气动力学学报,2000,18(1): 86-91.

[9] 尹陆平,贺中,于志松,等.亚声速大攻角模型试验洞壁干扰修正方法研究[J].试验流体力学,2000 (03):37-41.

[10] 章荣平,王勋年,李真旭,等.低速风洞尾撑支杆干扰研究[J].试验流体力学,2006,20(3): 33-38.

[11] 陈德华,赵协和,伍开元,等.小展弦比飞机非线性气动特性风洞与飞行相关性研究[J].空气动力 学学报,2002,20(1):72-77.

[12] 阎超,禹建军,李君哲.热流 CFD 计算中格式和网格效应若干问题研究[J].空气动力学学报, 2006,24(1):125-130.

[13] 潘沙,冯定华,丁国昊,等.气动热数值模拟中的网格相关性及收敛[J].航空学报,2010,31(3): 493-499.

[14] 张向洪,伍贻兆,王江峰.轴对称再入舱模型气动热特性数值模拟研究[J].应用力学学报,2012, 29(3):284-290.

[15] KIRSTEN P W, RICHARDSON D F, JACOB D. Ground/flight test techniques and correlation[R]. AGARD CP-339,1983.

第 三 章

钝体绕流与减阻控制

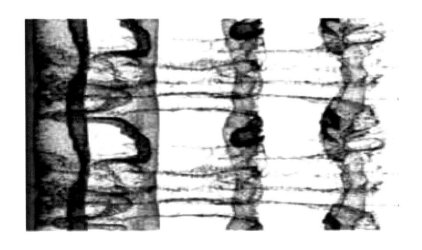

3.1　钝体绕流

　　钝体即非流线体,广泛存在于航天、建筑、交通、环境等许多工程应用中,如飞行器、建筑结构、桥梁、汽车、热交换器、涡流流量计等,相比流线体而言,其具有较大的甚至压倒优势的压差阻力,是流体力学研究领域中的一个经典分支。钝体结构周围富含丰富的绕流结构,如钝体表面会产生大范围的边界层分离并形成宽阔的伴有旋涡脱落现象的尾流等。

3.1.1　边界层分离

　　流体绕物体流动时,在流体黏性的作用下物体表面处会形成一层薄薄的边界层,边界层内沿物面法向方向存在较大的速度梯度分布,即使黏性很小的流体,也会表现出较大的不可忽略的黏滞力,受流体自身的黏性作用,会在物体表面形成逆压梯度,进而发生边界层分离(流动分离),以流体绕曲壁流动时发生分离为例,如图 3.1 所示。

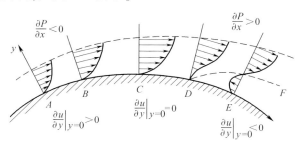

图 3.1　边界层的分离

　　边界层分离的物理解释为:主流的压强可以透过边界层作用在物面上,在 AC 顺压梯度段,顺压力梯度足以克服黏性的作用使流体质点保持一定的动量向前运动,而在 CE 逆压段,前方的压力大,运动流体质点既要克服黏性作用又要抵抗压差,使运动的流体质点在黏性和逆压的双重下逐渐减速,至 D 点使动能耗尽,而在 DE 段流体质点将停滞不前甚至在逆压的作用下往后运动,产生回流,回流使边界层内的流体质点挤向外部的主流,从而使边界层脱离壁面,发生边界层的分离。

在数学上,可以用普朗特提出的边界层理论进行分析,普朗特边界层方程分析壁面上压强梯度对速度分布的影响,沿曲壁坐标 x 方向的分量式为

$$\rho\left(u\,\frac{\partial u}{\partial x} + v\,\frac{\partial u}{\partial y}\right) = -\frac{\mathrm{d}p}{\mathrm{d}x} + \mu\,\frac{\partial^2 u}{\partial y^2} \tag{3.1}$$

壁面处满足 $u=0$，$v=0$，由式（3.1）可得

$$\frac{\mathrm{d}p}{\mathrm{d}x} = \mu\,\frac{\mathrm{d}^2 u}{\mathrm{d}y^2} \tag{3.2}$$

式（3.2）表明在壁面法线方向上的速度廓线的二阶导数与 x 方向的压强梯度符号相同。在顺压梯度区（AC 段）有 $\dfrac{\partial^2 u}{\partial y^2} < 0$，由函数微分性质知速度廓线外凸；在 C 处有 $\dfrac{\partial^2 u}{\partial y^2} = 0$；而在逆压梯度区（$CE$ 段），$\dfrac{\partial^2 u}{\partial y^2} > 0$，速度廓线内凹，且沿流动方向曲率逐渐增大，至 D 点，$\dfrac{\partial u}{\partial y} = 0$，速度廓线与 y 方向相切，过 D 点后速度廓线继续内凹，速度变为负值，出现倒流。学术上将 DF 线称为简短面，DF 线后为分离区。

由上述分析可知,边界层分离的根本原因是流体黏性的存在,而分离的条件是逆压梯度的存在,分离的实际发生则是由流体质点的滞止和倒流引起。

图 3.2 为普朗特 1943 年拍摄的凸壁钝体从静止开始的运动初期边界层发展的情况。当物体刚起动时逆压梯度很小,流场接近于无黏流（图 3.2（a））；随着物体开始加速,后部逆压梯度增大,在后驻点附近出现分离涡（图 3.2（b））；其后分离点向上游移动（图 3.2（c））；最后分离涡强化为圆形涡（图 3.2（d））。

3.1.2 钝体绕流阻力

由前面分析可以知道当物体浸没在有黏流体中运动时除了会受到流体黏性切应力造成的摩擦阻力,还会受到流动分离造成的压差阻力,由于逆压

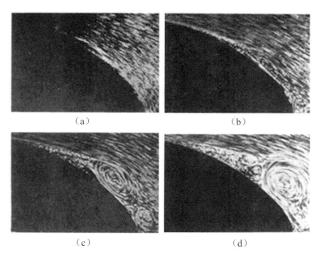

（a）　　　　　　　　　　　（b）

（c）　　　　　　　　　　　（d）

图 3.2　凸壁表面边界层的分离

梯度大小与物面形状有关,压差阻力又称为形状阻力。

　　摩擦阻力是由流体作用在物面上的黏性切应力产生。根据牛顿黏性定律,黏性切应力与流体黏度系数和速度梯度成正比。对同一种流体,物面上不同速度分布产生的黏性切应力不同。当流体绕物体作大 Re 流动时,物面边界层中的流态与摩擦阻力有关,其数值大小可以用边界层理论求解,且湍流边界层的摩擦阻力比层流边界层的大。

　　而压差阻力是流体作用在物面上的压强合力引起的阻力,流体绕钝体流动时,在背风面容易发生边界层分离开成旋涡,后部的压强不能恢复到与前部相对称,因此物体前后会产生压差阻力,后部分离越严重,压差阻力就越大。

　　对绕流物体压差阻力的理论分析对比摩擦阻力的分析更为困难,主要障碍在于尾流区内的流场非常复杂,其包含大量的涡旋和速度脉动,即使在绕流雷诺数不大的情况下,这些涡旋和脉动也会很快地触发为湍流,使解析分析难以进行,因此对形状阻力大部分来自试验测量,除了采用力学传感器直接测量流向作用力分量外,常用的还有两种间接的测量方法:其中一种可行的方法是在风洞中离绕流物下游较远的截面上测量速度分布,然后利用动量

81

定理计算物体所受的合力,用该合力代表形状阻力 F_{Df} ,如图 3.3 所示。

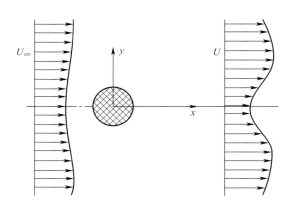

图 3.3　动量法阻力计算符号说明

$$F_{Df} = \int_{-\infty}^{+\infty} U(U_\infty - U)\,\mathrm{d}y + \rho \int_{-\infty}^{+\infty} [\langle v'^2 \rangle - \langle u'^2 \rangle]\,\mathrm{d}y \qquad (3.3)$$

式中:U_∞——来流速度大小;

　　$[\langle v'^2 \rangle - \langle u'^2 \rangle]$——法向和流向的应力项。

另一种方法是在物体表面上开设测压孔,测量压强分布,将压强沿物面积分估算压差阻力。在工程上,压差阻力通常用无量纲压差阻力系数 C_{Df} 表示:

$$C_{Df} = \frac{F_{Df}}{\dfrac{1}{2}\rho U_\infty^2 A} \qquad (3.4)$$

式中:A——参考面积,一般取垂直于来流的投影面积;

　　$\dfrac{1}{2}\rho U_\infty^2$——来流动量。

3.1.2.1　圆柱绕流流场与阻力

圆柱作为典型的钝体,是分析钝体绕流基本问题的经典模型,在过去的近 50 年的研究中,备受研究学者的关注。

1）圆柱绕流流场特性

通过试验研究发现,圆柱表面的流动结构会随着雷诺数的变化而发生变化,图 3.4 是圆柱在不同雷诺数下的流场结构示意图。

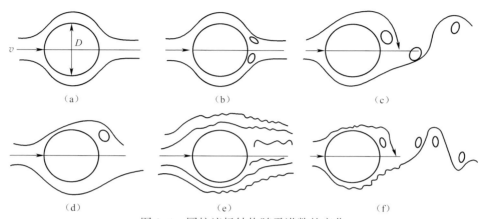

（a）　　　　　　　　　（b）　　　　　　　　　（c）

（d）　　　　　　　　　（e）　　　　　　　　　（f）

图 3.4　圆柱流场结构随雷诺数的变化

（a）$Re<5$；（b）$(5\sim15)<Re\leqslant40$；（c）$40<Re\leqslant150$；

（d）$150<Re<300$；（e）$3.0\times10^5<Re<3.5\times10^6$；（f）$Re\geqslant3.5\times10^6$。

（1）当 $Re<5$ 时,该范围称为低雷诺数流动或蠕动流,流动极慢,没有漩涡脱流,即边界层比较稳定,尾部漩涡有规律地汇合并相互抵消;

（2）当 $5<Re\leqslant40$ 时,随着流速的增加,逐渐不稳定的边界层从圆柱后部开始脱流,形成两个对称稳定的漩涡;

（3）当 $40<Re\leqslant150$ 时,圆柱体后形成交叉的层流涡列;

（4）当 $150<Re<300$ 时,层流涡列开始向紊流过渡,以致边界层内也开始向紊流过渡;

（5）当 $3.0\times10^5<Re<3.5\times10^6$ 时,边界层全部为紊乱状态,尾迹变窄且变乱;

（6）当 $Re\geqslant3.5\times10^6$ 时,尾迹成为交叉涡列。

这种流体绕流固体时,物体尾流左右两侧会产生成对、交替排列、旋转方向相反的对称漩涡,称为卡门涡街。图 3.5 为通过流动显示技术获得圆柱在不同雷诺数下的尾迹图。

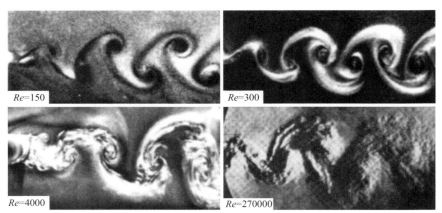

图 3.5　圆柱流场结构随雷诺数的变化[1, 2]

在 19 世纪,捷克科学家特劳哈尔(1878)通过对电线在风中发出的鸣叫声的研究,提出了圆柱漩涡释放频率 f 的经验公式:

$$S = \frac{f_D}{U_\infty} = 0.198\left(1 - \frac{19.7}{Re}\right) \qquad (3.5)$$

式中:S 为斯特劳哈尔数;D 为圆柱直径。$Re = \dfrac{\rho U_\infty D}{\mu}$ 说明 S 受 Re 的影响,后续不少学者通过试验发现,在 $Re = 60 \sim 5000$ 范围内,圆柱后方均能存在规则的卡门涡街,并在 $Re = 300 \sim 2 \times 10^5$ 范围 S 数几乎保持常数,而后涡街不再规则,直至 $Re \geqslant 3.5 \times 10^6$,涡街又重新出现,图 3.6 为试验测量圆柱 S 随雷诺数的变化关系,在 $Re = 1000 \sim 2 \times 10^5$,其值稳定在 $S = 0.20$。

斯特劳哈尔是忽略流场结构的基础上提出了经验公式(3-5),1955 年 Roshko[3] 基于流场结构的基础上提出了尾迹斯特劳哈尔数 S^*:

$$S^* = \frac{fL^*}{U^*} \qquad (3.6)$$

其中使用尾涡形成宽度 L^* 代替钝体的特征长度 D,而速度 U 则使用尾

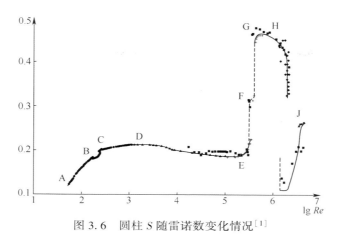

图 3.6　圆柱 S 随雷诺数变化情况[1]

涡形成速度 U^* 代替。图 3.7 为不同方式定义下的斯特劳哈尔数的分布曲线,图中的数据点来源于文献[4、5],相比 S 的大幅度波动,S^* 数值稳定在

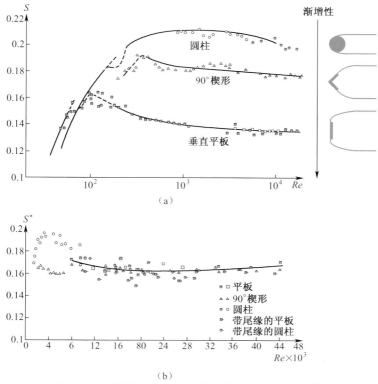

图 3.7　不同方式定义下的斯特劳哈尔数的分布[1]

0.16 左右[4, 5]。

而 Williamson 和 Brown[6] 又在尾迹斯特劳哈尔数 S^*(Wake Strouhal number)的基础上,基于涡脱频率与物面边界层的厚度和分离剪切层的输送速度存在一定的关系对经验公式(3-6)进行了改进:

$$S^* = \left(\frac{f_D}{U_\infty}\right)\left(\frac{U_\infty}{U_S}\right)\left(1 + \frac{2\delta}{D}\right) \tag{3.7}$$

用 $D + 2\delta$ 代替尾涡形成宽度 L^*,其中 δ 为边界层的厚度;用 U_s 为剪切层分离点处速度代替 U_s。

其中剪切层速度 U_s 与圆柱背压系数 $C_{P_b} = (2P_b - P_s)/\rho U_\infty^2$($P_b$ 为圆柱后驻点总压, P_s 为自由来流的静压值),存在如下关系[3]:

$$\frac{U_s}{U_\infty} = \sqrt{1 - C_{P_b}} \tag{3.8}$$

故通用斯特劳哈尔数 S 和尾迹斯特劳哈尔数 S^* 存在如下的转换式:

$$S = S^* \sqrt{1 - C_{P_b}}\left(1 + \frac{2\delta}{D}\right)^{-1} \tag{3.9}$$

图 3.8(a)为改进后的斯特劳哈尔数 S 与 $\sqrt{1 - C_{P_b}}\left(1 + \frac{2\delta}{D}\right)^{-1}$ 的分布,其分布集中于斜率为 0.176 的直线上,即 $S^* = 0.176$。图 3.8(b)为 S^* 随 $Re(55 \sim 1.4 \times 10^5)$ 的分布,相比图 3.7,改进后的 S^* 分布明显集中,稳定在 0.176。

而针对斯特劳哈尔数 S 与 Re 的关系,Williamson 和 Brown[6] 则根据试验结果 S-Re 分布特性给出了更为细致的拟合关系,基于边界层的厚度 ∂ 正比于 $1/Re$ 的关系,根据不同的雷诺数范围提出了

$$S = \left(A + \frac{B}{\sqrt{Re}} + \frac{C}{\sqrt{Re}} + \cdots\right) \tag{3.10}$$

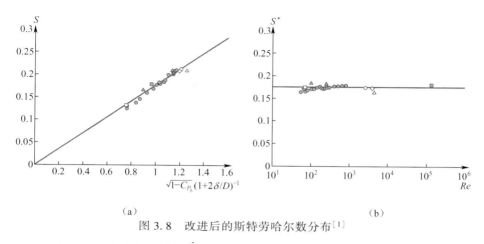

（a） （b）

图 3.8 改进后的斯特劳哈尔数分布[1]

对于圆柱绕流流场的描述,除了上述的斯特劳哈尔数,另一个关键的参数是圆柱背压系数 C_{P_b},在相应的研究中常用 $-C_{P_b}$ 来代替背压系数 C_{P_b} 来描述其对圆柱尾迹的影响[7,8],其直接影响圆柱尾迹区的流场结构。图 3.9 为通过试验测量光滑圆柱下的 $-C_{P_b}$ 随雷诺数 Re 的分布关系图[1]。

结合其流场结构,可以将图 3.9 划分为以下几个区域:

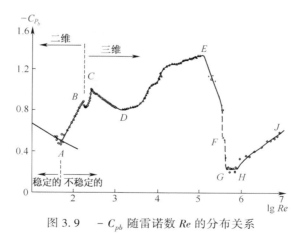

图 3.9 $-C_{pb}$ 随雷诺数 Re 的分布关系

（1）当 $Re<49$, $-C_{P_b}$ 保持稳定,该区域边界层呈层流状态,圆柱表面流动的流体在到达圆柱顶点(90°)附近就离开了壁面,分离后的流体在圆柱下游形成一对固定不动的对称旋涡(附着涡),涡内流体自成封闭回路而成为

"死水区"。$Re=10$，圆柱后部有一对驻涡，雷诺数 Re 逐渐增大，死水区逐渐拉长，圆柱前后流场的非对称性逐渐明显，此 Re 范围称为对称尾流区。

（2）当 $49<Re<190$ 时（$A-B$），$-C_{P_b}$ 呈现增长，圆柱后方的回流区开始变得不稳定，且随着 Re 的提高，回流区出现强烈的速度波动，并向上游蔓延，附着涡逐渐瓦解，流场表现出非定常，圆柱后缘上下两侧旋涡周期性地脱落，形成"卡门涡街"，为层流涡列，如图 3.10 所示。

图 3.10　卡门涡街（层流涡列）

（3）当 $190<Re<260$ 时（$B-C$），$-C_{P_b}$ 表现出先缓慢降低而后增长的趋势，并在 $Re=260$ 达到峰值，圆柱回流区的不稳定性进一步增长，层流涡列过渡为紊流涡列，流场表现出一定的三维性，如图 3.11（b）模态 A。

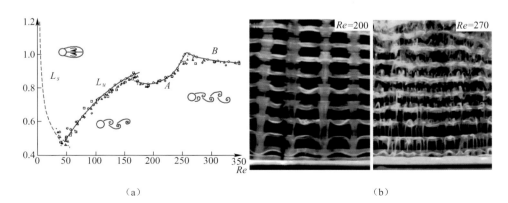

（a）　　　　　　　　　　　　　　　　（b）

图 3.11　圆柱绕流低雷诺数下流场结构

（a）不同区域的流场结构；（b）流场三维效应（模态 A&B）[9]。

（4）当 $260<Re<1000$ 时（C-D），$-C_{P_b}$ 表现出下降的趋势,流场三维效应进一步增长,如图 3.11（b）模态 B,出现小尺度的三维扰动,且其尾涡形成长度变长,如图 3.12 所示。

图 3.12　尾涡形成长度变化[10]

（5）当 $1000<Re<2\times10^5$ 时（D-E），$-C_{P_b}$ 又进入上升阶段,试验表明该区域内,边界层由层流向湍流转变,柱体表面的雷诺应力的增大,其尾涡形成长度变小,如图 3.13 所示。

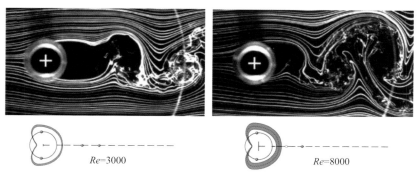

图 3.13　尾涡形成长度和应力变化[11]

（6）E-F-G 区域,也称为过渡区，$-C_{P_b}$ 和圆柱的阻力系数均迅速下降;此时柱体表面上的边界层由层流转变为湍流,边界层出现分离再附,但呈现出非对称状态[12],分离点向后移动（140°）,分离区逐渐缩小,旋涡的脱落不规则,涡流溢放频率是宽频率随机的。

（7）G-H 区域,称为超临界区,边界层表现出对称的分离再附则现象,该区域内分离点又向前移,尾迹重新建立较规则的准周期性脱落的涡街，$-C_{P_b}$

回升。

（8）$H{-}J$ 区域，边界层完全转变成湍流，不再出现规则的漩涡脱落。

2）圆柱绕流阻力特性

通过前文对圆柱绕流流场的分析，明确了圆柱绕流阻力大小直接受流场结构的影响，下面对圆柱的阻力特性做一定的介绍。

表面的压强系数分布：

当无黏性流体绕流圆柱时的流线图如图 3.14（a）所示，其中 A、B 点为前后驻点，C、D 点为最小压强点，$A{-}C$ 段为顺压梯度区，$C{-}B$ 段为逆压梯度区。压强系数 C_p 分布如图 3.14（b）对称的 a 线所示。

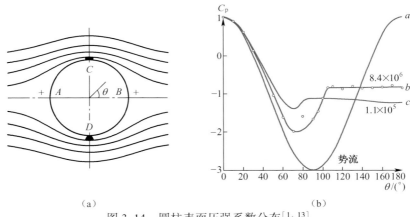

（a）   （b）

图 3.14　圆柱表面压强系数分布[1, 13]

实际流体绕流圆柱时，由于有后部发生流动分离，后部的压力随着漩涡的生成和脱落呈现动态变化，圆柱后表面上的压强分布与无黏性流动有很大差别，后表面上的压强不能恢复到与前部相同的水平，大多保持负值（表压）。试验实际测得的圆柱表面压强系数如图 3.14（b）中 b、c 线所示，两条线分别代表不同 Re 数时的数值。b 为边界层保持层流时发生分离的情况，分离点约在 $\theta=80°$；c 为边界层转捩为湍流后发生分离的情况，分离点约在 $\theta=120°$，如图 3.15 所示。从图中可看到后部的压强均不能恢复到前部的水平，沿圆柱面积分得到压强合力,即压差阻力。

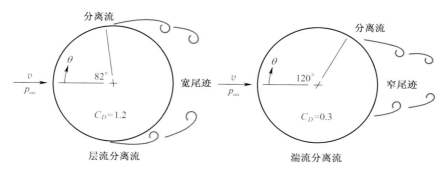

图 3.15　不同雷诺数下边界层分离

图 3.16 为 $Re=1.4\times10^5$,由试验测量圆柱表面压强系数分布曲线,其中实心点为平均压强系数,垂直细线为不同位置压强系数的波动范围,其压强系数的脉动频率与圆柱后方的涡脱频率是一致的,这也进一步证明了圆柱所受的压差阻力与其表面的流动结构有直接的关系。

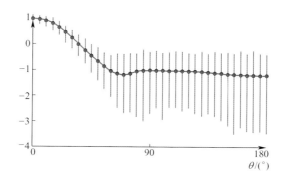

图 3.16　$Re=1.4\times10^5$ 下圆柱表面压强系数分布曲线[14]

圆柱阻力系数随雷诺数的变化：

图 3.17 为对二维光滑圆柱体试验测量得到的 C_D-Re 关系曲线。根据阻力与速度的关系及阻力系数变化特点,可将曲线分为 6 个区域,这 6 个区域的划分与$-C_P-Re$ 曲线(图 3.9)的区域划分有一定的相似。值得注意的是在 $Re=1000\sim2\times10^5$,其值稳定在 $C_D=1.2$;在 $Re\approx2\times10^5$ 时,存在阻力迅速下降

的区域,称该现象为"阻力危机"。

(1) $Re \ll 1$,称为低雷诺数流动或蠕动流。几乎无流动分离,阻力以摩擦阻力为主,且与速度一次方成比例。

(2) $1 \leqslant Re \leqslant 500$,有流动分离。当 $Re = 10$ 时,圆柱后部有一对驻涡;当 $Re > 100$ 时从圆柱后部交替释放出旋涡,组成卡门涡街,阻力由摩擦阻力和压差阻力两部分组成,且大致与速度的 1.5 次方成比例。

(3) $500 \leqslant Re < 2 \times 10^5$,流动分离严重,大约从 $Re = 10^4$ 起,边界层甚至从圆柱的前部就开始分离,涡街破裂成为湍流,形成很宽的分离区。阻力以压差阻力为主,且与速度的二次方成比例,即 C_D 几乎不随 Re 数变化。

(4) $2 \times 10^5 \leqslant Re \leqslant 5 \times 10^5$,层流边界层变为湍流边界层,分离点向后推移,阻力减小,C_D 下跌,至 $Re = 5 \times 10^5$ 时,$C_D = 0.3$ 达最小值,此时的分离区最小。

(5) $5 \times 10^5 \leqslant Re \leqslant 3 \times 10^6$,分离点又向前移,$C_D$ 回升。

(6) $Re > 3 \times 10^6$,C_D 与 Re 无关,称为自模区。

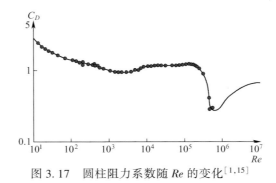

图 3.17　圆柱阻力系数随 Re 的变化[1,15]

3.1.2.2　不同形状物体的阻力系数

1) 二维钝体

有代表性的二维钝体的阻力系数 C_D 和斯特劳哈尔数 S 列于表 3.1 中:

表 3.1　二维钝体阻力系数[1,16]（无限长，A 为迎风面积，$Re \geqslant 10^4$）

二维物体	C_D	S	二维物体	C_D	S
圆柱	1.2	0.21	方形柱	2.1	0.13
半圆柱	1.2	0.21	方形柱（角迎风45°）	1.6	0.15
	1.7	0.16	矩形(2:1)	1.8	0.08
平板	2.0	0.16	矩形(1:2)	2.4	0.14
半圆管	1.2	0.21	90°楔形	1.6	0.18
	2.3	0.13		2.0	0.13

图形为绕流截面示意图，绕流雷诺数 $Re > 10^4$，雷诺数的特征尺寸是截面的高度。从表中可看到，凡是具有陡直端面和尖锐角点特征的截面，阻力系数不仅大而且几乎相近 $C_D = 2.0 \sim 2.3$。这是因为流体都从角点直接分离，尾流区形状几乎相同。试验表明这类物体的阻力系数几乎不随雷诺数改变，但调整它们的方位角后，阻力系数可以降低 25%~50%。增加截面的长高比可使形状阻力减小，如矩形柱的长高比从 1 增至 4，阻力降低近 40%[16]。

2）三维钝体

有代表性的三维钝体的阻力系数列于表 3.2 中：图形为立体示意图，取其迎风面积为特征面积，$Re \geqslant 10^4$，从表中可看到，当半球体的平面分别正对来流和背对来流时，阻力系数相差 2.8~3.5 倍。值得注意的是不管是二维还是三维,随着阻力的增加 C_D,斯特劳哈尔数 S 降低[15]。

表 3.2　三维钝体阻力系数[1,16](A 为迎风面积,$Re>10^4$)

三维物体	C_D	S	三维物体	C_D	S
球体 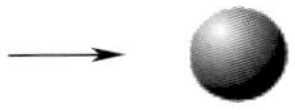	0.47	0.19	60°锥体 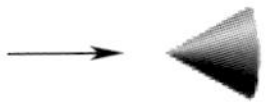	0.80	0.19
半球 	0.4	—	90°锥体 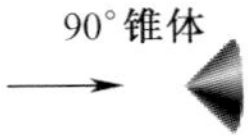	1.2	0.16
半球 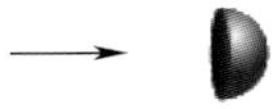	1.2		圆盘 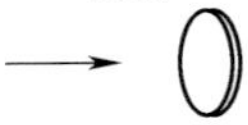	1.1	0.13

3）圆球

对于三维钝体,圆球体可以作为一个典型的例子圆球的阻力曲线如图 3.18 所示,$Re = \rho U d/\mu$ 其中 U 为来流速度,ρ 为流体介质的密度,d 为圆球直径和 μ 为黏性系数。在 $Re \ll 1$ 时,称为低雷诺数流动,流体沿球面作无分离绕流,可用球坐标形式的 N-S 方程描述,但由于惯性力远小于粘性力,N-S 方程可得到大大简化。利用物面不滑移条件及无穷远均流条件,求解 N-S 方程可得到球面上的切应力和法向应力分布,再将两种应力在来流方向的分量沿球面积分可得圆球的总阻力解析表达式,又称斯托克斯圆球阻力公式:

$$F_D = 3\pi\mu dU \tag{3.11}$$

计算表明在总阻力中既存在摩擦阻力(占 2/3)又存在压差阻力(占 1/3),后者的存在说明在前后半球上的压强分布也是不对称的。则可以得到圆球低雷诺数绕流的阻力系数为

$$C_D = \frac{3\pi\mu dU}{\frac{1}{2}\rho U^2 \frac{\pi}{4}d^2} = \frac{24}{\rho U d/\mu} = \frac{24}{Re} \tag{3.12}$$

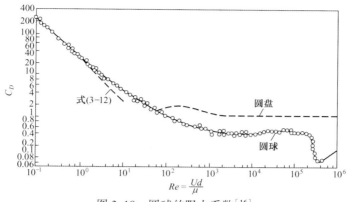

图 3.18 圆球的阻力系数[16]

试验表明,上述理论结果与测量数据吻合。

同圆柱绕流相似,绕圆球的流动从 $Re>1$ 起在后部就出现流动分离,压差阻力随之增大,随着雷诺数的增加,在总阻力中黏性阻力所占的比例不断下降,至 $Re=1000$ 左右只占总阻力的 5%。在 $10^3<Re<3\times10^5$ 范围内阻力系数几乎保持不变,但比同样直径的圆柱($C_D=1.2$)更低($C_D=0.4$)。至 $Re=3\times10^5$ 也出现阻力系数突然下跌现象,从 0.4 跌至 0.1。普朗特曾做过试验,其在光滑圆球前部套一金属丝圈,人为地将层流边界层提前转化为湍流边界层,结果分离点从原来的 $\theta=80°$ 后移到 $\theta=120°$ 左右(图 3.15),使阻力系数明显下跌。这是因为湍流边界层内速度廓线饱满,克服分离能力比层流增强的缘故,这也是后续众多减阻控制的机理所在。

3.2 钝体绕流减阻控制

从 3.1 节对典型钝体绕流特征和阻力特性的分析中,在雷诺数较小时,钝体受到的阻力来源主要是由流体黏性造成的摩擦阻力,当达到临界值雷诺数以上时,钝体表面漩涡脱落使钝体后方产生负压,前后压力差变大,此时压差阻力成为钝体绕流阻力的主要来源,如大型客货飞机在巡航状态下的压差阻力占总阻力的 60%~70%,而类客车体在高速行驶状态,车体尾部由于气流分离而产生的压差阻力甚至占到总阻力的 85% 以上[17](图 3.19)。随着科

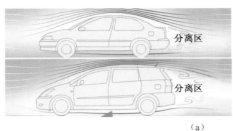

（a）

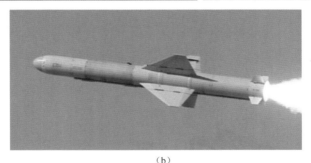

（b）

图 3.19　压差阻力主导的流动阻力

（a）压差阻力是车辆面对的主要空气阻力；（b）压差阻力是航行器面对的主要阻力来源。

技的发展，减阻设计也成了绕流问题不可回避的技术要求。有资料表明，如 Audi100 轿车的气动阻力系数 C_D 由 0.42 降至 0.30，在混合循环工况下，燃油经济性改善 9%，而当轿车以 150km/h 等速行驶时，燃油经济性改善可达 25%[18]。

　　然而绕流在分离区产生的漩涡脱落不仅使钝体压差阻力得到了提高，也会在结构表面形成周期性脉动作用力，当钝体固定方式为弹性支撑或允许发生弹性形变时，脉动力将引起钝体发生周期性振动，引起结构振动，产生声学噪声，也能够引起破坏性的振动事故，例如会导致桥梁、烟囱、高塔、海上平台和热交换站等建筑物的疲劳破坏。尤其是当旋涡脱落的频率与钝体结构的固有频率接近时,会出现频率锁定现象,发生共振,更甚者甚至发生驰振,使平均阻力增大,脉动作用力显着增强,对结构的破坏更加严重,图3.20展示了典型流致振动带来的结构损毁[19-23]。

（a）　　　　　　　　　　　　　　　　（b）

图 3.20　流致振动导致的结构损毁

(a)塔科马海峡吊桥崩塌;(b)海上钻井平台损毁。

实践发现对钝体绕流结构的控制不仅可以降低钝体绕流阻力,并且能抑制其表面脱落涡引起的结构振动,对工程结构的可靠性具有重要的意义。如英国第二赛文桥主梁为钢和混凝土的组合梁,在建成通车后的现场检测中,发现桥体结构发生了明显的涡激振动,为了调节桥体后方旋涡的脱落与大桥主体共振频率的耦合,工程师在该桥的主梁下安装了扰流板[24]（图3.21）,其有效地避免了漩涡脱落导致的振动,提高了桥梁的安全性。

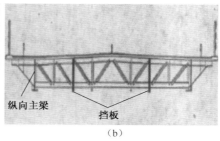

纵向主梁　　　挡板

（a）　　　　　　　　　　　　　　　　（b）

图 3.21　加装扰流板抑制流致振动

(a)英国第二赛文桥;(b)涡激振动控制措施:扰流板。

因此探索改善钝体表面的流动结构具有非常重要的理论研究意义与实际应用价值。从学术研究来看,自 1955 年 Roshko 首先测量了钝体尾部的卡门涡街的脱落周期[25],后续的学者对钝体表面的漩涡脱落和近场区的尾流结构进行了全面的研究,不少学者也尝试采用一系列控制手段来改变或抑制钝体后方的漩涡脱落,并取得了一定的效果[26-33]。

基于当前的研究基础之上,Choi 等人[34]对钝体绕流控制方法进行了较为系统的分类。如根据控制过程中是否向流场中输入能量将控制方法分为被动控制(无能量输入)和主动控制(有能量输入);而根据控制扰动源沿展向(或方位角)的分布特征又可将不同的控制方法可分为二维控制(沿展向不变)和三维控制(沿展向变化);再如根据控制是通过作用边界层还是直接作用在尾流中来延迟边界层的分离,可以分为边界层控制和尾流控制。而这些控制方法,又可根据控制输入是否根据控制效果进行调整修正,分为开环控制和闭环反馈控制,这里根据以上的分类标准,绘制了如图 3.22 所示的钝体绕流控制方法分类框图。

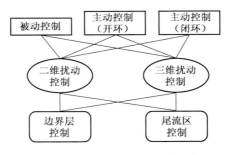

图 3.22　钝体绕流控制方法分类框图

3.2.1　边界层控制和尾流控制方法

根据控制目标的作用区域,钝体绕流控制可以分为边界层控制和尾流控制。边界层控制通过改变边界层的流动特性,促使边界层由层流过渡到湍流,从而延迟主分离,实现阻力控制,该控制方法一般用于分离点随雷诺数变化的钝体绕流控制,如典型钝体圆柱、球等;相反,尾流控制方法则是直接作用与尾流区,通过改变尾流特性,从而实现对阻力的控制,因此它对固定和可变分离点的所有钝体都适用[34]。

3.2.1.1 边界层控制方法

边界层控制方法的机理与3.1节提到的圆柱在亚临界区和超临界区过渡中的"阻力危机"是相同的,此时边界层由层流状态进入湍流状态,夹裹自由流中的高动量流体进入钝体表面,增加分离点之前的近壁区流体的流动动量,使之可以克服钝体后部的逆压梯度,诱发边界层分离再附着,实现延迟主流分离,如图3.23所示。试验证明对于分离点随雷诺数可变的钝体,采用边界层控制,对于抑制边界层分离是非常有效的[35-38]。而促进边界层由层流状态提前进入到湍流的方法有很多,如提高物面粗糙度、设置涡流发生器等。

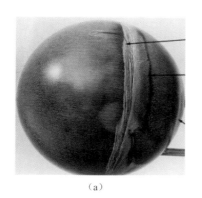 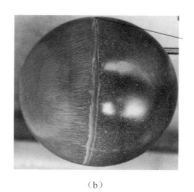

（a）　　　　　　　　　　　（b）

图3.23 "阻力危机"出现时光滑球体表面流动显示[37]

（a）湍流边界层分离线；（b）层流边界层分离线。

1）粗糙度控制

提高表面粗糙度,是促使层流边界层提前转化成湍流边界层的一种有效的方法。Achenbach的粗糙圆球试验结果表明[35,36],在一定范围内适当地提高表面粗糙度,能使阻力系数下降;Choi在2006年详细测量了类似高尔夫球表面带有微小凹坑的粗糙球体表面上的流动速度,如图3.23（a）所示。试验结果表面凹坑使球体表面的边界层不稳定,使边界层的湍流强度提高,提高近壁区流体的动量,如图3.24（b）所示的速度能谱图,使边界层首次分离后重新附着到球体表面,促使主分离的延迟。试验数据表面带有凹坑的粗糙球在临界雷诺数前,其边界层由层流进入到湍流,阻力系数 C_D 在临界雷诺数达到最小值,而后会随着雷诺数的增加而迅速增加,且临界雷诺数会随着粗糙度的增加而减小,此外,粗糙度较大的球体,其最小阻力系数也较大(图 3.25),其中 k 为凹坑深度或粗糙度高度。Bearman 对带有凹坑的圆柱进行了风洞试验测量,出现了和高尔夫球类似的流动机理,可以降低圆柱的绕流阻力[38]。

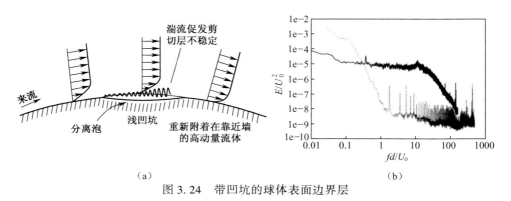

图 3.24　带凹坑的球体表面边界层

(a)带凹坑球体边界层测量示意图;(b)光滑球体与带凹坑球体相同位置的速度能谱图。

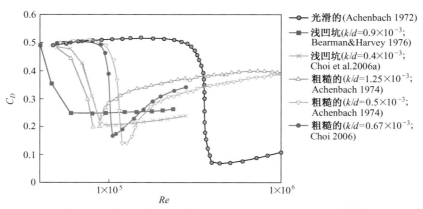

图 3.25　光滑和粗糙球体在不同雷诺数下的阻力系数[37]

2)微修型控制

对钝体表面进行微修型改造,也是对边界层控制的一种很好的方法。如台北 101 高塔(图 3.26),设计初期为正方形截面,为了减小风阻力以及脉动升力,在角点处进行凹角修形,改变流动分离点的位置,降低风阻以及脉动升力[39]。

图 3.26 台北 101 高塔外形优化工程示例[40]

Yamagishi 等人[41]在方柱角点处进行了切边修形,讨论了对于流动的影响。为流动显示照片,结果表明切边长度直接影响尾迹宽度,与方柱相比,$C/d = 0.1$(切边投影长度/方柱边长)时的阻力系数降低 30%,起到了较好的减阻效果(图 3.27)。Larose 等人[42]则在增压风洞中研究了切角修形对于矩形柱(长/宽 = 2)气动性能的影响,结果表明在 Re 数高达 $4×10^6$ 下,带切角矩形柱阻力系数由修形前的 0.75 下降至 0.35。此外也有学者讨论了矩形柱角点倒圆角修形对流动气动性能的影响,结果表明随着圆角率的增大,模型的平均阻力系数减小,且平均阻力系数对雷诺数越来越敏感,流场特性均受到倒圆角的影响,也是促使边界层提前进入湍流,延缓主流的分离[43, 44]。

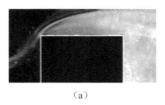 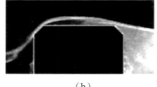 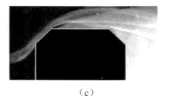

（a） （b） （c）

图 3.27 不同切角的方柱流动显示（C/d 依次为 0、0.1、0.167）[41]

（a）$C/d=0$；（b）$C/d=0.1$；（c）$C/d=0.167$。

3）沟槽/肋条控制

在钝体表面设置沟槽/肋条结构也是对边界层控制实现减阻的有效方法[45,46]，这一方法来自于对于鲨鱼皮肤表面结构的启发，研究表明这种非光滑表面结构有利于减少鲨鱼所受到的流动阻力（图 3.28）。

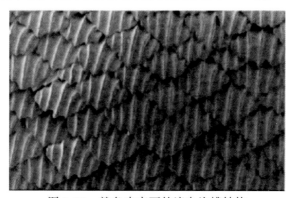

图 3.28 鲨鱼皮表面的流向沟槽结构

Walsh 等人[45]发现流向微小肋条表面能有效降低壁面的摩擦阻力，其认为具有减阻效应的沟槽是一种对称的 V 形沟槽面，肋条必须具有锐利的峰脊且间距与低速条带间距存在某种关系，即当肋条高度 h 和肋条间距 s 的无量纲尺寸为 $h \leqslant 25$ 和 $s \leqslant 20$ 时，肋条具有减阻性能，肋条尺寸为 $h = s = 15$，减阻效果最好，减阻率可达 8%。Launder 等人[46]对光滑和非光滑（L 形、U 形和 V 形肋条结构）槽道流动进行数值计算，通过对比也发现 V 形肋条减阻最好，但肋条尺寸 $h<10$ 时，减阻效果较小（图 3.29）。

目前，对于表面沟槽/肋条进行流动控制的机理尚未清楚，比较流行的理论是 Bacher 和 Smith 提出的"二次涡群"论[47]，即旋转方向相反的流向涡和

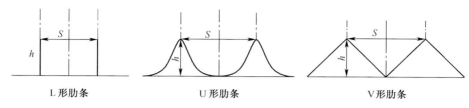

图 3.29　不同形状的表面肋条结构[46]

在肋条顶部形成的二次涡相互作用,二次涡减弱了流向涡强度并将低速流体保留在肋条内,从而抑制低速条带形成和展向运动,导致避免猝发变弱,从而减小摩擦阻力,如图 3.30 所示。

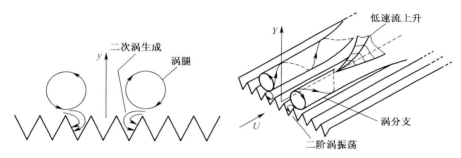

图 3.30　流向涡对和肋条顶部的二次涡相互作用[47]

4）三维控制(3D-Forcing)

以上介绍的几种边界层控制方法,从作用效果来看,对边界层的影响主要是二维的,不少学者也尝试在二维钝体沿展向(方位角)设置变化的的控制体,以实现对边界层的三维控制,这些沿展向变化的结构会促发尾迹中的涡旋相位失调,打破涡旋脱落的二维特性,进而提高了钝体后驻点的基部压力 C_{P_b},使钝体脱落涡强度得到衰减,试验结果表明,这种控制方法具有一定的减阻效应。

如 Zdravkovich 等人在圆柱表面展向设置螺旋线[48],在圆头钝体后缘设置锯齿状后缘(Petrusma, Gai, 1994)[49]或波状后缘(Tombazis, Bearman 1997)[50],Owenet 等人将圆柱体的直轴线沿着展向改变成正弦轴线(图 3.31(e)),且将半球形凸起螺旋连接在圆柱体表面上(图 3.31(f))[51],都实现了较好的减阻效果。

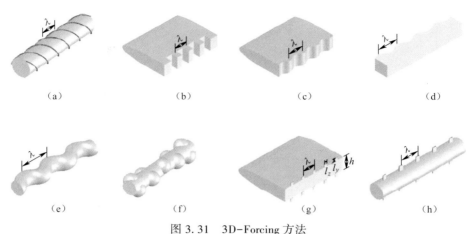

图 3.31 3D-Forcing 方法

(a)螺旋线;(b)锯齿状钝尾缘;(c)波状后缘;(d)波状前缘;

(e)波状圆柱;(f)半球状鼓包;(g)&(h)小肋片。

而对于方形棱柱这种具有相对固定边界层分离点的钝体(一般认为其边界层分离点为柱体角点处),在其后表面添加 3D-Forcing 扰动源,对其绕流结构的控制效应不大,Bearman&Owen(1998)故在方柱前迎风面设置展向波纹,而后缘仍保持棱面(图 3.31(d)),迎风面展向的波纹能很好地抑制涡流的脱落[51,52]。

Darekar 和 Sherwin(2001)在低雷诺数下采用数值计算的方式发现,3D-Forcing 能引起二维剪切层的变形,使得上下剪切层不容易发生相互吸引和卷入,形成卡门涡街,研究还发现,对于 3D-Forcing 的展向布置宽度接近模式 A 不稳定性的展向波长(图 3.32),其减阻效果最佳[53]。

Park 等人(2006)[55]和 Kim(2014)[56]分别在圆钝体和圆柱的分离点附近安装小尺度肋片,通过调整肋片的高度(l_y)、宽度(l_z)和相邻肋片之间的展向间距(λ),(参数说明如图 3.31(g)所示)最佳的参数组合会使近场区卡门涡街完全消失,即使在较远的下游会重新生成,但强度得到了明显的减弱,可实现 33% 的减阻效果,也进一步验证了 3D-Forcing 展向布置波长接近模式 A 不稳定性的展向波长时,减阻效果最佳。图 3.33(b)为添加 3D-Forcing(参数组合为 $l_y/b = 0.2$,$l_z/b = 0.2$,$\lambda/b = 0.2$,$Re = 4200$)的控制效果。

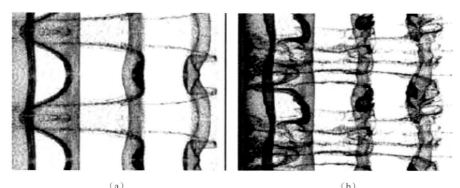

（a） （b）

图 3.32 柱体绕流典型不稳定流动结构[54]

（a）模式 A；（b）模式 B。

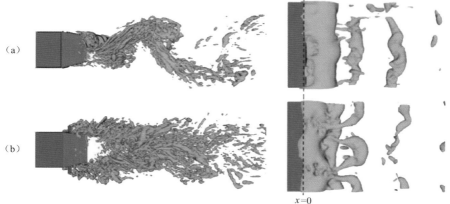

图 3.33 带肋片柱体绕流流动结构[56]

Bearman（2004）在振动圆柱表面设置如图 3.34 所示的鼓包，试验发现，这些鼓包在一定程度上衰减其漩涡脱落强度，抑制了涡致振动强度[57]。

图 3.34 鼓包用于抑制涡致振动[57]

以上列举的边界层控制方法都是基于被动控制思想的，这些控制方法都没有人为地向流场中注入能量，而另一类绕流边界层减阻控制方法是基于主动控制的思想，向流场中注入能量，抑制漩涡脱落，实现减阻效应。下面介绍几种较为典型的边界层主动控制方法。

5）主动旋转

实践发现当钝体处于某一固定频率主动旋转时,其漩涡脱落频率会被相应的锁定在某一特定的频率,该现象称为"锁频",此时其钝体后方的脱落漩涡强度会增强,其平均阻力增大,脉动作用力增强。基于此一些学者反其道而行,成功地利用这一现象,实现了减阻控制,典型的例子就是 Tokumaru,Dimotakis(1991)将圆柱进行主动旋转,实现了对脱落涡的抑制和阻力的控制,如图 3.35 所示(其中 $S_f = \dfrac{d}{U_\infty}f$ 为圆柱的转动频率)[58]。

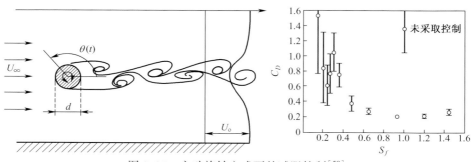

图 3.35　主动旋转方式下的减阻控制[58]

6）主动振动

Jeon 等人[59]对球体采用高频振动,试验发现球体脱落涡也会在一定振动频域内出现"锁频"现象,且处于高频振动下的球体,其边界层分离得到延缓了,脱落涡的强度也得到了控制,如图 3.36(a),(1)为光滑未振动球体,其边界层分离发生在 80°~90°,(2)为在某一频率振动下的球体的流动显示,其表明边界层的首次分离发生在 105°~110°,并在 110°~115°发生再附着,最后主流分流点发生在 130°,图 3.36（b）为不同振频下球体表面的压强系数分布,试验结果表面,采用特定频域内的振动,有利于球后体的压力恢复,降低阻力系数 C_D。

7）主动射流

在边界层内进行主动射流也是边界层主动控制的一种有效方法,图 3.37

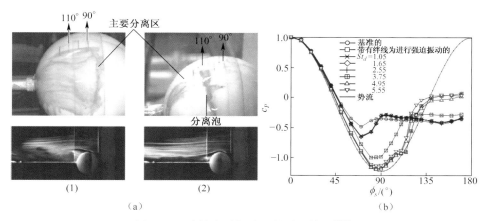

图 3.36　球体主动振动下的减阻效果[59]

为边界层分离前采用微射流控制下的流动显示,图 3.37(a) 为基准球体,图 3.37(b) 为在边界层内采用射流控制,从流动显示来看,微射流有效的延缓了主流的流动分离,其后体的压力恢复也得到了一定的改善。

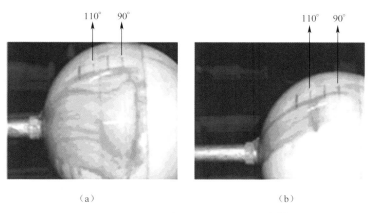

图 3.37　边界层射流下的流动显示[59]

　Kim& Choi(2005)采用数值计算的方式(雷诺数范围 $Re = 47 \sim 3900$),在圆柱沿展向布置吹吸气狭缝(图 3.38),该狭缝沿展吹吸气具有正弦分布的特性,其吹吸产生的效果类似于布置 3D-Forcing 扰动产生的效果,这一正弦吹吸使在涡旋层间沿着翼展方向产生相位失配,其卡门涡街在近尾流区几乎消失(图 3.38(b)),而远场区会复现强度很弱的卡门涡街(图 3.38(c)),计算结果表明这种带有正弦特性的吹吸控制能减少圆柱阻力[60]。

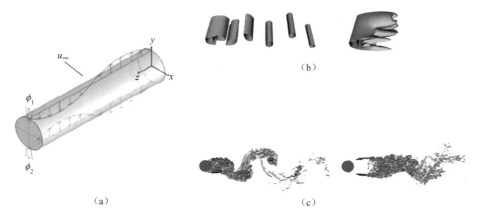

图 3.38 类 3D-Forcing 的圆柱边界层吹吸流动控制($Re = 3900$)[60]

对于机翼这种的流线体,在边界层内采用吹/吸的方式也能在一定程度上抑制机翼在较大攻角下出现的流动分离,如图 3.39(a)所示为 NACA 0012

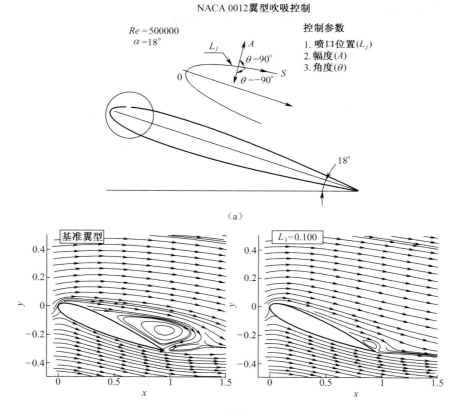

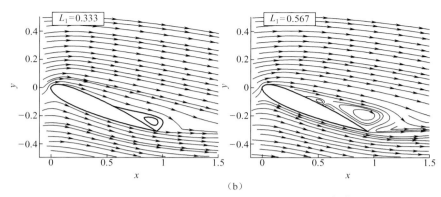

图 3.39　机翼边界层内的吹吸控制流动分离[61]

(a)机翼边界层内主动射流控制流动分离示意图；(b)不同射流状态下的控制效果。

翼型在攻角 18°下采用边界层吹吸控制示意图，其中 L_j 为吹吸位置在机翼弦向的相对位置，θ 为射流与机翼表面的夹角，A 为射流速度与来流速度之比，图 3.39(b)为相同吹吸速度和角度下，不同吹吸位置的分离控制效果[61]。

　　8）零质量射流

　　除了上面介绍的边界层主动射流控制方式，在 20 世纪 90 年代，Glezer 等人（Glezer&Amitay，2002；Smith&Glezer，1998）提出了一种具有吹吸功能的装置，通过在密封腔中的柔性隔膜的时间周期性运动在孔口的边缘处产生涡流，该装置不向外流中添加流体质量，故也称为零质量射流，但会向外流中输入非零线性动量[62, 63]。如图 3.40 是在圆柱边界层内设置零质量射流的绕流控制效果，零质量射流使层流边界层转化成湍流边界层，试验结果表明其能有效地以抑制边界层分离，控制漩涡脱落。通过他们的试验研究发现，在圆柱上采用零质量射流的减阻控制效果与射流作动器的安装位置存在一定的关系，但对吹吸频率不敏感，其最佳的减阻效果可达到 25%。

3.2.1.2　尾流控制方法

　　根据控制作用区，和边界层控制方法相对的是尾流区控制方法，在本节中将介绍几种直接通过控制钝体尾流来实现减阻控制方法，而基于对尾流产生二维或三维控制的影响，也可以将这些控制方法分为尾流二维控制和尾流

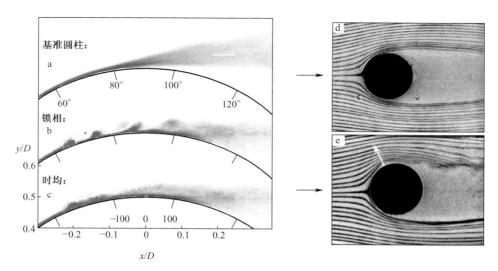

图 3.40   零质量射流下的边界层[62,63]

三维控制;根据是否向流场中注入能量,又可以区分为被动和主动控制。

1）被动尾流控制

典型的二维被动尾流控制方法有在钝体后表面或下游设置分流板、安置二级小圆柱等。如 Anderson&Szewczyk（1997）在二维圆柱后方安装等直、波状分流板,发现满足一定长度的分流板能有效的抑制脱落涡形成,尾流中卡门涡街强度得到了衰减,利于圆柱后体的压力恢复,其尾涡形成长度变长,如图 3.41（a）所示[64];Hwang 等人（2003）通过仿真的方式,计算了 $Re = 100$ 时,在圆柱下游设置分流板,能抑制涡旋脱落、显著减少阻力和升力波动,且分流板的设置存在一个最佳尺寸和最优的安装位置,如图 3.41（b）所示[65]。

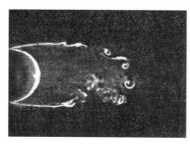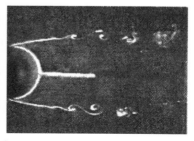

（a）

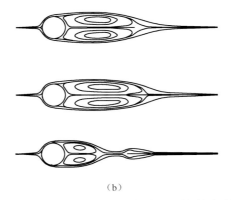

（b）

图 3.41　圆柱后表面或下游安装分流板控制效果[64,65]

（a）后表面安装分隔板；（b）下游安装分隔板。

Hamed 等人（2017）在半圆柱体的上下尾缘添加端板，如图 3.42 所示，尾缘处不同参数组合的端板对流场的影响存在不同，其减阻效应也不同，结果表明 $l/d_c = 1$ 的减阻效果最佳，达到 25%，而 $l/d_c = 0.25$ 带来的的减阻效应较小，仅为 3%[66]。

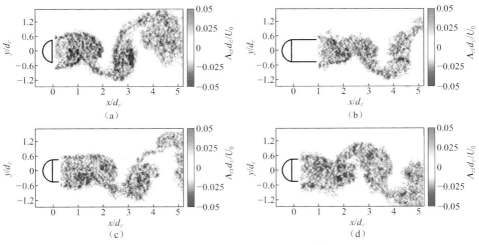

图 3.42　半圆柱尾缘处安装端板[66]

在圆柱后表面或下游添加柔性分隔板也能取得较好的控制效果，Kunze 等人（2012）在圆柱后缘添加柔性流场自适应的毛状小隔板，如图 3.43（a）所示[67]；Hu 等人（2014）在圆柱尾缘添加弹性尾缘，如图 3.43（b）所示[68]，均取得了一定的绕流减阻控制效果。

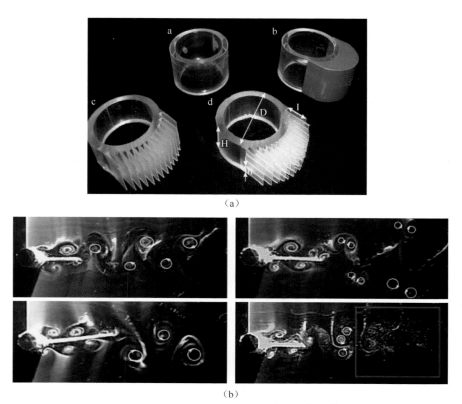

（a）

（b）

图 3.43　圆柱尾缘处安装柔性尾板[67,68]

Strykowski 等人（1990）通过在圆柱的尾流区安置二级小圆柱来实现对尾流的直接控制，如图 3.44 所示，其基准圆柱的卡门涡街能很好地被二级小圆柱抑制，其阻力也得到了有效的减弱。试验结果表明，二级小圆柱安置有效区域大小受到 d/d_s（d 为大圆柱直径，d_s 为二级小圆柱直径）影响并且随着 d/d_s 的增加而缩小[69]。

值得注意的是以上二维被动尾流控制方法的控制效率受来流入射角影响较大，且通过对比不同文献的研究结果可以发现，采用的分隔板的控制方案，需要的分隔板尺寸较大，这些都限制了这些控制方法在实际工程上的运用。

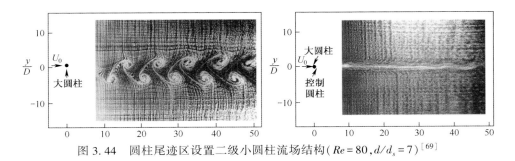

图 3.44 圆柱尾迹区设置二级小圆柱流场结构($Re = 80$,$d/d_s = 7$)[69]

2）主动尾流控制

主动尾流控制是采用主动的方式向尾流场中注入能量以实现对尾流的控制,其根本思想是在尾流区施加动量,改变局部区域流体的能量,促使整体尾流结构得到控制,实现绕流减阻。

Fransson 等人（2004）在圆柱后驻点开设具有吹吸功能的二维狭缝,图 3.45（a）展示了在不同吹吸条件下的圆柱流场结构,在吸气作用下,其尾涡形成长度明显缩短,而在吹气条件下,结果则相反;图 3.45（b）为不同状态下柱体表面的压力系数分布曲线,后驻点进行适当的吸气作用,有一定的减阻效果[70]。

Qu 等人（2017）则在方形棱柱后驻点处设置吹吸狭缝,采用零质量射流（也成为合成射流）的方式对尾流区进行作用,图 3.46（c）所示的脱落涡在零质量射流作用下,形态发生了变化,当 $f_e/f_0 = 6$（其中 f_e 为作动频率,f_0 为方柱的自然涡脱频率）,其减阻效果显著。试验结果还表明在一定参数组合下,在合成射流的作用下,会使尾涡脱落频率与零质量射流频率一致,并尾迹逐渐向对称状态转变[71],通过对比在圆柱后驻点的零质量射流控制效果[72],结果表明对于分离点可变的钝体绕流的效果更佳。

Artana 等人（2003）则采用电磁激励的方式,在圆柱后表面设置了高压电极,形成等离子射流,实现对尾流的控制,图 3.47 为基准圆柱和采用电磁激励下的尾流情况,可以发现在等离子射流的影响下,其流场结构发生了明显的变化,从试验结果来看,电磁激励有效地促进了圆柱后表面的压力系数的恢复[73]。

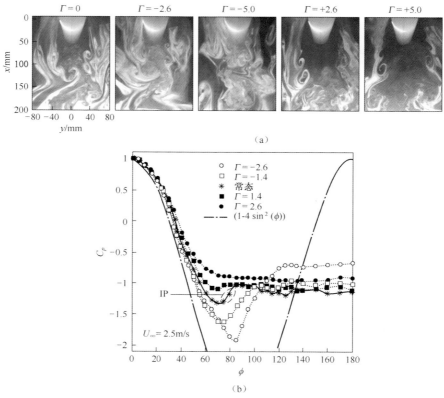

（a）

（b）

图 3.45　后驻点进行吹/吸作用流场结构和压力分布[70]

（Γ 代表吹吸速度，"–"吸气，"+"吹气）

（a）不同吹吸条件下的流场结构；（b）不同吹/吸状态下柱体表面的压力分布。

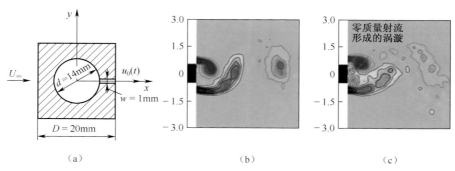

（a）　　　　　　　　　（b）　　　　　　　　　（c）

图 3.46　零质量射流控制下脱落涡[72]

（a）试验示意；（b）无射流；（c）射流（$f_e/f_0 = 2$）。

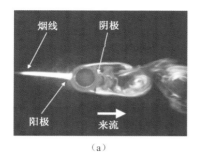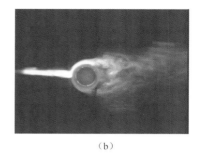

（a）　　　　　　　　　　　　　（b）

图 3.47　电磁激励等离子体射流控制[73]

Yu &Monkewitz（1990）[74]尝试对圆柱尾流区的流质进行加热来改变尾流区的流体密度,结果也表明通过加热的方式可以适当抑制尾迹强度,减少阻力系数。

以上介绍的各类型边界层和尾流控制,亦或是采用主动还是被动的手段,其本质都可以根据文献[75,76]提出的稳定性理论来解释:绝对不稳定性（Absolute Instability）区域的存在是钝体表面漩涡脱落的必要条件[75,76]。不少文献也表明尾流中的全局不稳定性（Global Instability）的发展受到尾流近场区的局部不稳定区（Local Absolute Instability）的控制,边界层控制和尾流控制都是通过消除或减弱近尾迹区的局部绝对不稳定性来抑制全局不稳定性的出现,从而抑制卡门涡街的强度[77]。

如在尾迹中安置二级小圆柱实现对尾流强度的控制,其机制与改变了局部绝对不稳定性有一定的关系。图 3.48 是 Strykowski 等人（1990）和 Hwang等人（2006）在尾迹区设置二级小圆柱对尾流的控制示意图,图中的蓝色区域是 Strykowski 利用 $d/d_s = 10$ 得到有效控制区域,红色区域则是 Hwang 等利用得到的有效区域。对于圆柱,其近场区的局部不稳定区域是在圆柱上下分离的剪切层和尾流中心线上[69,78]。

Yu,Monkewitz（1990）[70]采用加热的方式来降低近尾流区的流体密度来抑制局部不稳定性的增长,Leu 和 Ho（2000）则是通过在平板尾部吹/吸气来减少了近尾流中绝对不稳定区域的长度来从而抑制了全局不稳定性的增

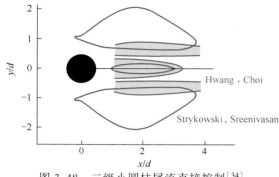

图 3.48　二级小圆柱尾流直接控制[34]

长[77];Kim 和 Choi(2005)采用的类似 3D-Forcing 的主动射流的边界层控制也可通过不稳定性理论来解释,其特定波长的扰动降低了局部不稳定性的增长速率[60]。且稳定性理论分析预测的最佳 3D-Forcing 控制波长约为 $3d$,其与 Kim 和 Choi 的试验结论相一致。值得注意的是不稳定性理论是基于平均速度剖面的函数,即控制绝对不稳定性有效的前提是必须提供足够大能量才能改变尾流速度剖面。那么如采用在后驻点吹/吸方式实现减阻就需要与自由来流速度相当的吹/吸速度,以抑制涡流脱落。

3.2.2　主动闭环控制

前文提到的各类控制方法都是通过多次试验以找到具有积极效应的控制参数组合来实现对钝体绕流流场和阻力的控制,一般而言,其控制输入是相对固定的,并不根据流场情况进行自我的调整,控制系统属于开环工作模式。随着微机电系统、控制理论的发展和计算机性能的提升,带有流场反馈信号主动闭环控制方法得到了一定的实践和运用,这类闭环控制方法可以根据流场的实时控制效果对控制激励进行实时调整,以改进和提高控制效率。相比开环控制方法,主动闭环控制方法的优点是它获得流量系统对输入激励的响应信息,使它能获得比开环控制方法更好的控制性能,控制效率也相对较高,是当前钝体流动控制研究的热点[78]。

根据反馈信号的不同,闭环控制可以分为以下几类。

3.2.2.1 单一线性反馈主动控制

对于圆柱的尾流控制,一般认为有效的控制效果表现为即使在亚临界区圆柱尾流仍呈现对称性状态,卡门涡街特性不突出。当圆柱绕流雷诺数达到临界雷诺数时,其表面边界层分离产生的剪切层将首先失稳,并相互吸引,逐渐形成卡门涡街。而对于有效的闭环控制方法其应具备抑制这种在临界雷诺数下的流动失稳。

在具体应用上,Berger(1967)首先利用位于尾流中的热线传感器(速度)的信号来控制圆柱表面的双压电晶片作动,开启了采用闭环控制方式实现对圆柱绕流结构的控制思路。Williams 和 Zhao(1989)则是在 $Re = 400$ 下,使用基于在尾迹处的速度相位信息来对扬声器作动进行反馈控制,其控制回路示意图如图 3.49 所示,结果表明柱体表面的涡流脱落频率和速度波动得到了减小[80]。

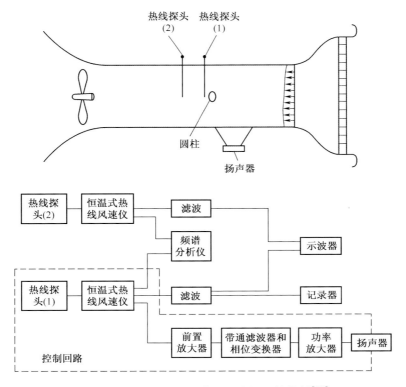

图 3.49 依靠热线反馈信号的线性反馈控制[80]

Roussopoulos（1993）也在低雷诺数下进行了类似的反馈控制试验，图 3.50 所示，在 $Re=65$ 时，结果表明采集反馈信号的热线安置在近尾迹区能抑制涡旋脱落，但如果将热线移动至远场区，则会由于反馈信号太弱而失效，在下游约 9 个圆柱直径长度位置处，传感器仍能清楚的检测到涡流信号，若将其作为反馈信号激励输入则不能很好地实现对漩涡脱落的控制，其可能的原因是该反馈信号存在较为严重的滞后，值得注意的是这种控制方法在高雷诺数下的控制效果表现不佳[81]。

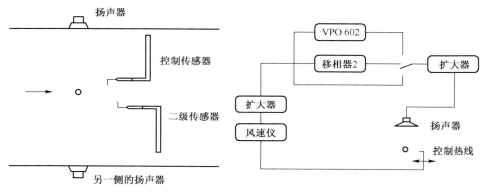

图 3.50　依靠热线反馈信号的线性反馈控制布置图和流程图[69]

在数值计算方面，Park 等人（1994）通过使用数值方法模拟了带有吹吸狭缝的圆柱尾流控制，如图 3.51（a）所示，其利用位于尾迹区的传感器的信号作为反馈控制信号来控制狭缝的吹吸动作。其狭缝的吹吸遵循 $\phi_{upper}(t) \sim v(x_s, y=0, t)$ 和 $\phi_{lower}(t) \sim -v(x_s, y=0, t)$，其中 ϕ_{upper} 和 ϕ_{lower} 表示分别表

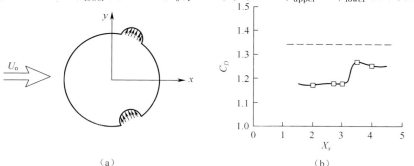

（a）　　　　　　　　　　　　（b）

图 3.51　不同位置反馈信号的线性反馈控制阻力变化（$Re=80$）[82]

示上下狭缝的吹/吸速度,而 $v(x_s, y = 0)$ 为感测位置 x_s 处的中心线的横向速度,图3.51(b)为阻力系数随传感器位置的变化曲线,表明反馈传感器位置 x_s 对控制效果的影像很大,当传感器位于 $x_s = 2.75$ 脱落涡得到了完全抑制,如图3.52所示。其计算结果也表明该控制方法在较高的雷诺数下控制效果较差[82]。

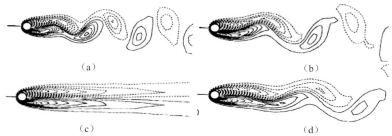

图3.52　不同位置反馈信号的线性反馈控制流场结构($Re = 80$)[82]

(a) $x_s = 2$;(b) $x_s = 2.5$;(c) $x_s = 2.75$;(d) $x_s = 3$ 。

除了利用尾迹区的速度信号作为反馈控制信号,以剪切层内的速度信号作为反馈输入也能实现很好的控制效果。Huang等人(1996)利用热线技术测量上侧剪切层处的速度,并将此作为反馈控制信号,采用反相偏移方式驱动位于圆柱上侧表面的扬声器作动,如图3.53所示,取得了较好的控制

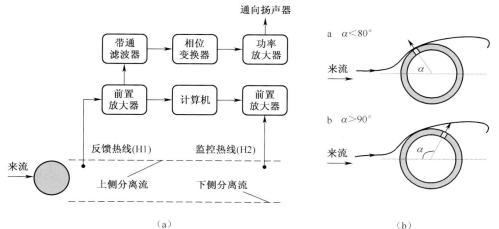

(a)

(b)

图3.53　不同位置反馈信号的线性反馈控制流场结构($Re = 80$)[83]

(a)控制回路示意图;(b)扬声器的不同安装位置。

对于处于振动状态的钝体的绕流控制,Zhang 等人(2004)采用了一种比例积分微分(PID)控制方法,来抑制弹簧支撑下的处于共振条件的方柱绕流。其在方柱上下表面安装压电陶瓷致动器,如图 3.54 所示。分别采用流向速度信号(PID-u 控制)、流动结构振荡信号(PID-Y 控制)和两个信号的组合(PID-Yu 控制)三种不同的反馈信号来控制压电陶瓷致动器,试验结果表明基于 PID-Yu 的反馈控制表现出最好的结果,几乎完全能抑制涡流的生成,是处于共振条件下的方柱恢复静止[84],如图 3.55 所示。

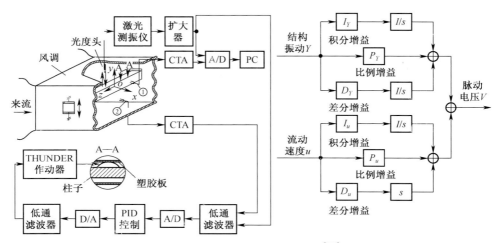

图 3.54　试验系统图和控制图[84]

3.2.2.2　基于降阶模型(ROM)的控制

结合前文所述,基于单传感器的单一线性反馈在低雷诺数下能取得很好的效果,因为在低雷诺数下,钝体尾流往往是由一个不稳定模式导致卡门涡街的形成,而在高雷诺数下,尾流的不稳定因素就较多,此时就需要多重的反馈信号来精确判断流场。为减少反馈传感器的数量,但又保证能够获得重要的动态流场信号,一个可行的方法是对模型进行降阶简化(ROM),降阶简化的基本思想是基于适当的正交分解(POD)、点涡模型或其他降阶手段对流场信息进行降维并提供一个低阶反馈信号,实现比基于全流场信号更简单和更可行的控制方法[18],也为其工程应用打开了思路。

其基本思想是利用 POD 从流场中分解得到高能模态(对应大尺度的相

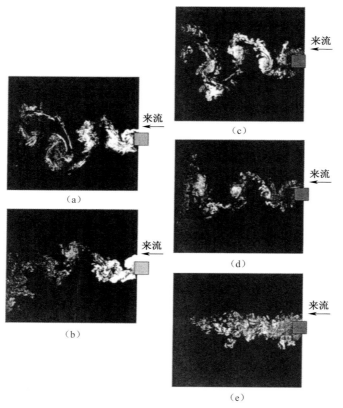

图 3.55 不同控制模式下的尾流结构[84]

(a)不加控制;(b)开环控制;(c)PID-Y;(d)PID-u;(e)PID-Yu。

干结构)和低能模态后[85],人为地将低能模态截止后的信号作为流场反馈控制输入信号。在实践方面,如 Gillies(1998)利用 POD 方法得到一个简化的尾流模型(ROM),并使用神经控制网络来确定控制输入,成功地实现了在较高雷诺数下抑制圆柱表面的涡旋脱落[86],其整体的控制回路如图 3.56 所示。

Graham 等人(1999)在 $Re=100$ 时基于 POD 方法获得 ROM,应用到圆柱绕流控制,取得了较好的控制效果,但在控制过程中其控制精度会随调控的时间的发展历程而降低,因此需要阶段性进行重置 ROM,以提高控制精度[87],这可能与多次截至低阶模态的信息,导致流场模型过于简单,致使其失效。Bergmann 等人(2005)使用了类似的方法,证明使用基于 POD 的 ROM

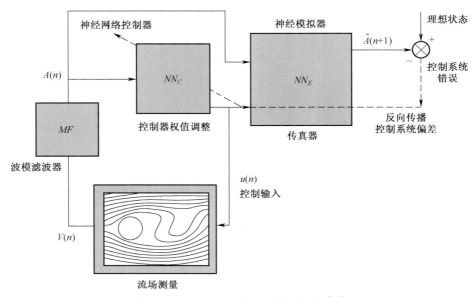

图 3.56　基于 ROM 的神经控制网络[86]

的反馈控制与使用完整的 Navier-Stokes 方程的反馈控制相比效果近似,也进一步证明了基于 POD 获得 ROM 作为反馈输入的有效性[88]。

当流场基本上由尾流中的涡流控制时,也可以利用点涡模型获得ROM[34]。Cortelezzi(1996)[89]对垂直平板和圆柱绕流进行非线性反馈控制,在板或圆柱的下游壁上设置抽吸点,其能根据流速条件,调节吹吸作动,形成和分离边界层里相似的一对漩涡,结果表明其抑制尾涡的形成(图 3.57)。

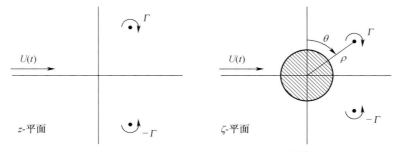

图 3.57　在边界层利用抽吸控制尾流[89]

Henning 等人(2006)也使用低维涡模型(ROM)在钝体后表面设置作动

装置产生小结构涡旋来控制模型表面的流动,获得了良好的减阻效果[90](图 3.58)。

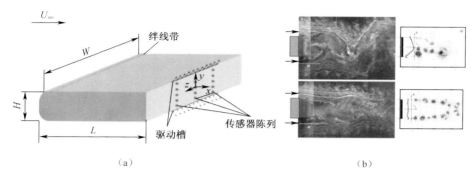

（a）　　　　　　　　　　　　　　　　　　　　（b）

图 3.58　二维钝体后缘进行主动流场控制[90]

（a）模型设置；（b）控制前后对比。

3.2.2.3　最优控制和次优控制

最优控制理论在流量控制领域受到较多的关注,Abergel 和 Temam(1990)将最优控制理论应用分析不少流体力学问题,并为各种物理情况给出了最优的控制条件,但他们提出的最优控制算法也存在局限性,因为在推导过程需要流场的速度信息来求解共轭方程,从中得到需要的反馈控制信号,而对于三维 Navier-Stokes 方程中而言,是不实际的[91]。

He 等人（2000）[92],Protas 和 Styczek（2002）[93],Flinois 和 Colonius(2015)[94]和 Li 等人（2003）[95]采用基于最佳控制理论的数值仿真来控制圆柱旋转来实现对尾流控制,其中 He 等人（2000）基于最优控制理论模型提出了最优反馈控制方法,数值计算结果表明在雷诺数 $Re=200\sim1000$ 范围内,圆柱在一定的振幅和振频条件下做主动流向振动能实现了尾流的有效控制,取得 $30\%\sim60\%$ 的减阻效益[92],如图 3.59 所示。

Poncet 等人（2008）基于最佳控制理论在圆柱上沿展向施加 3D-Forcing 扰动,产生了积极的抑制效果,圆柱尾流结构处于模式 A 和模式 B 之间（图 3.60）,实现了减阻控制[96]。

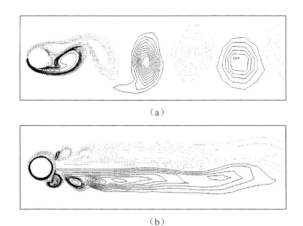

（a）

（b）

图 3.59　最优反馈控制下的圆柱尾流（$Re = 200$）[92]

（a）未施加控制；（b）施加控制。

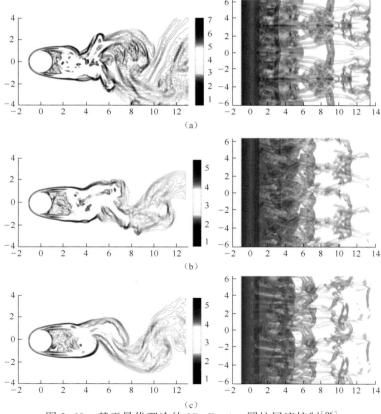

（a）

（b）

（c）

图 3.60　基于最优理论的 3D-Forcing 圆柱尾流控制[96]

不容忽视的是以上的控制尝试都是利用基于层流边界层速度的最小化成本函数(the cost function),该算法需要全局时间段的全流场信息且其优化时间间隔大于涡旋脱落间隔,这也决定了当前不可能将最优控制方法直接运用到实际情况中去,仅能在低雷诺数下实现涡流控制[34]。

为了克服由 Aberge 和 Temam(1990)[79]提出的最优控制理论的局限性,Choi 等人(1993)[97]引入了次优反馈控制算法,其通过在短时间段内寻求最优条件来避免全局最优控制所需长时间的迭代过程。这种控制算法已经成功应用于圆柱体(Min 和 Choi,1999)[98],后台阶(Choi 等人,1999;Kang 和 Choi,2002)[99,100]和球体(Jeon 和 Choi,2005)[101]的尾流控制。

Min 和 Choi(1999)[98]在 Re = 100 和 160 应用次优反馈控制来控制圆柱绕流。他们将控制圆柱表面吹吸边界层的反馈传感器安装于圆柱表面,基于圆柱表面上的实时压力和预设压力之间的差值来,优化确定控制输入,使圆柱涡流脱落变弱消失,并且平均阻力和升阻力脉动强度显着降低。

对于球体绕流,Jeon 和 Choi(2005)利用数值模拟的方式,采用次优控制方法在 Re = 425 时取得了一定的控制效果,如图 3.61(a)为球体表面上的实时压强系数和理想状态下的压强系数分布之间的差异,通过在球表面上的进行吹吸作动控制,得到如图 3.61(b)所示的表面压强系数分布曲线。其尾流结构如图 3.61(c)所示,其绕流结构得到很好的抑制[101]。

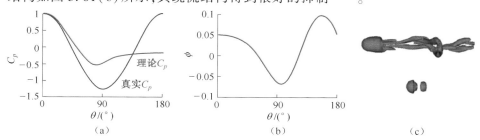

图 3.61　Re = 425 下对球体的次优控制

(a)球体表面的实际和预设压力变化;(b)沿极角的吹/吸曲线;

(c)控制前后的瞬时涡流结构。

最优和次优控制的关键要素是确定要最小化的成本函数(如阻力或升力),其控制效果也取决于成本函数的选择。如当成本函数被定义为实际和理想表面压强系数之间的差异时,比使用阻力系数差异函数作为成本函数时,减阻的效果更好(Min 和 Choi 1999)[98],原因是实际和理想表面压强系数之间的差异函数是非线性函数,具有更强的适应性。

3.3 小结与展望

前两小节重点介绍了不同的绕流控制方法,并对不同的控制方法进行了分类举例说明,在长期的实践过程中,人们在绕流控制方面取得了一定的成果,但也存在一些当前仍需解决的问题。

1)雷诺数局限性问题

钝体表面的流动结构会随着雷诺数的变化而表现出不同的状态,因此,在特定雷诺数范围内有效的控制方法在其他雷诺数范围是否有效也是值得关心的问题,基于当前的研究来看,具有普适性的控制方法仍待开发。

例如,Park 等人(1994)的线性反馈控制显示在低雷诺数 $Re = 60$ 时能完全抑制涡流的脱落,但更高的雷诺数下却无效[82],归其根源是因为在较高雷诺数下的绕流流场中包含不同于低雷诺数的全局不稳定性,因此基于单传感器测量的简单反馈控制方法是不能实现对高雷诺数下尾流的控制;再如在亚临界雷诺数($10^4 < Re <$ 临界雷诺数)范围内,改变钝体表面粗糙度可以实现减阻控制(Achenbach,1971,1974),但其在较低雷诺数下则无效,原因是在该雷诺数范围内的边界层流动是绝对稳定的。相反改变局部/全局不稳定性的控制方法似乎适用于不同的雷诺数,例如后驻点射流(Schumm 等人,1994),三维几何修型(Park 等人,2006)和 3D-Forcing 控制(Kim 和 Choi,2005;Kim 等人,2004)。

另一个值得注意的是我们通常定义雷诺数是基于自由流速度和钝体特征高度 h,而对于分离流动的另一个重要特征尺度是边界层发生分离前的厚度 θ。如 Petrusma 和 Gai(1994)发现尾迹中的涡流动力学也受到分离前边层流动特性的影响,如带有钝后缘的二维钝体的背压系数 C_{P_b} 其随着 h/θ 减小而快速增加,(但对于 $h/\theta > 40$ 时, C_{P_b} 几乎恒定,为 $-0.6 \sim -0.5$)[45]。因此,边界层分离之前的厚度 θ 也可能是未来流动控制技术开发中需要考虑的重要参数。

2)最低阻力系数问题

对于钝体减阻控制可实现的最低阻力系数是多少?这是值得探讨的问题,因为最低阻力系数会限制减阻控制的性能,但是其也为开发有效的控制方法提供方向,是一个未来重要的研究问题。

与没有涡流脱落相比,钝体绕流过程中涡流脱落会显著地增加平均阻力和升力的脉动强度,故我们通常认为通过控制手段实现钝体尾部流动不发生涡流脱落时的阻力为最低阻力系数,但实际上这种流动仍然具有较大的形状阻力,故如果开发能实现钝体表面压强系数分布类似于势流下(具有零形状阻力)的表面压强系数分布特性的流动控制方法是很有效率的,如 Min 和 Choi 的控制目标是减小圆柱表面上的真实和理想压强系数分布之间的差异[98]。

3)控制效率问题

在采用主动控制的情况下,减阻效率是重要的因素,并且其高度依赖于所采用的控制方法,在未来的控制方法研究中,应尽可能地开发具有高效率的控制方法,以尽可能小的能量输入,实现最大的控制效果,这也是未来将主动控制方法投入实际工程应用中急需解决的重要问题。

从当前的减阻控制的发展水平来看,其仍处于不断的摸索中,但随着微机电、新材料技术等的发展,未来高效的减阻控制方法一定是基于多门学科的整合。

参 考 文 献

[1] DR C T, DR A L Y, DR J F F. Springer handbook of experimental fluid mechanics[R]. Springer berlin heidelberg, 2007.

[2] WILLIAMSON C H K. Vortex Dynamics in the cylinder wake[J]. Annual review of fluid mechanics, 1996, 28(1): 477−539.

[3] ROSHKO A. On the wake and drag of bluff bodies[R], Springer berlin heidelberg, 2012.

[4] BEARMAN P W. On vortex street wakes[J]. Journal of fluid mechanics, 1967, 28(4): 625−641.

[5] GRIFFIN O M. Universal similarity in the wakes of stationary and vibrating bluff structures[J]. Journal of fluids engineering, 1981, 103(1): 607−617.

[6] WILLIAMSON C H K, BROWN G L. Aseries in 1/√re to represent the strouhal−reynolds number relationship of the cylinder wake[J]. Journal of fluids & structures, 1998, 12(8): 1073−1085.

[7] ROSHKO A. Perspectives on bluff body aerodynamics[J]. Journal of wind engineering & industrial aerodynamics, 1993, 49(1): 79−100.

[8] WILLIAMSON C H K, ROSHKO A. Measurements of base pressure in the wake of a cylinder at low Reynolds numbers[J]. Zeitschrift für flugwissenschaften und weltraumforschung, 1990, 14(1): 38−46.

[9] BARKLEY D, HENDERSON R D. Three−dimensional Floquet stability analysis of the wake of a circular cylinder[J]. Journal of fluid mechanics, 1996, 322(322): 215−241.

[10] LIN J C, TOWFIGHI J, ROCKWELL D. Instantaneous structure of the near−wake of a circular cylinder: on the effect of reynolds number[J]. Journal of fluids & structures, 1995, 9(4): 409−418.

[11] NORBERG C. Fluctuating lift on a circular cylinder: review and new measurements[J]. Journal of fluids & structures, 2003, 17(1): 57−96.

[12] SCHEWE G. On the force fluctuations acting on a circular cylinder in crossflow from subcritical up to transcritical Reynolds numbers[J]. Journal of fluid mechanics, 1983, 133(133): 265−285.

[13] COUTANCEAU M, EACUTE J, Defaye. Circular cylinder wake configurations: a flow visualization survey[J]. Applied mechanics reviews, 1991, 44(6): 255.

[14] CANTWELL B, COLES D. An experimental study of entrainment and transport in the turbulent near wake of a circular cylinder[J]. Journal of fluid mechanics, 1983, 136(136): 47.

[15] ROSHKO A. Experiments on the flow past a circular cylinder at very high Reynolds number[J]. Journal of fluid mechanics, 1961, 10(3): 345−356.

[16] 丁祖荣. 流体力学(中册)[M]. 北京:高等教育出版社, 2003.

[17] 郭鹏. 基于尾部流动结构的车辆气动减阻技术研究[D]. 长春:吉林大学, 2015.

[18] 余志生. 汽车理论[M]. 4 版. 北京:机械工业出版社, 2006.

[19] LI H, LAIMA S, OU J, et al. Investigation of vortex−induced vibration of a suspension bridge with two separated steel box girders based on field measurements[J]. Engineering structures, 2011, 33(6): 1894−1907.

［20］ 杨兵，高福平，吴应湘，等. Experimental study on vortex‐induced vibrations of submarine pipeline near seabed boundary in ocean currents［J］. 中国海洋工程(英文版)，2006，20(1)：113-121.

［21］ MUKUNDAN H, HOVER F S, TRIANTAFYLLOU M S. A systematic approach to riser VIV response reconstruction［J］. Journal of fluids & structures, 2010, 26(26): 722-746.

［22］ NGUYEN T, KOIDE M, YAMADA S, et al. Influence of mass and damping ratios on VIVs of a cylinder with a downstream counterpart in cruciform arrangement［J］. Journal of fluids & structures, 2012, 28(1): 40-55.

［23］ TRIM A D, BRAATEN H, LIE H, et al. Experimental investigation of vortex‐induced vibration of long marine risers［J］. Journal of fluids & structures, 2005, 21(3): 335-361.

［24］ MACDONALD J H G, IRWIN P A, FLETCHER M S. Vortex‐induced vibrations of the Second Severn Crossing cable‐stayed bridge − Full‐scale and wind tunnel measure ments［J］. Structures & buildings, 2002, 152(2): 123-134.

［25］ ROSHKO A. On the wake and drag of bluff bodies［R］, Springer berlin heidelberg, 2012.

［26］ BERGER E, WILLE R. Periodic flow phenomena［J］. Annual review of fluid mechanics, 2003, 4(1): 313-340.

［27］ AND J T L, PAO Y H. Wakes in stratified Fluids［J］. Annual review of fluid mechanics, 2003, 11(1): 317-338.

［28］ BEARMAN P W. Vortex shedding from oscillating bluff bodies［J］. Annual review of fluid mechanics, 2012, 16(1): 195-222.

［29］ OERTEL J. Wakes behind blunt bodies［J］. Annual review of fluid mechanics, 2003, 22(1): 539-562.

［30］ GRIFFIN O M. Review—vortex shedding lock‐on and flow control in bluff body wakes［J］. Journal of fluids engineering, 1991, 113(4).

［31］ COUTANCEAU M, EACUTEJ, DEFAYE. Circular cylinder wake configurations: a flow visualization survey［J］. Applied mechanics reviews, 1991, 44(6): 255.

［32］ WILLIAMSON C H K, GOVARDHAN R. Vortex‐induced vibrations［J］. Annual review of fluid mechanics, 2004, 36(1): 413-455.

［33］ WILLIAMSON C H K. Vortex dynamics in the cylinder wake［J］. Annual review of fluid mechanics, 1996, 28(1): 477-539.

［34］ CHOI H, JEON W P, KIM J. Control of flow over a bluff body［J］. Annual review of fluid mechanics, 2008, 40(1): 113-139.

［35］ ACHENBACH E. The effects of surface roughness and tunnel blockage on the flow past pheres［J］.

Journal of fluid mechanics, 1974, 65(1): 113-125.

[36] ACHENBACH E. Influence of surface roughness on the cross-flow around a circular cylinder[J]. Journal of fluid mechanics, 1971, 46(2): 321-335.

[37] JIN C, JEON W P, CHOI H. Mechanism of drag reduction by dimples on asphere[J]. Physics of fluids, 2006, 18(4): 112.

[38] BEARMAN P W, HARVEY J K. Control of circular cylinder flow by the use of dimples[J]. Aiaa journal, 2012, 31(10): 1753-1756.

[39] IRWIN P A. Bluff body aerodynamics in wind engineering[J]. Journal of wind engineering & industrial aerodynamics, 2008, 96(6): 701-712.

[40] YAMAGISHI Y, KIMURA S, OKI M. Flow characteristics around a square cylinder with changing chamfer dimensions[J]. Journal of visualization, 2010, 13(1): 61-68.

[41] HU J C, ZHOU Y, DALTON C. Effects of the corner radius on the near wake of a square prism[J]. Experiments in fluids, 2006, 40(1): 106-118.

[42] 王新荣, 顾明, 全涌. 圆角处理的断面宽厚比为 2∶1 的二维矩形柱体气动力系数的雷诺数效应研究[J]. 工程力学, 2016, 33(1): 64-71.

[43] MAXWORTHY T. Experiments on the flow around a sphere at high reynolds numbers[J]. Journal of applied mechanics, 1969, 91(3).

[44] DEAN B, BHUSHAN B. Shark-skin surfaces for fluid-drag reduction in turbulent flow: a review.[J]. Philosophical transactions of the royal society a mathematical physical & engineering sciences, 2010, 368(1929): 4775-4806.

[45] WALSH M J.Riblets as a viscous drag reduction technique[J],2012, 21(4): 485-486.

[46] LAUNDER B E, LI S P. On the prediction ofriblet performance with engineering turbulence models[J]. Flow, Turbulence and Combustion, 1993, 50(3): 283-298.

[47] BACHER E, SMITH C. A combined visualization-anemometry study of the turbulent drag reducing mechanisms of triangular micro-groove surface modifications[R], Springer berlin heidelberg, 1985.

[48] ZDRAVKOVICH M M. Review and classification of various aerodynamic and hydrodynamic means for suppressing vortex shedding [J]. Journal of Wind Engineering & Industrial Aerodynamics, 1981, 7 (2): 145-189.

[49] PETRUSMA M S, GAI S L. Effect of geometry on the base pressure recovery of segmented blunt trailing edges[J]. Aeronautical Journal, 1994, 98(977): 267-274.

[50] BEARMAN P W. A study of three-dimensional aspects of vortex shedding from a bluff body with a mild geometric disturbance[J]. Journal of Fluid Mechanics, 1997, 330(1): 85-112.

［51］　BEARMAN P W，OWEN J C. Reduction of bluff-body drag and suppression of vortex shedding by the introduction of wavy separation lines［J］. Journal of Fluids & Structures，1998，12(1)：123-130.

［52］　OWEN J C，BEARMAN P W，Szewczyk A A. Passive control of viv with drag reduction［J］. Journal of Fluids & Structures，2001，15(3-4)：597-605.

［53］　DAREKAR R M. Flow past a square-section cylinder with a wavy stagnation face［J］. Journal of Fluid Mechanics，2001，426(426)：263-295.

［54］　THOMPSON M C，LEWEKE T，WILLIAMSON C. The physical mechanism of transition in bluff body wakes［J］. Journal of Fluids & Structures，2001，15(3)：607-616.

［55］　PARK H，LEE D，JEON W P，et al. Drag reduction in flow over a two-dimensional bluff body with a blunt trailing edge using a new passive device［J］. Journal of Fluid Mechanics，2006，563(563)：389-414.

［56］　KIM D. Control of circular cylinder wake using three-dimensional momentum forcing［J］. The oil producing south institute of academic life，2014，5：13-15.

［57］　BEARMAN P，BRANKOVI Ć M. Experimental studies of passive control of vortex-induced vibration ［J］. European Journal of Mechanics / B Fluids，2004，23(1)：9-15.

［58］　AIAA. Rotary oscillation control of a cylinder wake［J］. Journal of Fluid Mechanics，1991，224(224)：77-90.

［59］　JEON S，CHOI J，JEON W P，et al. Active control of flow over a sphere for drag reduction at a subcritical Reynold snumber［J］. Journal of Fluid Mechanics，2004，517(517)：113-129.

［60］　KIM J，CHOI H. Distributed forcing of flow over a circular cylinder［J］. Physics of Fluids，2005，17(3)：97.

［61］　LEBEAU R P，HUANG L，HUANG P G，et al. Numerical study of blowing and suction control mechanism on naca0012 airfoil［J］. Journal of Aircraft，2004，41(5)：1005-1013.

［62］　SMITH B L，GLEZER A. The formation and evolution of synthetic jets［J］. Physics of Fluids，1998，10(9)：2281-2297.

［63］　GLEZER A，AMITAY M. Synthetic jets［J］. Annual Review of Fluid Mechanics，2002，34(34)：503-529.

［64］　ANDERSON E A，SZEWCZYK A A. Effects of a splitter plate on the near wake of a circular cylinder in 2 and 3-dimensional flow configurations［J］. Experiments in Fluids，1997，23(2)：161-174.

［65］　HWANG J Y，YANG K S，SUN S H. Reduction of flow-induced forces on a circular cylinder using a detached splitter plate［J］. Physics of Fluids，2003，15(8)：2433-2436.

［66］　HAMED A M，VEGA J，LIU B，et al. Flow around a semicircular cylinder with passive flow control mechanisms[J]. Experiments in Fluids, 2017, 58(3): 22.

[67] KUNZE S, BRÜCKER C. Control of vortex shedding on a circular cylinder using self-adaptive hairy-flaps[J]. Comptes Rendus Mécanique, 2012, 340(1-2): 41-56.

[68] HU Y, PAN C, WANG J J. Vortex structure for flow over a heaving cylinder with a flexible tail[J]. Experiments in Fluids, 2014, 55(2): 1682.

[69] STRYKOWSKI P J, SREENIVASAN K R. On the formation and suppression of vortex 'shedding' at low Reynolds numbers[J]. Journal of Fluid Mechanics, 1990, 218(218): 71-107.

[70] FRANSSON J H M, KONIECZNY P, ALFREDSSON P H. Flow around a porous cylinder subject to continuous suction or blowing[J]. Journal of Fluids & Structures, 2004, 19(8): 1031-1048.

[71] QU Y, WANG J, SUN M, et al. Wake vortex evolution of square cylinder with a slot synthetic jet positioned at the rear surface[J],2017, 812: 940-965.

[72] FENG, HAO L I, WANG, et al. Circular cylinder vortex-synchronization control with a synthetic jet positioned at the rear stagnation point[J]. Journal of Fluid Mechanics, 2010, 662(7): 232-259.

[73] ARTANA G, SOSA R, MOREAU E, et al. Control of the near-wake flow around a circular cylinder with electrohydrodynamic actuators[J]. Experiments in Fluids, 2003, 35(6): 580-588.

[74] YU M H, MONKEWITZ P A. The effect of nonuniform density on the absolute instability of two-dimensional inertial jets and wakes[J]. Physics of Fluids A Fluid Dynamics, 1990, 2(7): 1175-1181.

[75] P HUERRE A, MONKEWITZ P A. Local and global instabilities in spatially developing flows[J]. Annual Review of Fluid Mechanics, 1990, 22(1): 473-537.

[76] CHOMAZ J M. Global instabilities in spatially developing flows: Non-normality and nonlinearity[J]. Annual Review of Fluid Mechanics, 2004, 2(37): 357-392.

[77] LEU T S, HO C M. Control of global instability in a non-parallel near wake[J]. Journal of Fluid Mechanics, 2000, 404(404): 345-378.

[78] GAD-EL-HAK, MOHAMED. Flowcontrol: passive, active, and reactive flow management[M]. Cambridge: Cambridge University Press, 2000.

[79] BERGER E. Suppression of vortex shedding and turbulence behind oscillating cylinders[J]. Physics of Fluids, 1967, 10(9): S191-S193.

[80] WILLIAMS J E F, ZHAO B C. The active control of vortex shedding[J]. Journal of Fluids & Structures, 1989, 3(2): 115-122.

[81] ROUSSOPOULOS K. Feedback control of vortex shedding at low Reynolds numbers [J]. Journal of Fluid Mechanics, 1993, 248(248): 267-296.

[82] PARK D S, LADD D M, HENDRICKS E W. Feedback control of von Ka'rma'n vortex shedding behind

a circular cylinder at low Reynolds numbers[J]. Physics of Fluids, 1994, 6(6): 2390-2405.

[83] HUANG X Y. Feedback control of vortex shedding from a circular cylinder[J]. Experiments in Fluids, 1996, 20(3): 218-224.

[84] ZHANG M M, CHENG L, ZHOU Y. Closed-loop-controlled vortex shedding and vibration of a flexibly supported square cylinder under different schemes[J]. Physics of Fluids, 2004, 16(5): 1439-1448.

[85] BALACHANDAR S. Turbulence, Coherent structures, dynamical systems and symmetry[M]. Cambridge: Cambridge University Press, 1998.

[86] GILLIES E A. Low-dimensional control of the circular cylinder wake[J]. Journal of Fluid Mechanics, 1998, 371(371): 157-178.

[87] GRAHAM W R, PERAIRE J, TANG K Y. Optimal control of vortex shedding using low-order models. Part I-open-loop model development[J]. International Journal for Numerical Methods in Engineering, 1998, 44(7): 945-972.

[88] BERGMANN M, CORDIER L, BRANCHER J P. Optimal rotary control of the cylinder wake using proper orthogonal decomposition reduced-order model[J]. Physics of Fluids, 2005, 17(9): 93-178.

[89] CORTELEZZI L. Nonlinear feedback control of the wake past a plate with a suction point on the downstream wall[J]. Journal of Fluid Mechanics, 1996, 327(327): 303-324.

[90] HENNING L, PASTOOR M, KING R, et al. Feedback control applied to the bluff body wake[R], Springer berlin heidelberg, 2007.

[91] HINTERMÜLLER M, HINZE M. On some control problems in fluid mechanics[J]. Esaim Mathematical Modelling & Numerical Analysis, 2002, 36(4): 725-746.

[92] HE J W, GLOWINSKI R, METCALFE R, et al. Active Control and Drag Optimization for Flow Past a Circular Cylinder[J]. Journal of Computational Physics, 2000, 163(1): 83-117.

[93] PROTAS B, STYCZEK A. Optimal rotary control of the cylinder wake in the laminar regime[J]. Physics of Fluids, 2002, 14(7): 2073-2087.

[94] FLINOIS T L B, COLONIUS T. Optimal control of circular cylinder wakes using long control horizons [J], Journal of Fluid Mechanics, 2015.

[95] LI F, AUBRY N. Feedback control of a flow past a cylinder via transverse motion[J]. Physics of Fluids, 2003, 15(15): 2163-2176.

[96] PONCET P, HILDEBRAND R, COTTET G, et al. Spatially distributed control for optimal drag reduction of the flow past a circular cylinder[J]. ournal of Fluid Mechanics, 2008, 599: 111-120.

[97] CHOI H, TEMAM R, MOIN P, et al. Feedback control for unsteady flow and its application to the stochastic Burgers equation[J]. Journal of Fluid Mechanics, 1993, 253(-1): 509.

[98] MIN C, CHOI H. Suboptimal feedback control of vortex shedding at low Reynoldsn umbers[J]. Physics of Fluids, 1999, 401: 123-156.

[99] JEON S, CHOI J, JEON W, et al. Active control of flow over a sphere for drag reduction at a subcritical Reynolds number[J]. Journal of Fluid Mechanics, 1999, 517: 113-129.

[100] KANG S, CHOI H. Suboptimal feedback control of turbulent flow over a backward-facing step[J]. Journal of Fluid Mechanics, 2002, 463.

[101] JEON S, CHOI H. Suboptimal feedback control for drag reduction in flow over a sphere[R]. Springer berlin heidelberg, 2005.

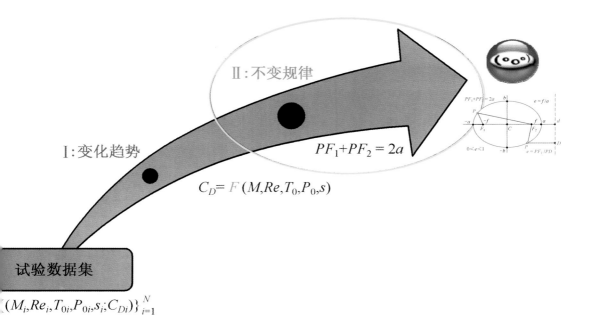

$$C_D = F(M, Re, T_0, P_0, s)$$

I:变化趋势

II:不变规律

$$PF_1 + PF_2 = 2a$$

试验数据集

$$\{(M_i, Re_i, T_{0i}, P_{0i}, s_i; C_{Di})\}_{i=1}^{N}$$

第 四 章

基于泛函的高超声速气动力热预示方法

$$J = \Phi(Ma, Re; \lambda_1, \lambda_2)$$

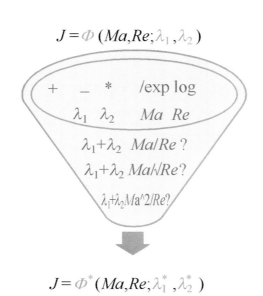

$$+ \quad - \quad * \quad /\exp \log$$

$$\lambda_1 \quad \lambda_2 \quad Ma \quad Re$$

$$\lambda_1 + \lambda_2 \quad Ma/Re\,?$$

$$\lambda_1 + \lambda_2 \quad Ma/\sqrt{Re}\,?$$

$$\lambda_1 + \lambda_2 Ma^2/Re\,?$$

$$J = \Phi^*(Ma, Re; \lambda_1^*, \lambda_2^*)$$

4.1　引　言

自 1903 年飞机诞生以来,航空航天领域历经了 100 多年的发展,人类创造了飞行史上一个又一个里程碑式的跨越。伴随时代和工业的发展,关于飞行的基础理论、试验手段和计算方法等也逐步发展和完善,一直以来扮演着不可替代的角色,开启了不可压缩亚声速、可压缩亚声速、跨声速、超声速等一个又一个新时代。早在 20 世纪 30 年代,钱学森先生就开始了高超声速流动的基础研究,并建立了一定条件下的高超声速流动相似律;40 年代,von Karman 等人已经意识到未来的高超声速时代即将来临;80 年来,火箭、导弹、航天飞机、返回舱、乘波体和滑翔体等一系列的研究进展,让人类看到了高超声速飞行时代即将来临的曙光。但从科学发展的角度来看,与高超声速飞行时代相适应的气体动力学理论的发展远不及其他时代对应的理论积累,这在一定程度上表明,人类距离高超声速飞行时代尚有距离。

高超声速飞行器是未来超远程乃至全球范围精确打击和战略威慑的重要手段,与国民经济和国家安全密切相关,是世界各国航空航天研究的热点。气动力/热的预示能力标志着一个国家高超声速飞行器的研制水平。利用地面试验数据预示飞行器在飞行状态下的气动力/热性能指标,能够为飞行器的结构布局、功能模块布置、飞行控制设计等提供重要指导。在预示能力不足的情况下,设计者往往需要给飞行控制和热防护留下较大的宽裕度,造成飞行器的笨重,影响性能。

因此,高超声速飞行条件下进行气动力/热预示,仍然面临着巨大的挑战,是亟待解决的科研难题。从物理本质上讲,预示的困难在于飞行速度的量变带来了气体动力学研究内容的质变:从亚声速到超声速、再到高超声速,随着飞行速度的量变,飞行器外缘的流动介质发生了质变,气体分子发生了振动激发、解离甚至电离,普通空气变成一种不断进行着热化学反应的复杂介质。这种介质的微观化学物理变化通过改变介质的热力学及输运特性对宏观运动状态产生重要影响,表现出非线性、非平衡和多尺度的流动特征,传统的流动相似率可能不再适用,这就给气动力/热准确预示带来了极大的挑战。美国在航天飞机的研制过程中,曾经动用了44座风洞,风洞试验时间长达9万多小时,但气动热局部预示误差仍然超过100%。特别是对于先进的新型空天飞行器,其外形结构要求日益精细,相关的气动布局与结构设计难度也越来越高,因而高超声速气动力/热特性预示方面的困难,已经成为制约空天飞行器研制与发展的一个重要瓶颈。

同时,高超声速流动耦合了激波动力学、热力学和热化学反应等气体物理现象,对其中的湍流、转捩、激波/边界层干扰、高温真实气体效应等至今依然缺乏完备的物理模型描述,理论分析和CFD计算结果对于复杂飞行器的气动力/热预示结果偏差较大。飞行试验也面临代价高、周期长、测量难、数据少等困难。目前,风洞试验依然是进行飞行器气动预示最可靠的数据获取手段,也是验证其他研究手段的主要依据(图4.1)。

图 4.1　高超声速气动力/热研究的四大手段

为此,美国、欧洲、中国等航天大国纷纷建立各自的高超声速地面试验设备,有通过降低静温及声速来获得高马赫数的常规高超声速风洞,有直接加热空气的高超声速风洞,还有应用强激波压缩的高熵激波风洞。这些风洞采用不同方式提高试验气流的马赫数、总温或流动速度,获得了很大进展,为高超声速流动和飞行器设计提供了大量试验数据。但是,由于各种风洞的驱动能力和加热方法的限制以及试验气流不同程度的污染,难以完全复现实际高超声速飞行情况下的流场状态(即同时复现飞行马赫数 Ma、雷诺数 Re、总温

T_0、总压 P_0、总温/壁温比 T_0/T_w、流场流态、激波前后的密度比、流场流态、试验模型的几何尺寸、凸起物与边界层的相对高度等特征参数），只能部分地模拟飞行条件参数。这就导致地面试验和飞行条件差别显著，甚至出现模拟的物理机制存在差异，试验结果的直接可用性差。获得的地面风洞试验结果一般不能直接应用于飞行器设计和飞行试验规划。可见，从数学本质上来看，由于地面试验能力的不足，利用风洞试验预示飞行状态本质上是一种外推。因而，传统的适用于内插的数据拟合/插值/神经网络/支持向量机等建模方法不适用。

同时，不同类型高超声速地面试验设备能够模拟的流动状态也存在差异。在马赫数相同的条件下，不同风洞之间的试验条件在雷诺数、静温、总压、流动速度等关键参数也存在明显差别，使得获得的风洞试验数据缺乏可比性，给飞行器气动性能预示和高焓热化学反应气体流动规律研究带来了极大的不确定性。

有效利用风洞试验数据，开展高超声速气动力/热相关理论和关联方法研究，探索风洞试验状态与真实飞行条件产生差异的影响规律，建立由风洞试验特性数据到飞行条件的预示方法，提高风洞试验数据的可靠性与可应用性，对于发展高超声速飞行技术，认识高温气体流动规律具有重要意义。

4.2 预示方法概述

高超声速气动力/热预示就是在一定的思想和理论指导下，对风洞试验数据进行挖掘与分析，建立不同风洞间试验数据的联系，发展基于重要参数的关联方法，形成能够描述复杂流动现象的具有一定普遍性的物理规律和关联参数。然后根据这些物理规律和关联参数，获得高超声速气动力/热预示方法，获得飞行器在特定飞行条件下更可靠的气动特性数据，支撑新型飞行器的研制与发展。

气动力是一个整体量，其分量是飞行器各部分受力的积分效应在不同度量方向的体现。相应地,气动热是一个局部量,取决于局部流动环境,正比于温度梯度,因而气动热是微分效应。从数学上来看,气动热数值求解要困难得多,求解难度相差两个量级。事实上,局部流动状态与飞行器表面曲率和特征密切相关,一般认为飞行器气动热特性不存在几何相似准则,由缩比模型的风洞试验数据无法推测全尺度飞行器在飞行条件下的气动热规律,因此气动热预示研究更加复杂。

目前,国内外高超声速气动力/热预示方法可以分为以下几种。

1)几何简化法

该方法首先将复杂飞行器简化为若干简单的标准模型,然后应用简单几何体的气动力/热公式进行综合分析,并通过风洞试验进行修正,从而外推到飞行条件进行预示(图4.2)。

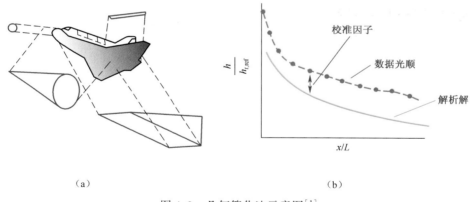

(a) (b)

图4.2 几何简化法示意图[1]
(a)模型简化;(b)热流系数修正。

这种方法简单有效,但忽略了几何体流场之间的相互作用,显然在作用区无法进行有效的气动热预示,气动力预示也可能带来很大误差。

2)理论简化方法

该方法通过物理分析,在一定的假设前提下抓住所谓的关键因素,忽略"次要"因素,建立反映气动力/热规律的工程经验公式,进行气动性能预示。

比如基于斯坦顿数 St，假设 $\dfrac{St\,Re_x{}^n}{(\rho^*/\rho_e)^{1-2n}} = C$，其中，$Re_x$ 为当地雷诺数；ρ^* 为与参考焓对应的密度；ρ_e 为边界层外缘的气体密度，C 为常数。基于地面与飞行数据相关性，假设 $\dfrac{(q/q_{\mathrm{ref}})_{\mathrm{FLT}}}{(q/q_{\mathrm{ref}})_{\mathrm{WT}}} = C$，其中，$q$ 为壁面热流密度（本章以下热流密度简称热流）；q_{ref} 为参考热流；$(\cdot)_{\mathrm{FLT}}$ 表示飞行状态下的量；$(\cdot)_{\mathrm{WT}}$ 表示风洞状态下的量。

这种方法基于物理分析，易于理解，对于气动力/热的快速估算，具有重要意义。但由于公式忽略了在一定假设前提下的次要因素，一方面会影响预示精度；另一方面，主次要因素的选择带有一定的经验性和特例性，当被忽略的因素逐渐加强甚至占优时，公式可能产生误导。

3）计算比拟法

该方法根据 CFD 模拟、风洞测试和飞行试验结果的差异，对计算结果按照一定的比例系数进行修正，从而进行真实飞行条件下热环境的预示[2,4]。

这种方法易于操作，但本质上相当于将 CFD 没有考虑到的因素和 CFD 误差（包括网格、湍流模型等因素）统统打包为一个黑箱，用一个系数进行调节，因而缺乏物理、数学基础，结果的可靠性尚待考证。

4）关键差异修正法

该方法针对关键差异（单因素），进行半经验修正和外推。比如 Elsenaar[5]，Haines[6-8]等人研究了因飞行器模型缩比及流动参数不同而导致的风洞试验雷诺数的影响。Poisson-Quinton[17]，Elsenaar 等人[5]研究了真实气体效应的影响。

这种方法基于物理数据结果，具有一定的可靠性，也易于理解。但每次只能考虑一种因素，不易推广到多因素情形。实际的气动力/热可能需要同时考察多因素的交叉作用。

5）数学近似模型方法

该方法将气动力/热预示视为数学问题,基于气动力/热数据,以高超声速气动力/热系数为目标函数,利用纯数学方法,直接进行插值、拟合/回归、人工神经网络、支持向量机等近似建模,并利用近似模型进行预示。

此类方法可分为两个发展阶段:早期的近似模型需要假定目标函数满足一定的函数结构,主观性较强。比如,Peterson[18]采用插值法(外插)研究了超声速巡航飞行器 XB-70-1 的风洞/飞行气动特性数据关联。Rufolo 等人[21]提出用对数变换后的多项式模型(形如 $g(Re) = a \cdot \log(Re)^2 + b \cdot \log(Re) + c$)关联试验飞行器 FTB-1,Rufolo 等人[22]采用了一维的幂函数模型,用非线性拟合的方法分析了试验飞行器 PRORA USV 1 的气动数据。Morelli 等人[15]在分析X43-A试验数据过程中采用了逐步回归和正交函数建模的方法。DePriest 等人[31]基于球头驻点热流利用 Kriging 等 5 种统计建模方法对 NASA 可重复利用发射器 RLV 进行快速气动热分析。

后期的近似模型对目标函数的函数结构要求较弱,更具客观性。比如,汪清等人[27]采用极大似然估计法进行导弹气动参数辨识与优化输入设计。Lee 等人[9]也采用极大似然估计法分析了飞行导数的估计精度。Norgaard 等人[16],Rajkumar 等人[19],Malmathanraj 和 Tyson[14]采用了神经网络预示方法。Ravikiran 和 Ubaidulla[20]采用支持向量机预示气动阻力系数。

这类方法按照"物理数据→数学算法→物理预示"的思路解决问题,在从物理到物理的中间夹着一个弱关联的"夹心层"。当待预示的点是已知数据点包络的内点时,一般都能得到比较理想的预示(内插)结果;反之,远离内点时,预示偏差迅速增大,导致预示(外推)结果无法接受。

6）基于泛函的预示方法[28]

该方法基于泛函智能优化算法,是理论简化法和数学近似模型方法的结合与发展。它借助泛函优化的参数自动选取和组合功能,实现智能理论简化;利用泛函优化能够实现函数结构和系数同时优化的能力,进行数学近似建模,从而获得反映具有一定普遍性的物理规律和关联参数,进行高超声速气动力/热预示。该方法为气动力/热预示提供了一条新的研究思路:物理数据→数学算法+物理知识→物理规律→物理预示。

随着人工智能的发展,基于泛函进行高超声速气动数据分析,成为气动力热预示方法的新趋势,具有广阔的应用前景,因而是本章重点推荐的方法,接下来的几节中,分别详细介绍该方法的思想、算法实现、初步结果,并探讨其发展前景。

4.3　基于泛函的智能优化关联预示方法

4.3.1　历史启发

高超声速气动力/热预示要取得根本性进步,必须从气动力/热的解析变化规律和不变规律入手。这一点可以从开普勒定律的发现历史中获得启发。在 16 世纪,无论是"地心说"还是"日心说",都认为天体运行的轨道是绝对的圆周(最完美和谐的圆周运动)。但是,利用圆周运动进行预示,结果总是存在偏差(不大,容易被忽略,如地球和月球轨道半长轴是384400km;短半长轴是 379700km,两者相差 4700km,误差约为 1.2%)。丹麦天文学家第谷(1546—1601 年)三十年如一日,观测 750 颗星,记录它们的相对位置变化,纠正了星表中的错误,提高了数据精度。开普勒在第谷的观测数据的基础上,通过 8 年的刻苦计算,发现天体并非做圆周运动,而是做椭圆形运动,并在此基础上,发现单位时间内扫过的面积相等,行星的公转周期 T 和半长轴 R 之间存在一个不变关系:$R^3/T^2 = K$。开普勒定律翻开了天文历史新的一页。

放弃精度就是放弃规律。如果当年第谷、开普勒等人满足于 1.2%的误差,不做深入研究,那么或许就没有今天的天体力学。如今,高超声速气动力/热积累的数据量在不断增加,数据精度也在不断提高,已经到了从量变到质变、获得规律性结论的关键时期。如果我们仅仅满足于工程算法的结果和精度,将不会有气动力/热研究的根本进步。

规律的发掘需要人工智能的支持。在今天看来,开普勒行星运动定律的解析规律表达式其实并不复杂。但当年,开普勒获得该定律,花费了他 8 年的时间进行手工推演和计算(也有说 4 年或 12 年的)。不是开普勒不够聪明,实在是要想发现"杂乱无章"的数据背后的潜在规律是人类的弱项。正所谓"大道至简,知易行难"。更为糟糕的是,高超声速飞行器气动力/热规律或许比开普勒行星运动定律要复杂得多,仅凭手工推演,恐怕很难获得。所幸的是,近年来人工智能取得了迅速的发展,使得以泛函智能优化代替手工推演成为可能。

4.3.2 基本思想

4.3.2.1 多空间相关理论[28]

随着高超声速地面试验设备的发展,出现了各种不同类型的高超声速风洞,即使同种风洞,模拟能力也存在很大差异,这增加了试验数据的多样性和无序性[30]。仍然按照传统的理论简化分析方式,仅仅依据人工选取的一两个关键参数(如马赫数/雷诺数)进行分析,不足以满足先进飞行器设计的需求。然而,如果站在更高的维度上来看,风洞试验状态虽然不在飞行平面上,但试验结果仍然是物理的,因而,风洞试验得到的气动力/热特性和飞行状态下相应的特性是内在相关的(图 4.3)。每次试验,只要结果是可靠的,对飞行状态预示都是有贡献的,只是贡献大小各不相同,这取决于风洞的试验能力与试验设计的水平。对于一定飞行器外形和飞行姿态,自由流速、静温、静压、模型缩比和风洞气动参数构成一个完备的多维全参数试验数据空间。飞行走廊的静温和静压与高度存在制约关系 $H(T,P)$,构成试验数据空间内的飞行子空间。

全空间具有很高的维度,但只有少数维度与目标函数(即气动力/热系数)有较强的直接相关关系;同时有些维度之间也存在很强的相关关系,因而

图 4.3 不同条件下试验数据的内在相关性示意图

这些维度与目标函数的相关关系可以通过与其他维度的相关关系间接体现；有些维度之间有交互关系，共同影响其他维度，或共同影响目标函数。直接在高维的全空间中解析表达物理规律极其困难，因此，要分析气动力/热的参数依赖关系，必须通过适当的方式进行降维处理。也就是说，算法处理的应当是很多个降维后的多维子空间，简称多空间。基于泛函的智能优化预示方法就是在多空间中分别运算、评价，获得不同参数/参数变换与气动力/热的相关性。

4.3.2.2 泛函空间分析方法

根据多空间相关理论，要进行高超声速的气动力/热预示，必须站在全局的高度，突破传统思维，在更广阔的空间上发现物理规律。首先是站在可降维的多维空间上分析问题（图 4.4（a））：传统分析方法在事先预设一定维数的空间中分析；新方法指出需要从多维度的全参数空间出发，采用合适的降维方法进行分析。另一方面，需要站在泛函空间而不仅是实数空间上处理天地一致性问题（图 4.4（b））：传统处理方法对关联函数的结构作经验性假定，如服从幂函数关系、指数函数关系、多项式关系、分层线性关系（神经网络方法）等，而后对其中的系数在实数空间中进行优化；新方法则指出需要在泛函空间中对参数选择、函数结构、待定系数集同时进行优化，并实现关联函数的复杂度控制（表 4.1）。

图 4.4　泛函空间分析方法与传统分析方法的空间包含关系

(a) 维数关系;(b) 函数关系。

表 4.1　泛函空间分析方法与已有方法的对比

	已有方法	泛函空间分析方法
空间维数	单参数、多参数、固定维数	全参数空间、自适应降维
建模方法	假设、经验性建模	泛函空间优化
建模过程	手动近似、推演	自动优化
预示方法	利用变化趋势外推	利用不变规律外推
适用前提	所有的参数范围都得到了有效模拟、试验结果可靠	所有的物理机制都得到了有效模拟、试验结果可靠
适用范围	试验数据点的包络	试验模拟的物理机制包络

更具体地讲,以气动热为例,我们在地面获得了各种不同类型的风洞数据,风洞类型包括常规高超声速风洞,加热空气风洞,高焓激波风洞等等,我们的目标是通过这些风洞(以下简称风洞群)的数据,进行天地一致性分析,预示飞行器在天上飞行时的气动热环境。事实上,不同类型的风洞能够模拟不同的流动参数,反映不同物理机制,因而,每个风洞都有自己的数据分布规律,可以看成总体规律的局部体现(图 4.5(a))。如果我们将飞行试验看作一个特殊的理想风洞,那么,只要能找出飞行器热环境在不同类型风洞共同遵守的统一的不变规律(或理解为规律的规律),也就获得了反映气动热天地一致性的物理规律。换句话说,气动热天地一致性分析就是要在分析多参数共同影响下热流的变化趋势基础上,探索飞行器热环境在不同类型风洞共同遵守的统一的不变规律(图 4.5(b))。

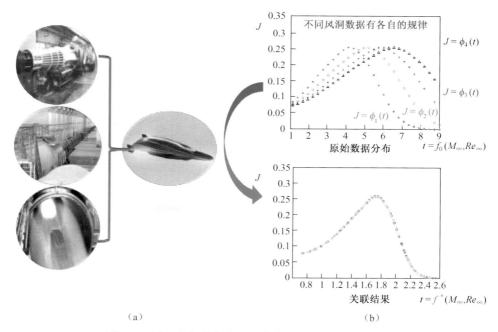

图 4.5　泛函空间分析方法进行气动力/热预示的思路

(a) 不同风洞和飞行条件的关系；(b) 个别规律与不变规律的关系。

　　注意到表征物理规律的一个函数在泛函空间上看是一个点，所以，传统物理简化分析得到的理论公式可以看作新方法的一个特例。

4.3.2.3　大道至简

　　大道至简，是中华道家哲学的重要思想，指出大道理（指基本原理、方法和规律）都应当是简单的。西方也有类似的思想，认为牛顿对近代社会思想的最大贡献在于"用简单而优美的数学公式破解了自然之谜"，指出任何正确的理论从形式上都是简单的，同时又有非常好用的通用性。这与中国的大道至简思想不谋而合。

　　对于描述高超声速气动力/热规律（无论是变化趋势还是不变规律）的模型来说，大道至简就是要求模型的复杂度必须不能太大。也就是说，真正的物理规律一般都是不太复杂的，太复杂的关系（比如隐含诸多系数的拟合关系式,包括样条拟合、多元多项式拟合、神经网络、支持向量机等)往往并不是物理规律,而只是一种表象,是一味迎合数据的产物。退一步说,假如存在某种极其复杂的、高度非线性的物理规律,那么凭人类目前的认识水平,恐怕也很难获得。换句话说,物理规律自身的简洁性是泛函空间分析方法可行性的内在因素。

4.3.2.4 变与不变

人类对于自然规律的认识可以分为两个境界:认识变化规律和认识不变规律。掌握不变规律是认识世界的终极目标。研究现象目的在于抓住现象中的不变规律。从一定意义讲,抓住了不变规律,就等于抓住了事物的本质。通过不变规律把握研究对象的本质,这是一种行之有效的研究方法,比如,对于椭圆,说它是压扁了的圆,这是现象;说椭圆上的点到中心点的距离沿着周边时减时增,这是变化趋势;只有找到了"到两个定点的距离之和为常数"或"到定点的距离和到定直线的距离之比为常数 e,且 $0<e<1$",才算抓住了椭圆的本质,对椭圆的认识更上升了一个层次。利用这两个不变关系中的任意一个不变关系(图 4.6),都能从椭圆的一部分预示还原椭圆的其他部分。

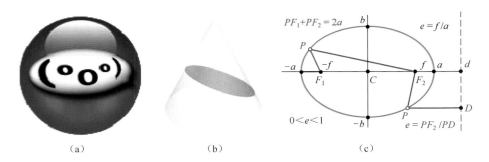

(a)   (b)   (c)

图 4.6 椭圆的形态表现与不变关系

(a)各种形态的椭圆;(b)椭圆的生成;(c)椭圆蕴含的不变关系。

通过试验数据发掘高超声速物理规律,也可以分为两个层次(图 4.7):第一个层次是通过数据的数量关系得到气动力/热的变化趋势,另一个更高的层次就是通过分析,获得其中蕴涵的气动力/热不变规律。

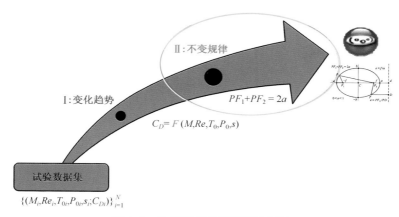

图 4.7　物理规律发掘的两个层次

物理上的不变规律(可以用某些相似参数表征)往往具有一定的稳定性。当没有新的物理现象(如空气出现振动激发、离解等)出现并占优时,不变规律仍然成立,因而利用该不变规律进行的数据关联和预示具有更高的可靠性。

同时,和前面的椭圆例子一样,在高超声速流动中,也可能存在多个不变规律,但只要我们能抓住其中的一个不变规律,就能够解决利用地面试验数据预示飞行器在飞行状态下的气动力/热性能问题。

下面,分别从解析变化规律和不变规律两个方面,阐述如何利用不同风洞的试验数据,获得高超声速气动力/热规律,从而进行飞行状态预示的方法。

4.3.3　解析变化规律的泛函预示方法

4.3.3.1　算法实现的基本原理

首先来回顾一下量纲分析。如果将物理看成是一个含有量纲的彩色世界,那么数学可以说是一个脱离了量纲的黑白世界。量纲空间建立起物理和数学的桥梁。在物理公式推导(规律探索过程)时,一般要考虑量纲的影响,也就是说要进行因次分析。因次分析能够判定物理公式在量纲空间中的相容性,从而检验公式的完备性。当然,这不是绝对的,有些很有用的公式,并不具备这种相容性和完备性。比如著名的平板热流公式: $q_w = \rho_\infty^N v_\infty^M C$,式中 q_w 为壁面热流; ρ_∞ 为来流密度; v_∞ 为来流速度;幂函数指数 M、N 满足层流时 $M = 3.2, N = 0.5$,湍流时 $M = 3.37, N = 0.8$ 。很明显,该公式就不具有量纲相容性。但我们认为,在同等复杂度条件下,具备量纲相容性的公式应该更能反映系统本身的物理规律。

在量纲分析中,最著名的工作当属 Buckingham 的 π 定理,它通过选择合适的 m 个基本参数,将所有参数无量纲化,

$$f(x_1, x_2, \cdots, x_m, x_{m+1}, x_{m+2}, \cdots, x_n) = 0 \qquad (4.1)$$

从而获得满足量纲相容性的无量纲关系式

$$F(\pi_1, \pi_2, \cdots, \pi_{n-m}) = 0 \qquad (4.2)$$

π 定理解决了以下问题:

(1)基本物理量的选择标准,即基本物理量的选择必须遵守其中量纲空间中不相关, $|A| \neq 0$;

(2)能够实现无量纲化,从而保证公式没有量纲空间中的相容性问题;

(3)能够减少自变量的个数(降维)。

但同时 π 定理留下了以下问题:

全参数空间中的基本参数选取。事实上,基本参数的选取方式并不唯一。不同选取方式获得不同的结果,有些可能获得有用的结果,有些选择获得的结果没有太大意义。

无量纲之后函数关系的确定。事实上,无量纲化只能保证量纲相容性,如何获得合适的函数关系去表征系统的物理规律,实际上仍然是一个优化过程。合适的函数关系能够简洁地反映内在的规律,过低复杂度的函数关系忽略的因素会过多,影响精度;过高复杂度的函数关系可能会包含非物理的伪

规律。

可见,π 定理提供了很好的获得物理规律的思路,是解析规律变化规律算法实现的基本原理。但该定理却未能彻底解决物理规律的解析表达问题。通过量纲分析获得一个有用的公式,在参数选择和公式推演方面需要大师级的洞察力。

4.3.3.2　泛函智能优化算法

为了实现参数的自适应选择和公式的自动推演,解决 π 定理悬而未决的问题,我们提出一种人工智能算法——解析矩阵优化算法[12]（PME）。该算法能够利用高超声速气动试验数据,以气动力/热系数为目标,在泛函空间中实现全参数空间的自适应降维,探测反映流动规律的函数解析表达式。

解析矩阵优化算法采用了一种解析矩阵编码方法,克服了一般遗传编程（Genetic Programming[25]）的树形结构（图 4.8）对编程语言的制约,也解决了 Grammatical Evolution[26] 的线形结构（图 4.9）对信息过度压缩的问题,在算法效率和稳定性等方面都有很大的提高。

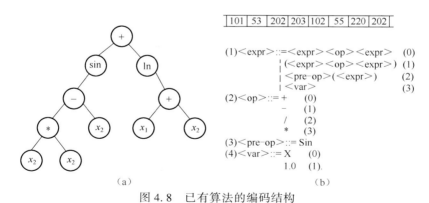

图 4.8　已有算法的编码结构

（a）Genetic Programming 的树形编码；（b）Grammatical Evolution 的线形编码。

PME 算法的基本思路是:将反映物理规律的函数解析表达式按参数、运算符、系数等分解为碱基,然后按基因方式形成解析关系片段,最后将不同的基因组成染色体,对应于一个独立的函数表达式,参与进化算法的候选个体

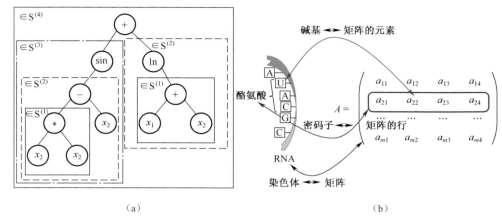

（a）　　　　　　　　　　　　　　　　　　（b）

图 4.9　PME 算法编码的分层结构与仿生含义

（a）PME 算法编码的分层结构；（b）仿生含义（右）。

评价。一个典型的例子列举如下：

编码：将函数空间映射到矩阵空间。其中的函数空间是目标空间，而矩阵空间是搜索算法的运算空间，是计算机容易识别的表达形式。

碱基：解析关系的基本单元，如 $+$、$-$、$\times$、$\div$、pow、sgn、sinh、exp，x_1、x_2、x_3，λ_1、λ_2 等。

基因：解析关系片段，如 $(\lambda_1+\sinh(x_1)\operatorname{sgn}(x_2))^2$。

染色体：参与评价的候选解析关系式，如 $(\lambda_1+\sinh(x_1)\operatorname{sgn}(x_2))^2/x_3$。

在此基础上，应用进化算法，按照下列步骤在矩阵空间中进行优化计算（图 4.10），获取最优的全局解析表达式：

初始化：随机产生一些函数/矩阵或手动输入一些函数/矩阵。

评估：利用试验数据结果，在评估空间中给出个体的适应度。

进化：交叉、变异，产生新个体。

寻优："优胜劣汰"。

其中，产生新个体的进化过程，可以通过如图 4.11 中的进化算子完成。

为加快进化进程,在进化过程中嵌入高效的全局优化算法 LDSE[11],对解析函数中的系数进行快速优化。

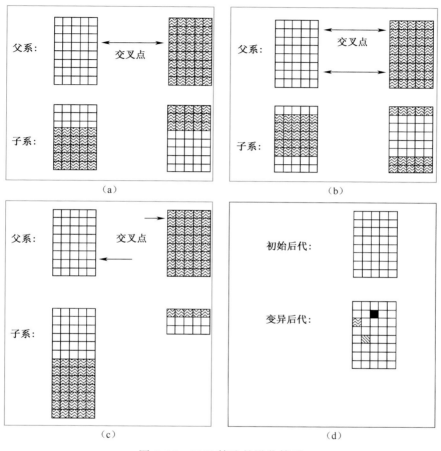

图 4.10 PME 算法的进化算子

(a)一点交叉;(b)两点交叉;(c)切片交叉;(d)统一变换。

在高超声速气动力/热的变换规律探测过程中,相关符号含义如下:

F_i:候选函数,即不同风洞数据一致性的关联模型。

M_i:候选函数在编码空间中对应的整数矩阵,$M_i \in Z^{m \times n}$。

$\mathrm{fit}(M_i)$:适应度函数,度量候选函数表征不同风洞数据一致性的水平。

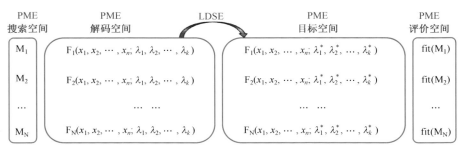

图 4.11   PME 算法的空间关系

在可降维的多维空间中,利用泛函空间的智能优化算法,能够获得具有全局优化特征的解析关系式。

值得注意的是,尽管按照上述算法获得的解析表达式具有全局优化特征,但它并不一定能够真正反映气动力/热变化趋势。在传统的插值、拟合中都有类似的反例,比如,为了迎合数据,只要提高多项式的次数,总可以获得通过所有点的多项式插值表达式;样条拟合也能够保证模型通过所有数据点,但这样的模型并不一定能够反映客观规律。事实上,多项式系数的提高和样条函数的分段增加了模型的复杂度,违背了大道至简的原理。也就是说,要获得能够反映物理规律的模型,就必须要求模型的复杂度不能太大。

在前面提到的泛函优化算法基础上,我们提出权衡分析法,建立模型相关度和模型复杂度的多目标优化模型,从而获得反映多参数影响下的气动热变化趋势的解析函数关系。为保证模型函数的简洁性(可以用函数的复杂度来衡量)、准确性(可以用模型精度来度量)和稳定性(不能包含奇点,应当具有一定的外推能力),即利用优化算法从函数空间中找出复杂度尽可能低的、模型精度(与试验数据的吻合程度)尽可能高的函数集合(图 4.12(b)),其中每一个点代表一个候选函数,其中红色圆点是权衡模型复杂度和模型精度的 Pareto 最优点。然后利用 Pareto 解集的 Knee 区(左下角,黄色椭圆指示部分)的一些函数构造具有一定稳定性的关联模型。

按照上述方法进行高超声速气动力/热预示的方法称为解析变化规律的泛函预示方法。该方法利用泛函智能算法,输入变量是试验数据和气动知

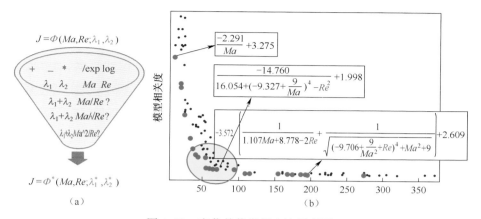

图 4.12　变化趋势发掘方法示意图

(a)模型结构和模型优化同时优化;(b)模型精度和复杂度同时优化。

识,推理过程不需要人工干预,避免了推理者主观因素的影响,所得的解析函数具有全局最优性、符合大道至简的基本原理。

　　解析变化规律的泛函预示方法的另一个特征在于:传统物理简化分析得到的理论公式可以看作新方法的一个特例。事实上,在泛函空间中,任意一个函数,都是空间中的一个点,是泛函智能算法搜索中的一个候选个体。经验公式,作为一个函数,当然在泛函智能算法搜索和评价范围之内。本质上来看,经验公式仅能实现系数集的优化,并未进行函数结构的优化,可以看成一种局部优化。泛函智能优化算法在更高层面的空间上进行智能优化,能够实现函数结构和系数集的同时进行全局优化(图 4.12 (a)),并实现复杂度控制(图 4.12 (b)),因而可能获得更全面、更客观的气动力/热变化规律,从而为气动热天地一致性分析和飞行状态下气动力的预示提供决策支持。

4.3.4　不变规律的泛函预示方法

　　首先来回顾一下冯·卡门、钱学森等老一辈科学家对不变规律的探索。早在 20 世纪中期,冯·卡门就利用卢森数(Kn)作为相似参数,研究高超声速稀薄流场下的气动力特性。随后,钱学森[29]、H. K. Cheng[3]等人分别提出了改进的参数,这些参数分别正比于 $M_\infty / \sqrt{Re_\infty}$, M_∞^2 / Re_∞ , 和 $C^* M_\infty^2 / Re_\infty$

（参见文献［13］），其中 M_∞ 为来流马赫数，Re_∞ 为来流雷诺数，C^* 为修正系数。这些参数的神奇之处在于，即使不同马赫数的试验数据，利用这些参数也可以不同程度地将它们变换到一条反映不变规律的光滑曲线上，并且这三个参数的关联效果在逐渐改进[13]（图 4.13（a），（b），（c））。在理想情况下，数据分布上越来越趋近于同一条曲线（图 4.13（d））。

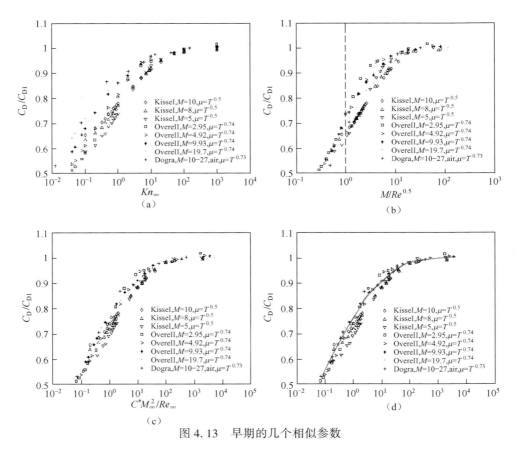

图 4.13　早期的几个相似参数

这里面有几个问题值得思考：①这些参数是否有进一步改进的可能？②这种稀薄流条件下得到的关联参数，是否适用于连续流的高超声速气动力/热规律？③如果不再适用，怎样才能够获得类似的相似参数？下面分别进行回答。

首先,从早期的几个相似参数对比可以看出,站在泛函空间的角度,相似参数本质上是一种空间变换(相似参数是其核函数)。试验数据在每个不同的变换下,具有不同的数据统一程度。也就是说,冯·卡门、钱学森等人的相似参数在思想上是统一的,是具有不同关联程度的空间变换。显然,这些相似参数只是泛函空间变换的几个特例,因而存在进一步改进的可能。事实上,Hozumi 等人已经做过相关尝试[27]。

然后,因为连续流的高超声速流场环境与稀薄气体环境存在很大的不同,已经有研究表明,这些相似关系不再适用。

最后就是本章要重点解决的,如何针对特有的飞行条件,发掘并改进类似的关联参数。同样的,上述相似参数的获取方式都是人工的,需要很强的经验性和敏锐的洞察力,只有著名的物理学家才能胜任。因而,如果能够借助人工智能算法,帮助物理学家更快速地发现其中的不变关系,获得相应的关联参数,具有重要意义。

我们发现并吸收了冯·卡门、钱学森等人探索高速稀薄流不变规律的思想精髓,提出一种自适应空间变换(AST)的方法[10],自动进行参数选择和公式优化,旨在探测反映高超声速流动不变规律的相似参数,从而对飞行状态进行更可靠的预示。

AST 并不是直接利用试验数据的变化趋势进行拟合建模和预示,而是将试验状态参数(如马赫数 Ma、雷诺数 Re 等)作某种组合(如冯·卡门的 M_∞/Re_∞,钱学森的 $M_\infty/\sqrt{Re_\infty}$,郑显基的 $C^* M_\infty^2/Re_\infty$ 等)后,考察其综合效应的结果。比如,将试验状态参数空间通过关联参数(关联变换,如 $f(Ma, Re, \lambda_1, \lambda_2)$)变换到一维子空间,然后将其作为坐标横轴,在二维子空间中与气动性能参数进行关联。理想情况下,得到关于某项试验状态参数(马赫数 Ma)的一条关联曲线(图 4.14 (b))。也就是说,理想情况下,通过选择合适的关联函数(变换),我们期望得到一条与试验状态参数(如 Ma 数)"无关"的变化曲线簇(不变规律)。

更确切地说,函数曲线/曲面描述了函数值随参数的变化趋势。但往往对于不同的参数(比如不同的马赫数 Ma 等)或不同风洞,可能表现为不同的变化趋势(图 4.14(a)中的不同曲线)。如果存在某种变换(以 f^* 为核),能够将这些参数的变化趋势统一起来(图 4.14(b)中的重合曲线),那么这簇变化趋势就构成一种不变规律,该规律不显式随参数(如 Ma)的改变而改变。其中的核函数 f^* 即为我们寻找的具有更高精度和可靠度的相似参数。

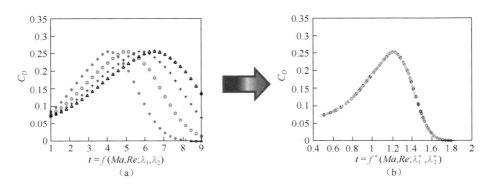

图 4.14　利用 PME 进行自适应空间变换示意图

(a)初始变换下的数据分布;(b)自适应变换下的数据分布。

值得注意的是,这里的"无关"并不是真正的无关,而指的是显式表达式上看起来无关(或简称显式无关)。比如上例中,规律曲线/曲面和试验状态参数 Ma 是隐式相关的,"无关"只是和其他参数的综合效应之后的结果。以一个更为直观的例子说明如下:对于理想气体,要研究 P 关于 V、T 的变换规律,如果能得到 $s = f(V,T) = T/V$ 或其他任何一组与其等价的变换(如 V/T、$(V/T)^2$、$\dfrac{\sqrt{T}}{2\sqrt{T}+\sqrt{V}}$ 等),那么,将所有的试验点变换到子空间 $P\text{-}s$ 中,那么这些点将构成一簇曲线(或直线簇),这簇曲线描述的是 V 和 T 综合作用的结果,曲线簇的形状与 V、T 显式无关。利用综合效应发掘不变规律,能有效避免直接利用相关物理量的系数拟合问题(原因不再赘述)。

通过空间变换探测物理规律,实际上是将原始数据(部分参数需要预处理)进行一个空间变换(取泛函空间中的一个点),投影到二维平面上,在一定条件下,存在一个全局最优的变换,即使对于不同参数(如马赫数等)的数据,也能够将它们统一变换到反映一簇变化趋势的曲线上。因为整个寻找最优变换核函数(f^*)的过程是利用泛函优化算法 PME 自动实现的,因而可以称为自适应空间变换(AST)。由此得出高超声速气动性能指标在不同试验状态下所共同满足的不变规律。只要物理规律没有发生本质改变,就可以利用该规律进行数据预示。同时,该方法还能够直观看出不变规律和试验数据在不同区段的符合程度,从而直观给出不同飞行状态下的预示精度。

4.4　预示方法的实现

预示方法的实现需要三个要素:理论、数据和算法。首先,从理论上讲,预示方法在多空间相关理论、大道至简等思想指导下进行。其次,对于预示所依据的试验数据集,要实现对飞行条件下所有的物理机制都进行了有效的模拟,且试验结果可靠。因而,试验数据的获取能力,包括风洞试验能力、试验设计水平、数据标准化与对齐等,是预示方法实现的关键和核心因素。基于泛函的智能优化预示方法是在理论指导下充分利用试验数据信息,以发现物理规律的算法。对算法的要求是能够在泛函空间中实现全局最优化。在计算速度和人工智能高速发展的今天,可以预期,在未来的几年中,相关预示算法必将获得飞跃性进步。

下面,利用泛函空间中的智能优化算法 PME,分别对行星运动数据进行规律探索,以说明数据精度对结果的决定性作用。

表 4.2～表 4.4 分别给出了不同年代的行星运动数据,其中 1596 年哥白尼的数据精度(实际是准度,习惯性叫法)最差,1619 年第谷的数据精度得到很大改善,和现代手段测得的数据差别不大。表中的参数分别以地球的长半轴 R 和运行周期 T 为 1.0 进行了无量纲化。

利用智能优化算法 PME,以周期 T 为目标,以半长轴 R 为参数,在泛函空间中自动推演它们的解析关系,所得的结果见图 4.15。

表 4.2　哥白尼的行星运动数据(1596 年)

行星	半轴	周期
水星	0.360	0.2408
金星	0.719	0.6152
地球	1.000	1.0000
火星	1.520	1.8809
木星	4.968	11.8621
土星	6.716	29.4571

表 4.3　第谷的行星运动数据(1619 年)

行星	半轴	周期
水星	0.388	0.2408
金星	0.724	0.6152
地球	1	1
火星	1.524	1.8809
木星	5.2	11.8621
土星	9.51	29.4571

表 4.4　现代手段测得的行星运动数据

行星	半轴	周期
水星	0.387099	0.241
金星	0.723332	0.615
地球	1	1
火星	1.523688	1.881
木星	5.202833	11.86
土星	9.538762	29.46
天王星	19.191391	84.32
海王星	30.061069	164.8
冥王星	39.529402	248.1

从图 4.15(a)可见,1596 年哥白尼的数据,算法无法找到真正的物理规律(开普勒第三定律的基本形式 $T = R^{3/2}$,即 $T = R \cdot \sqrt{R}$),关联误差(用

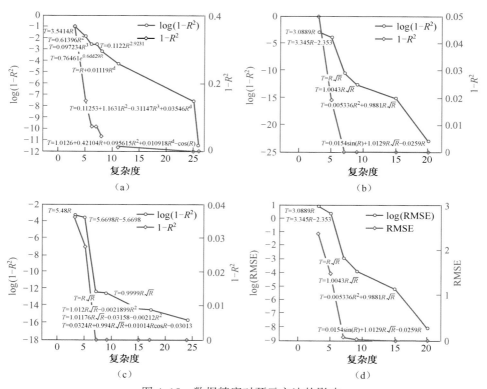

图 4.15　数据精度对预示方法的影响

（a）基于哥白尼数据集（1596）的优化结果；（b）基于第谷数据集（1619）的优化结果；

（c）基于现代数据集的优化结果 1；（d）基于现代数据集的优化结果 2。

$1-R^2$ 或 $\log(1-R^2)$ 表示，其中 R^2 表示决定系数）随着复杂度增加呈渐进式减少。这表明，如果数据的精度不够，再好的算法也无法得到好的规律。利用更高精度的 1619 年第谷的观测数据（图 4.15（b）），关联误差指数 $1-R^2$ 随着复杂度增加呈断崖式减少，算法能推演出开普勒第三定律的基本形式 $T = R\sqrt{R}$。利用现代手段测得的数据，无论是采用何种关联误差度量（如前面的 $1-R^2$，$\log(1-R^2)$，或者均方根误差 RMSE 等），算法均能使误差随着复杂度增加呈断崖式减少，反演出普勒第三定律（图 4.15（c），（d））。

本例表明，数据精度决定预示方法的成败。可以预期，谁掌握了信息量丰富的精准试验数据和具有在泛函空间中进行全局最优化的算法,谁就能够在表面复杂变化的数据中把握潜在的不变规律。

4.5　预示方法的初步应用

4.5.1　精度评估

为了考察多维空间数据全局优化关联方法对高维空间数据的关联能力,我们利用一组经典的测试函数在七维数据空间进行了测试评估,表 4.5 给出了七维空间数据关联函数的平均误差结果。考察表 4.5 可见:在这个七维数据空间里,假如飞行器性能参数分布存在 5 个极值点,那么依据 200 个支撑性基础框架数据获得的整体优化关联函数的平均误差是 4.92%。如果飞行器性能参数分布仅有 1 个极值点,那么优化关联函数的平均误差仅仅是1.58%。对比传统关联算法,全局优化关联函数的精度是相当令人鼓舞的。一般来讲,对于一个飞行器型号,在研发过程中总是在用不同的风洞,不断地开展试验。所以,这样获得的关联函数能够最大限度地利用风洞试验结果,

表 4.5　关联方法在七维空间中的预示误差随复杂度和测点数分布图

极值点数 试验次数	1	2	5	10
10	0.0752	0.121	0.124	0.125
20	0.0429	0.0895	0.108	0.109
50	0.0222	0.0541	0.0877	0.0978
100	0.0192	0.0427	0.0603	0.0688
200	0.0158	0.0304	0.0492	0.0528
500	0.0111	0.0224	0.0311	0.0353
1000	0.00735	0.0158	0.0248	0.0279
2000	0.00407	0.0113	0.020	0.0227
注:表中极值点数表征了物理规律的复杂程度				

并且随着风洞试验数据的不断积累,获得的数据关联规律就越合理,关联结果就越精确。从这种观点看来,基于多维空间数据相关理论的泛函优化关联方法具有自进化和自提升能力。

4.5.2　气动力规律探测实例

风洞试验在 JF-12 中测出两个大小不同(长 0.75m 和 1.5m)的尖锥(图 4.16)的气动力数据,补充了 2000 多个计算数据,参数能够覆盖马赫数 5~9,高度 25~50km 的飞行走廊和风洞条件。利用本项目基于泛函优化的自适应空间变换法,我们得到了能够反映其不变规律的天地一致性关系式,关联结果如图 4.17 所示。

图 4.16　两个风洞试验模型(含支撑)

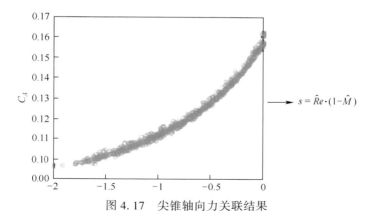

图 4.17　尖锥轴向力关联结果

对于某飞行器,我们首先根据获得的一定范围内的试验和计算数据,利用解析矩阵进化算法(PME)得到了其轴向力系数 C_A 的解析关系(过程略):

$$C_A = 0.029 + 0.907\left(\frac{1}{Ma^2} + \frac{1}{Re^{1/4}} + \frac{0.260T_0}{T_w}\right) \qquad (4.3)$$

其中来流马赫数范围 $Ma \in [5,8]$，雷诺数范围 $Re \in [3.8 \times 10^5, 4.8 \times 10^7]$，壁温范围 $T_w \in [60, 250.3]$K。

4.5.3　气动热规律探测实例

在 JF-12 风洞某试验状态下平板热流数据分布规律：

当平板与来流夹角 θ 不变时（$\theta = 10°$），依据平板中心沿程热流分布数据，设热流满足关系：$St = F(x, \rho, u, H_0, H_w, Re_L, Re_x)$。利用泛函空间优化算法，得最优关联关系式：$St = k/\sqrt{Re_x}$，其中 $k = 0.392$。

当平板与来流夹角 θ 在 $[1°, 20°]$ 之间发生变化时，关联前，热流分布如图4.18所示，规律性很差。设热流满足关系：

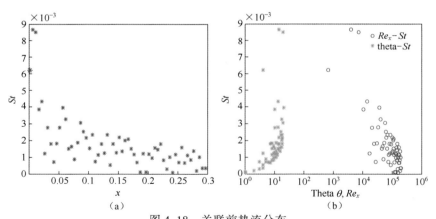

图 4.18　关联前热流分布

（a）热流在不同角度下沿中心线分布；（b）热流随角度和当地雷诺数的变化。

$$St = F(x, \theta, \rho, u, H_0, H_w, Re_L, Re_x)。$$

利用泛函空间优化算法，得最优关联关系式：

$$St = k \cdot \sin(\theta) \cdot \sqrt{\cos(\theta)} / \sqrt{Re_x}，其中 k = 2.27。$$

球头驻点热流数据分布规律:

设驻点热流 q_{w_0} 和来流马赫数 M,温度 T,压力 P 与球头半径 R_n、壁温 T_w 满足关系: $q_{w_0} = F(M, T, P, R_n, T_w)$,利用泛函空间优化算法,得最优关联关系式: $q_{w_0} = kM^3 \sqrt{\dfrac{PT}{R_n}}$,其中 $k = 1.1062$,单位均为国际标准单位(SI)。

尖锥热流的不变规律探测:

半锥角:7°(图 4.19)

分别在 JF-10 和 JF-12 两个不同的风洞上开展了测热试验,试验状态和测点数目如下:JF-10: $H = 16MJ/kg$、$4979m/s$,热化学非平衡状态,$L = 571mm$,17 个测点;JF-12: $H = 3.3MJ/kg$、$2343m/s$,量热完全气体,$L = 1136mm$,37 个测点。

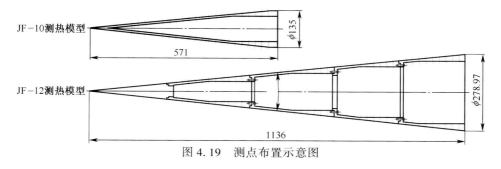

图 4.19 测点布置示意图

测点布置如图 4.19 所示,测得热流如图 4.20(a)所示(单位:MW)。

利用基于泛函优化的自适应空间变换方法,采用 11 个输入参数:总温 T_0、总压 P_0、总焓 H_0、壁面焓 H_w、来流压力 P、密度 ρ 、速度 v 、马赫数 M、温度 T、单位雷诺数 Re_L、当地雷诺数 Re_x,由算法决定选择几个参数构造关联模型、关联模型的结构和系数。

经运算(运算过程参见图 4.21),得到反映两座共同遵守的不变规律关联模型:

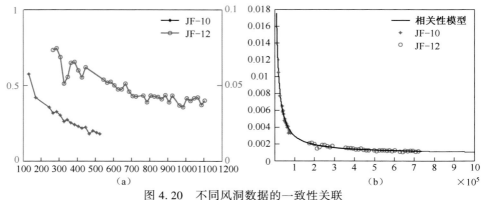

图 4.20 不同风洞数据的一致性关联

(a) 关联前热流沿母线分布;(b) 关联后热流随关联参数分布。

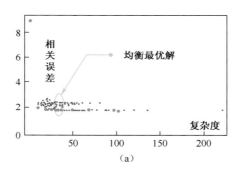

(a)

模型结果选择

	复杂度	$1-R^2$	函数
1	17	0.010	$9.18\times10^{-4}+\dfrac{193.16}{\mathrm{Sqrt}[x_{11}]}$
2	19	0.008	$7.84\times10^{-4}+\dfrac{231.41}{5363.64+x_{11}}$
3	22	0.008	$7.59\times10^{-4}+\dfrac{\mathrm{Log}[x_{11}]19.07}{x_{11}}$
4	24	0.008	$8.11\times10^{-4}+\dfrac{222.10}{x_{11}+\sqrt{x_3}}$
5	31	0.008	$5.52\times10^{-4}+(4.57\times10^{-2})x_6+\dfrac{238.17}{27.52+x_{11}+x_7}$
6	35	0.008	$5.43\times10^{-4}+(1.31\times10^{-2})x_5^2+\dfrac{240.94}{269.86+x_{11}+x_7}$
7	38	0.007	$-(1.53\times10^{-3})+\dfrac{146.99}{x_{11}}-(2.53\times10^{-8})x_{11}+(4.98\times10^{-6})x_{11}x_6+(4.13\times10^{-4})x_8$

(b)

图 4.21 泛函空间中关联变换的分布

$$St = a + \frac{b}{c + Re_x} \qquad (4.4)$$

其中系数 $a = 0.0008223$，$b = 220.1$，$c = 3158$，均为无量纲参数。

关联效果如图 4.20(b) 所示。可见，关联前每座风洞都遵循自己的分布规律，而关联后得到了很一致的分布规律。尽管它们的试验流场参数和模型大小都有很大差异。

作为对比，下面给出已有的两种理论方法进行关联的结果。

方法一是理论简化得到的经典关联方法 $St\ Re_x^n =$ 常数，其中 $n = \begin{cases} 0.5 & \text{层流} \\ 0.2 & \text{湍流} \end{cases}$。本例中，可以断定，无论是 JF-10，还是 JF-12，流态都属于层流，因而 n 取 0.5。

另一种方法是边界层外缘关联方法[23]：$St_e\sqrt{Re_x} =$ 常数。

根据测得的 57 个数据点进行插值，两种方法对应的关联模型分别为

$$St\sqrt{Re_x} = 1.1 \qquad (4.5)$$

$$St_e\sqrt{Re_x} = 0.73 \qquad (4.6)$$

关联效果如图 4.22 所示。

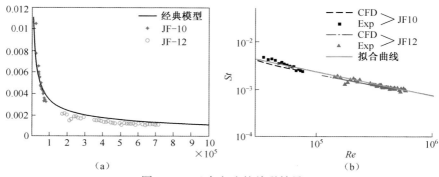

(a)　　　　　　　　　　　　　(b)

图 4.22　已有方法的关联结果

(a)经验方法关联结果；(b)边界层外缘关联方法。

由图 4.22 可知,利用已有的这两种方法,总体上都可以将不同类型的风洞规律关联到一起,较关联前(图 4.20(a))都有很大的改进。但由于关联公式推导过程中都需要做一些假定,忽略了所谓的次要因素,导致不同风洞规律的衔接并不自然。换句话说,这些公式其实并没能真正得到反映不同风洞共同遵守的不变规律。

4.6　小结与展望

本章主要介绍一种高超声速气动力/热预示的人工智能方法——基于泛函的智能优化关联预示方法。该方法将飞行环境视为理想风洞,站在风洞群的全局高度,突破传统思维,在可降维的多维空间上分析问题,在更广阔的泛函空间上,利用专门的泛函智能优化算法,发掘高超声速流动在一定条件下的气动力/热解析变化规律和不变规律,再利用该物理规律进行气动力/热预示。该方法的输入变量是试验数据和气动知识,推理过程不需要人工干预,避免了推理者主观因素的影响,所得的解析函数具有全局最优性、符合大道至简的基本原理。

利用不变规律进行的数据关联和预示,具有更高的可靠性,但不变规律不是万能的,即不变规律的应用也是有条件的。粗略地讲,利用试验数据得到的所谓不变规律,是不同风洞、不同试验参数下共同遵守的不变规律,反映的是不同风洞、不同试验参数共同模拟出高超声速条件下的不同物理机制。如果在飞行条件下出现了某种新的物理机制(如高温气体效应、尺度效应等),在地面风洞群中没有得到有效模拟,而且该机制对气动热环境的影响又不可忽略,那么该不变规律得到的预示结果将不再适用。

换句话说,基于泛函的智能优化关联预示方法适用条件包括:①飞行条件下起作用的物理机制在风洞模拟中都有所体现;②风洞数据可靠。当然,在不影响物理机制模拟的条件下,允许存在一定误差;③飞行条件下没有新的不可忽略物理机制出现。

更一般地来讲,在实数空间中分析的拟合/插值/回归/神经网络/支持向量机等近似方法,其适用范围是样本数据点的包络;而本章介绍的基于泛函的智能优化关联预示方法,利用物理(不变)规律进行关联,适用范围更广,为风洞群所模拟的物理机制的包络(图4.23)。

图4.23　新方法与已有方法分析范围与适用范围的对比

参 考 文 献

[1] BERTIN J J, CUMMINGS R M. Critical hypersonic aerothermo-dynamic phenomena[J]. Ann Rev Fluid Mech, 2006, 38: 129-157.

[2] BUSHNELL D M. Scaling: wind tunnel to flight, Annu[J]. Rev. Fluid Mech, 2006, 38: 111-128.

[3] CHENG H K. Hypersonic shock-layer theory of the stagnation region at low Reynolds number[J]. in Proceedings of the 1961 Heat Transfer and Fluid Mechanics Institute, 1961, 161-175.

[4] ENGEL C D, PRAHARAJ S C. Miniver upgrade for the avid system[J]. General Books LLC, 2012, 1:3.

[5] ELSENAAR A. Onreynolds number effects and simulation[R]. AGARD. Aerodynamic Data Accuracy and Quality: Requirements and Capabilities in Wind Tunnel Testing 22 (SEE N 89-16846 09-09), 1988.

[6] HAINES A B. Further evidence and thoughts on scale effects at high subsonic speeds [R]. AGARD Wind Tunnel Design and Testing Tech. 12(SEE N 76-25213 16-09), 1976.

[7] HAINES A B. Scale effects on aircraft and weapon aerodynamics[R]. AGARD-AG-323, AGARD, 1994.

[8] HAINES A B. Prediction of scale effects at transonic speeds: current practice and a gaze into the future [J]. Aeronautical Journal, 2000, 104(1039): 421-431.

[9] LEE J H, KIM E T, CHANG B H, et al. The accuracy of the flight derivative estimates derived from flight data[J]. World Academy of Science. Engineering and Technology, 2009, 58: 843-849.

[10] LUO C, HU Z, ZHANG S L, et al. Adaptive space transformation: An invariant based method for pre-

dicting aerodynamic coefficients of hypersonic vehicles[J]. Engineering Applications of Artificial Intelligence, 2015, 46: 93-103.

[11] LUO C, YU B. Low dimensional simplex evolution a new heuristic for global optimization[J]. Journal of Global Optimization, 2012, 52: 45-55.

[12] LUO C, ZHANG S L. Parse-matrix evolution for symbolic regression[J]. Engineering Applications of Artificial Intelligence, 2012, 25: 1182-1193.

[13] MACROSSAN M N. Scaling parameters for hypersonic flow: Correlation of sphere drag data. In: Proceedings of 25th International Symposium on Rarefied Gas Dynamics[J]. St. Petersburg: Siberian Branch of the Russian Academy of Sciences, 2006, 12: 759-764.

[14] MALMATHANRAJ R, TYSON T F. Characteristic prediction of wind tunnel tests using learning from examples[J]. International Journal of Computer Applications, 2011, 35(6): 5-14.

[15] MORELLI E A, DERRY S D, SMITH M S. Aerodynamic parameter estimation of the X-43A (Hyper-X) from flight test data[J]. AIAA-2005-5921,2005, 32: 15-19.

[16] NORGAARD M, JORGENSEN C,ROSS J. Neural network prediction of new aircraft design coefficients [J]. NASA Technical Memorandum 1997, 2: 112197.

[17] POISSON-QUINTON P. Ground/flight test techniques and correlation[R]. AGARD Wind Tunnels and Testing Tech. 14 p (SEE N 84-23564 14-01), 1984.

[18] PETERSON JJ, MANN M, SORRELLS R, et al. Wind tunnel/flight correlation study of aerodynamic characteristics of a large flexible supersonic cruise airplane (XB-70-1) [R]. II—Extrapolation of wind-tunnel data to full scale conditions. NASA TP-1515, 1980.

[19] RAJKUMAR T,BARDINA J. Prediction of aerodynamic coefficients using neural networks for sparse data [J]. in FLAIRS-02 Proceedings, 2002, 5: 242-246.

[20] RAVIKIRAN N, UBAIDULLA P. Support vector machine approach to drag coefficient estimation. Proc[J]. 7th Int. Conf. on Signal Processing, 2004, 2: 1435-1438.

[21] RUFOLO G C, MARINI M, RONCIONI P, et al. In flight aerodynamic experiment for the unmanned space vehicleftb-1[J]. First CEAS European Air and Space Conference, Berlin, Germany, 2007, 2: 1-12.

[22] RUFOLO G C, RONCIONI P, MARINI M, et al. Post Flight Aerodynamic analysis of the experimental vehicle prora usv 1[J]. AIAA 2008-2661, 2008, 2: 16-23.

[23] WANG Q, LI J P, ZHAO W, et al. Comparative study on aerodynamic heating under perfect and nonequilibrium hypersonic flows. China-Phys[J]. Mech. Astron,2016, 59(2), 624701.

[24] 汪清，钱炜祺，何开锋. 导弹气动参数辨识与优化输入设计[J]. 宇航学报, 2008, 29(3): 789-793.

[25] KOZA J R. Genetic programming: On the programming of computers by means of natural selection. (5thed.) [M]. Cambridge: MA MIT Press, 1992.

［26］O'NEILL M, RYAN C. Grammaticalevolution［J］. IEEE Transactions on Evolutionary Computation, 2001, 5: 349-358.

［27］HOZUMI K, YAMAMOTO Y, MASSON A, et al. Study for prediction of flight aerodynamic heating using HYFLEX flight and wind tunnel data［J］. AIAA paper, 2001, 2001-1826.

［28］姜宗林, 罗长童, 胡宗民, 等. 高超声速风洞试验数据的多维空间相关理论与关联方法［J］.中国科学: 物理学力学天文学, 2015, 45: 124705.

［29］TSIEN H S. Super-aerodynamics, mechanics of rarefied gases［J］. Aerospace Sci, 1946, 13（2）: 653-664.

［30］MARK C, DAVIS J. X-43A Flight-test-determined aerodynamic force and moment characteristics at mach 7.0［J］. Spacecraft Rockets, 2008, 45: 472-484.

［31］DEPRIEST D, MORGAN C. Statistical methods for rapidaerothermal analysis and design technology: validation［J］. NASA Technical Report, NAG1-02030, 2003, 5: 66-68.

第 五 章

湍流转捩数值预测方法

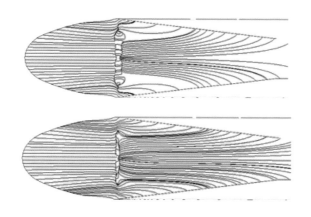

5.1　引　　言

湍流是自然界中常见的流动现象,伴随湍流流动的往往还有流动转捩。湍流/转捩流动在流体机械中广泛发生,并被人们开发利用从而再服务于人类生活。例如,各种飞行器飞行时,翼面和机身的边界层流动往往会从层流状态转变为湍流状态,对飞行器的升力和阻力甚至气动加热带来安全设计范围之外的严重影响,还有各种旋转机械中的叶片,其边界层流动也会从层流发生转捩进而变为湍流,给叶轮效率带来影响。因此,对于湍流/转捩流动的预测非常重要,目前科研人员已发展了多种湍流/转捩流动的数值预测方法,包括 LST 稳定性分析方法、DNS 或 LES 高精度精细模拟方法、湍流/转捩模型数值预测方法及各种工程经验判据等,这些预测方法在实际应用方面所表现出的预测能力不尽相同,后面将研究这些方法并分析它们的适用性。

5.2　基于稳定性理论的 e-N 方法

20 世纪 50 年代发展的基于线性稳定性理论的 e-N 方法是自然转捩预测的最主要方法。该方法在低速流动中应用广泛,现今在超声速流动的转捩预测中也已经有较为广泛的应用,近来更是用于高超声速流动的转捩预测,并取得了较好的结果。

使用基于稳定性理论与 e-N 方法相结合的技术手段是一种有效的湍流/转捩预测方法。该方法首先基于线性稳定性理论(LST)或求解抛物化稳定性方程(PSE)获得扰动增长情况,然后再结合 e-N 方法获得特定频率扰动增长率的积分,就可以预测流动转捩。基于线性稳定性理论 LST 的 e-N 方法在低速情况下得到了广泛应用,并逐渐扩展应用于高超声速流动。

基于 LST 建立起来的 e-N 方法是最著名的边界层转捩半经验预测方法，分别由 Smith[1] 与 van Ingen[2-4] 发展起来。该方法通过考察不同频率的扰动波振幅的增长，获得增长曲线的包络线，在包络线上找出增长倍数，即 N 值，其达到预设值的位置（或雷诺数），即认为是转捩开始的位置（或转捩雷诺数）。这种方法可用下式来表示

$$N = \ln (A/A_0)_{max} \tag{5.1}$$

式中：N 为扰动累积增长率；A 为增长之后扰动波振幅，其单位与所选取的扰动物理量一致；A_0 为初始扰动波振幅，其单位与所选取的扰动物理量一致。

经过与大量低速风洞试验数据的对比，Smith 建议 N 取 9，van Ingen 建议 N 取 7 或 8，以此用来判断转捩位置，并取得很好的效果。e-N 方法摆脱了求解扰动波振幅的约束，转而求解振幅的比值，大大降低了计算的难度，因此得以广泛应用。

由于该方法建立在一系列前提假设之上，其适用范围受到一定的限制。首先，该方法是基于线性稳定性理论，而线性稳定性理论的两个基本假设是小扰动和平行流，这就限定了该方法只能用于研究由小扰动引发的自然转捩过程，并且目标流动不能太复杂，需是流线平行（或近似平行）的边界层流动。此外，线性稳定性理论描述的是扰动线性增长的过程，这并不涵盖自然转捩的全部过程。自然转捩过程还包括感受性和扰动的非线性增长，这两个过程是 e-N 方法无法考虑的。正因为如此，这些因素的影响需要靠"半经验"的方法来体现，即可以通过选取调整后的 N 值来判断转捩，这样使得 N 的取值不具有普遍意义。对于一个新的流动，N 值的选择并没有理论的指导，其必须通过风洞试验或者飞行试验数据来确定。但是作为基于自然转捩物理过程建立的理论方法，e-N 方法还是可以对转捩预测提供很有价值的信息。

近年，为满足高超声速边界层稳定性和转捩分析的要求，美国专门发展了 STABL 软件[5,6]。美国人认为 PSE 与 e-N 方法的结合比基于 LST 的 e-N 方法更有希望给出与试验数据符合更好的结果。因此，在 STABL 软件中内嵌

了 PSE-Chem 程序,该程序求解抛物化稳定性方程,还能够考虑有限化学反应速率和平动–振动能量转换机制。

基于 PSE 的 e-N 转捩预测方法的具体实现过程是,首先通过 PSE-Chem 分析程序获得二维或轴对称外形下边界层中特定频率扰动波的空间演化过程,然后采用 e-N 方法,获得特定频率扰动增长率的积分。该积分定义为

$$N(\omega,s) = \int_{s_0}^{s} \sigma \mathrm{d}s \tag{5.2}$$

式中:N ——扰动累积增长率;

ω ——扰动圆频率(s^{-1});

s ——扰动沿表面传播的距离(m);

s_0 ——扰动起始增长位置;

σ ——扰动增长率,定义为

$$\sigma = -\mathrm{Im}(\alpha) + \frac{1}{2E}\frac{\mathrm{d}E}{\mathrm{d}s} \tag{5.3}$$

式中:α ——复数流向波数;

E ——扰动动能($\mathrm{kg/(ms^2)}$)。定义为

$$E = \int_{n} \bar{\rho}(|u'|^2 + |v'|^2 + |w'|^2)\,\mathrm{d}n \tag{5.4}$$

式中:$\bar{\rho}$ ——平均密度($\mathrm{kg/m^3}$);

u',v',w' ——复数脉动速度分量($\mathrm{m/s^2}$);

n ——表面法线方向。

美国将该方法用于 HIFiRE 项目的研究中,结果表明,对高超声速圆锥边界层流动,在小扰动自由来流条件下,不同光滑表面流动转捩对应的 N 值在 8~11。表面粗糙度和来流噪声水平的增加会导致 N 值的选取较小,大概在 N

值取 5.5 左右就能够给出与常规风洞测量相一致的转捩起始位置。2006 年，Johnson 和 Candler[7]应用该方法分析了高超声速圆锥边界层转捩问题。模型包括半锥角 5°的圆锥和半锥角 22°的圆锥，来流马赫数 20～22。通过这两个工况的分析，演示了 STABL 软件，尤其是 PSE-Chem 的最新进展。有了这些进展，这些软件也能够方便的计算其他工况的稳定性。研究认为，应当不断分析其他飞行试验数据，继续发展 PSE 和 e-N 方法相结合的边界层转捩预测方法。针对试验中未能考虑的一些影响因素，如头部烧蚀、攻角和飞行器弹体热变形等因素，还应该继续用 PSE-Chem 方法来评估这些因素对转捩影响的重要程度。

此外，还有开展来流湍流度对 N 值的影响研究。Mack[8]根据 Dryden[9]的试验数据，拟合出了来流湍流度 T_u 与 N 值之间的关系，可看作是对 e-N 方法的一种修正，但只适用于低速的平板边界层流动，并且来流湍流度的范围为 $10^{-3} < T_u < 10^{-2}$。

$$N = -8.43 - 2.4\ln T_u \tag{5.5}$$

式中：N ——扰动累积增长率；

　　　T_u ——来流湍流度。

国内，天津大学的苏彩虹和周恒[10]开展了多年研究，2009 年对 e-N 方法进行了改进，并开展了高超声速圆锥边界层转捩预测，针对来流马赫数 6、半锥角 5°、攻角 1°的圆锥绕流，与传统 e-N 方法预测结果相比，新的预测结果得到明显改善，并与试验测量数据更加相符。图 5.1 给出了位置 0.85 处开始计算的扰动波的 N 值随 x 的变化。图 5.2 给出了改进后的 e-N 方法得到的转捩线，分别是基于边界层方程得到的基本流计算出的转捩线与基于由直接数值模拟得到的基本流计算出的转捩线。

有关 e-N 方法的改进研究罗纪生[11]也开展了很多工作，研究了边界层转捩机理与感受性特征，并实现了高超声速三维边界层中的 e-N 方法转捩预测。图 5.3 给出了 e-N 方法预测的 N 值分布，图 5.4 则给出了相应预测 N 值

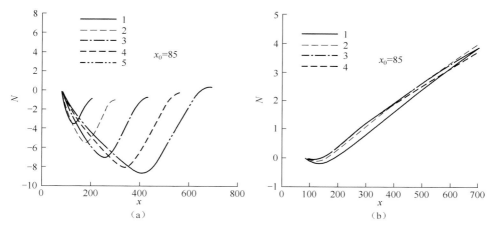

图 5.1　从 $x_0=0.85$ 处开始计算的扰动波的 N 值随 x 的变化(苏彩虹,周恒,2009)[10]

(a)第二模态;(b)第一模态。

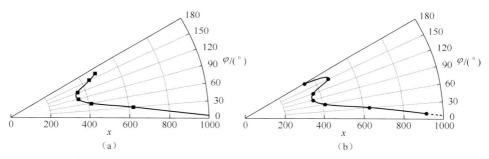

图 5.2　改进后的 e-N 方法得到的转捩线(苏彩虹,周恒,2009)[10]

(a)边界层方程得到的转捩线;(b)直接数值模拟得到的转捩线。

与试验数据的比较,试验数据来自于美国 Purdue 大学 Schneider 团队静风洞圆锥试验。

研究表明,以前的 e-N 方法是从中性曲线(Neutral Curve)出发,对扰动增长率进行积分。中性曲线上的点是二维扰动的失稳点,因此传统意义上的中性曲线是指二维扰动的中性曲线;但是对于边界层流动,三维扰动在更靠前的地方就发生了失稳,三维扰动对应的中性曲线称为 Zarf 曲线。基于此提出改进方法,改进后的 e-N 方法首先对积分起点进行了改变,从二维扰动的中性点改为三维扰动的中性点,即从中性曲线开始积分改为从 Zarf 曲线开始积

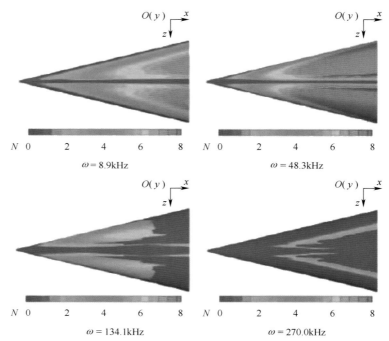

图 5.3　不同频率扰动波的 N 值分布(罗纪生,2014)[11]

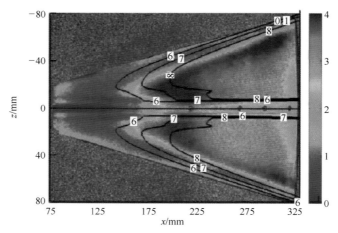

图 5.4　N 值等值线与试验结果的比较(罗纪生,2014)[11]

分;其次对被积分的增长率做了改变,以前的 e-N 方法中,被积的增长率为每个站位上某一频率对应的二维扰动的增长率,改进的 e-N 方法选取了每个站位上某一频率对应的最大的增长率,这个增长率往往是三维的。图 5.5 给出了一种高超声速进气道区域不同展位的扰动波增长率随频率的变化,图 5.6

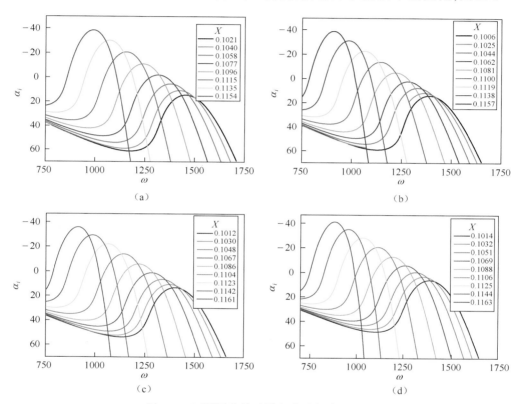

图 5.5　不同展位扰动增长率随频率的变化

(a)$Z \approx 0.0$;(b)$Z \approx 0.006$;(c)$Z \approx 0.0125$;(d)$Z \approx 0.0185$。

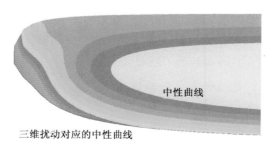

图 5.6　中性曲线与 Zarf 曲线

给出了中性曲线与 Zarf 曲线,图 5.7 则给出了从不同的曲线积分得到的 N 值,可以看出三维扰动的增长率还是很大的。

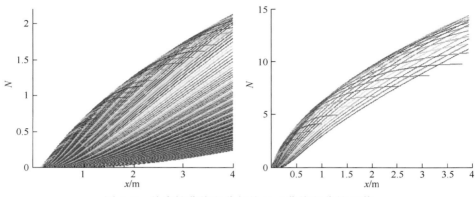

图 5.7　从中性曲线积分与从 Zarf 曲线积分的 N 值

5.3　高精度 LES 或 DNS 精细流动模拟方法

大涡模拟(LES)方法的基本思想是采用滤波的方法将湍流场中的脉动运动分解为大尺度脉动和小尺度脉动,对大尺度脉动直接计算,而小尺度脉动对大尺度脉动的影响则用合适的模型进行表征。LES 的思想最早由 Smagorinsky(1963)[12]提出,并用于气象研究。早期关于大涡模拟思想的发展和检验主要针对各向同性湍流(Chasnov, 1991)[13]和充分发展槽道流动(Deardorff, 1970[14]; Schumann, 1975[15]; Moin, 1982[16])。LES 方法方面的研究进展主要关注亚格子模型,有关的一些模型有 Smagorinsky model[12](Smagorinsky 1963),gradient model[17](Clark, Ferziger, etc, 1977),similarity model[18](Bardina, etc1985),dynamic eddy – viscosity model[19](Germano,1990),dynamic mixed model[20](Zang, etc, 1993),dynamic Clark model[21](Vreman, etc, 1996),此外还有一些其他模型。

直接数值模拟(DNS)则是直接求解完全的三维 N-S 方程,结合所研究湍流问题的边界条件,给出湍流流场中广泛尺度范围内的特征物理量随时间和空间的演化过程。湍流的 DNS 研究工作在 20 世纪后期取得了优异的成绩。1987 年，Kim、Moin 和 Moser 采用谱方法，求解三维不可压缩 N-S 方程，首次给出了不可压槽道湍流的直接数值模拟结果。该计算结果是较为经典的湍流 DNS 结果，由此 DNS 方法被学者们广泛认可，逐渐成为研究湍流机理的主要手段之一。

大涡模拟方法与直接数值模拟方法要结合高精度的计算方法。通常情况下，对于空间离散，无黏项采用五阶精度的 WENO 格式、四阶偏斜对称型（skew-symmetric form）的中心格式或高阶紧致格式，黏性项采用六阶中心差分，时间离散采用三阶具有 TVD 性质的 Runge-Kutta 法，壁面选取适当的边界条件。

直接数值模拟与大涡模拟方法要求捕捉湍流流动的细观流动，计算量相当大，这就限制了该两种方法的使用范围，只适用于局部范围的流动模拟。DNS 方法直接对整个湍流能谱范围开展计算，是最准确的计算湍流的方法。但是从理论上来讲，要获得正确的模拟结果，DNS 的网格量为 $Re^{9/4}$ 量级，对网格的要求为 $10 \leqslant \Delta x^{+} \leqslant 20$，$\Delta y_{\text{wall}}^{+} < 1$，$5 \leqslant \Delta z^{+} \leqslant 10$，这大大限制了 DNS 的工程应用。LES 方法对网格的要求在壁面附近与 DNS 类似，其他区域对网格的要求限制比 DNS 宽松，对网格的要求为 $50 \leqslant \Delta x^{+} \leqslant 150$，$\Delta y_{\text{wall}}^{+} < 1$，$15 \leqslant \Delta z^{+} \leqslant 40$，网格量可以大幅度降低，另外其大尺度脉动是直接计算得出的，所以可以计算得到脉动量。但是网格量也是 LES 方法在大尺寸范围内应用的一个主要限制条件。

使用 LES 方法与 DNS 方法研究湍流/转捩，考虑外部噪声环境和湍流度的影响时，需要添加外部扰动源。但是外部环境往往十分复杂，难以用数学形式来表达，所以真实地反映外界环境很难实现，只能添加一些已知数学形式的扰动来模仿外部扰动。LES 和 DNS 方法目前在研究外部扰动的发展以及感受性问题方面取得了较好的效果。自然界中常见的外部扰动有三种形式，分别是条带、声扰动和阵风扰动。边界层对这三种扰动的感受过程以及这些扰动波与边界层自然演化出的 T-S 扰动波之间的相互作用过程都是不同的,具有完全不同的特征。但是,LES 方法和 DNS 方法仍然不能模拟真实的外界环境干扰。

LES 方法与 DNS 方法在低速流动领域应用最为广泛,在超声速、高超声速流动领域存在计算稳定性问题。LES 方法与 DNS 方法在应用于高超声速流动时要求同时精确捕捉激波与准确描述流动细节,这给计算方法带来困难。在高超声速流动模拟中 LES 方法与 DNS 方法使用的高精度数值方法有混合格式和高阶 WENO 格式。混合格式在间断区域使用迎风格式,在连续区域采用中心差分格式或者紧致格式,采用的是两种格式的加权,该格式在光滑区分辨率高,但在格式转换中容易引起非物理振荡,可能求解出非物理解。高阶 WENO 格式是基于模板加权思想建立的,其流动全场使用统一格式求解,准确性高。目前还有很多改进型的 WENO 格式,如 WENO-Z 方法、ES-WENO 方法等。

在 LES 方法中,采用空间滤波函数对三维可压缩 Navier-Stokes 方程进行 Favre 滤波运算,均使用国际单位制单位,定义 Favre 滤波 $\widetilde{\phi} = \overline{\rho\phi}/\overline{\rho}$,$\overline{\phi}$ 表示空间滤波变量,滤波后的 N-S 方程组可以写为

$$\frac{\partial \overline{\rho}}{\partial t} + \frac{\partial (\overline{\rho}\widetilde{u}_i)}{\partial x_i} = 0 \tag{5.6}$$

$$\frac{\partial (\overline{\rho}\widetilde{u}_i)}{\partial t} + \frac{\partial (\overline{\rho}\widetilde{u}_i\widetilde{u}_j)}{\partial x_j} = -\frac{\partial \overline{p}}{\partial x_i} + \frac{\partial (\widetilde{\tau}_{ij} - \tau_{ij}^{SGS} + D_{ij}^{SGS})}{\partial x_j} \tag{5.7}$$

$$\frac{\partial (\overline{\rho}\widetilde{E})}{\partial t} + \frac{\partial (\overline{\rho}\widetilde{E} + \overline{p})\widetilde{u}_i}{\partial x_i} = \frac{\partial}{\partial x_j}(-\widetilde{q}_i + \widetilde{u}_j\widetilde{\tau}_{ij} + \psi_i^{SGS} + \sigma_i^{SGS} - Q_i^{SGS} - H_i^{SGS}) \tag{5.8}$$

式中:ρ ——密度(kg/m³);

$\quad\quad u$ ——速度(m/s);

$\quad\quad p$ ——压力(Pa);

τ ——黏性应力张量（N/m^2）；

E ——能量项（J/kg）；

q ——热流通量（J/（m$^2 \cdot$ s））；

t ——时间（s）；

x ——坐标（m）；

τ_{ij}^{SGS} ——SGS 扩散通量；

D_{ij}^{SGS} ——SGS 黏性应力非线性项；

ψ_i^{SGS} ——SGS 湍流扩散项；

σ_i^{SGS} ——SGS 黏性扩散项；

Q_i^{SGS} ——热通量非线性项；

H_i^{SGS} —— SGS 能量项；

i、j ——下标，哑标；

SGS ——上标，亚格子项。

黏性应力张量和热流通量分别为

$$\widetilde{\tau}_{ij} = \widetilde{\mu}\left(2\widetilde{S}_{ij} - \frac{2}{3}\delta_{ij}\widetilde{S}_{kk}\right) \tag{5.9}$$

$$\widetilde{q}_i = -\frac{\widetilde{\mu}C_p}{\mathrm{Pr}}\frac{\partial \widetilde{T}}{\partial x_i} \tag{5.10}$$

式中：μ ——黏性系数（N $\cdot$ s/m^2）；

S ——应力张量（s^{-1}），$S_{ij} = （\partial u_i/\partial x_j + \partial u_j/\partial x_i）/2$；

C_p ——定压比热（J/（kg $\cdot$ K））；

T ——温度（K）；

Pr ——普朗特数。

待封闭亚格子项定义为

$$\tau_{ij}^{SGS} = \rho\left(\overline{\frac{\rho u_i u_j}{\bar{\rho}}} - \tilde{u}_i \tilde{u}_j\right) \tag{5.11}$$

$$D_{ij}^{SGS} = (\bar{\tau}_{ij} - \tilde{\tau}_{ij}) \tag{5.12}$$

$$\psi_i^{SGS} = -\frac{1}{2}\bar{\rho}\left(\overline{\frac{\rho u_i u_k u_k}{\bar{\rho}}} - \tilde{u}_i \overline{\frac{\rho u_k u_k}{\bar{\rho}}}\right) \tag{5.13}$$

$$\sigma_i^{SGS} = (\overline{u_j \tau_{ij}} - \tilde{u}_j \tilde{\tau}_{ij}) \tag{5.14}$$

$$H_i^{SGS} = C_p\left(\bar{\rho}\,\overline{\frac{\rho u_i T}{\bar{\rho}}} - \bar{\rho}\tilde{u}_i \tilde{T}\right) \tag{5.15}$$

$$Q_i^{SGS} = \bar{q}_i - \tilde{q}_i \tag{5.16}$$

式中：下标 i、j、k ——哑标。

上述未封闭项中，黏性应力非线性项 D_{ij}^{SGS} 和亚格子黏性耗散项 σ_i^{SGS} 由于对能量方程贡献较小，故可忽略；其余项通过构造亚格子模型黏性系数 μ_t 进行近似，使方程封闭，形式如下：

$$Q_i^{SGS} = -\frac{\tilde{\mu}_t C_p}{\mathrm{Pr}}\frac{\partial \tilde{T}}{\partial x_i} \tag{5.17}$$

$$\tilde{\tau}_{ij}^{SGS} = \tilde{\mu}_t\left(2\tilde{S}_{ij} - \frac{2}{3}\delta_{ij}\tilde{S}_{kk}\right) \tag{5.18}$$

$$H_i^{SGS} = -\frac{\tilde{\mu}_t C_p}{\mathrm{Pr}_t}\frac{\partial \tilde{T}}{\partial x_i} \tag{5.19}$$

$$\psi_i^{SGS} = \tilde{u}_j \tau_{ij}^{SGS} \tag{5.20}$$

中国航天空气动力技术研究院的朱志斌等人[22]发展了一种高阶紧致格式,使用了 DNS 数值模拟方法,开展了圆柱型粗糙元引起的转捩问题的研究。图 5.8 给出了物面热流计算结果,图 5.9 则是红外热成像试验结果,图 5.10 给出了计算出的流场涡系结构。图 5.11 则是采用 LES 数值模拟方法计算得到的多个方柱粗糙元引起的转捩流动流场涡系结构。

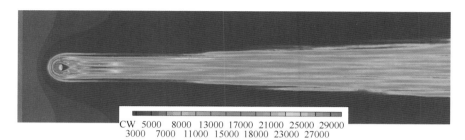

图 5.8　物面热流计算结果(朱志斌,2015)[22]

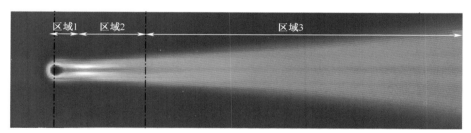

图 5.9　红外热成像试验结果(朱志斌,2015)[22]

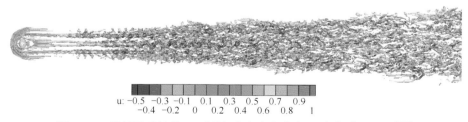

图 5.10　流场涡系结构(Q 准则,流向速度着色)(朱志斌,2015)[22]

北京航空航天大学的方剑等人[23]采用大涡模拟研究了壁面展向高频振动对低雷诺数可压缩槽道湍流的影响,考察了湍流相干结构的变化对边界层的温度场和热量输运的影响,发现了槽道流中速度相干结构与温度结构始终保持高度一致性,当速度相干结构受到抑制时,边界层中湍流对动量的输运

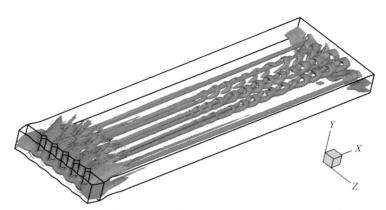

图 5.11　多个方柱粗糙元引起的转捩流动流场涡系结构

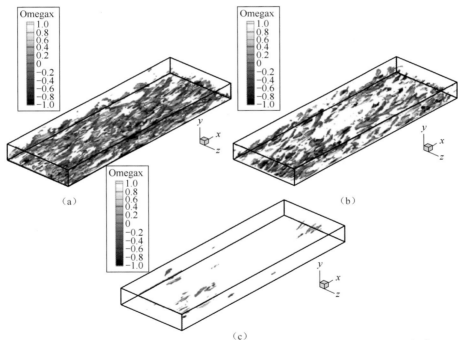

图 5.12　λ_2 等值面代表的相干结构的演化(灰度等值面表示流向涡量)[23]

(a) $T^+ = 0$; (b) $T^+ = 400$; (c) $T^+ = 825$。

和热量的输运同时下降,实现了平均壁面热流的降低。图 5.12 给出了 λ_2 等值面代表的相干结构的演化,可以看到,随着振动的进行相干结构的生成得到了有效地抑制,在应力最小值处($T^+ \approx 825$),相干结构几乎消失,流动接近层流化的状态。

5.4 湍流/转捩模型数值预测方法

转捩模型数值预测方法在目前至未来很长一段时间内是解决转捩问题的一种十分有效的方法。它通过建立合适的理论模型,能够抓住转捩流动的特性,且对计算条件要求不高,计算周期短,不仅用于湍流/转捩研究,还适用于工程实际应用。建立转捩模型输运方程的转捩预测方法适用性较广,可靠性较高。

早期用于转捩研究的湍流模式主要是代数模型和单方程模型,比较典型的有 Baldwin 与 Lomax[24] 的代数模式、McDonald 与 Fish[25] 以及 Arad[26] 等的单方程模型。但这些模型不具备预测复杂外形物体上的转捩起始位置的能力,必须要人为事先给定。所以发展转捩湍流模型预测方法是很有前景的。

通常用于解决工程实际中的有壁面约束的湍流转捩问题是低雷诺数转捩模型,该方法既能模拟黏性效应主导的近壁区域的流动还能适用于充分发展的湍流流动,有较广的适用性。Priddin[27] 进行了最早的低雷诺数模型研究,之后 Scheuerer[28] 提出了一种具有转捩预测能力的低雷诺数 $k-\varepsilon$ 模型。Craft[29] 等人考虑到湍流的各向异性和非局部平衡效应,提出了一种三阶非线性涡黏性模型,对低速平板边界层转捩过程模拟较好。Hadzic[30] 还发展了一种低雷诺数二阶矩模型,研究了涡轮叶片上的转捩以及有分离流动引起的转捩过程。Wilcox[31] 也开展转捩研究,建立了可实现转捩过程模拟的低雷诺数 $k-\omega$ 模型。Schmidt[32] 与 Johnson[33] 也对该类方法进行了发展,对湍动能生成项 P_k 进行了限制,但效果不明显。后来,Schmidt 与 Patankar[34] 对此湍动能生成项又提出了修正方法,可以延长转捩区的发展长度,但适用范围仍然受到限制。低雷诺数模型缺乏对转捩机理的构造,还需要很大程度的继续发展。

在流动转捩过程中,流动在同一空间位置会出现层流和湍流的流动状态交替变化的现象,称为间歇现象。由此,人们通过构造间歇因子来发展新的转捩模型。Libby[35] 最早提出了上述的想法,Dopazo[36] 进行了完善。Steelant

与 Dick[37] 提出了间歇因子输运方程,对边界层转捩进行了模拟,计算结果在流动方向上与试验数据符合很好。Huang 和 Suzen[38] 对此模型进行了改进,组合了 Cho 与 Chung 模型,建立了新的间歇因子输运方程,计算结果与试验符合更好。因此在湍流模型中融入间歇因子输运方程的转捩模型得到了很大的发展。Bradshaw[39] 发现压力脉动是导致来流扰动进入边界层并不断演化的主要原因,因此 Walters 与 Leylek[40] 以及 Volino[41] 提出了基于局部变量的转捩模型。还有 Menter[42] 给出了间歇因子方程和动量厚度雷诺数方程,符松等人[43] 也建立有 k-ω-γ 模型,还有很多研究者进行了大量的工作。由于 Menter 转捩模型与符松转捩模型的实际应用效果很好,这里将主要介绍这两类转捩模型数值预测方法。

首先,Langtry 与 Menter[44] 发展了 γ-Re 关联转捩模型,其引入了 γ 间歇因子输运方程,建立了 Re 动量厚度雷诺数输运方程。该模型使用了通过大量试验数据分析建立的转捩区长度与临界转捩雷诺数的两个经验关系式,使得该模型对转捩预测有了一定的可靠性。该模型的参数依赖于当地变量,与现代 CFD 技术相互兼容,也适合非结构网格与大规模并行计算。应用局部变量的新型转捩模型已经在相当多的民机绕流模拟中得到应用,并且在高超声速马赫数 8 以下的飞行器转捩预测方面取得了一些的成果。

在 γ-Re 模型中,γ 间歇因子输运方程通过控制边界层中湍动能的产生进而控制转捩的触发,Re 输运方程用来计算当地的转捩雷诺数,能够反应来流湍流度与边界层内压力梯度的影响。

间歇因子输运方程如下:

$$\frac{\partial(\rho\gamma)}{\partial t} + \frac{\partial(\rho U_j \gamma)}{\partial x_j} = P_\gamma - E_\gamma + \frac{\partial}{\partial x_j}\left[\left(\mu + \frac{\mu_t}{\sigma_f}\right)\frac{\partial\gamma}{\partial x_j}\right] \qquad (5.21)$$

式中:ρ ——密度(kg/m³);

U_j ——j 方向速度(m/s);

γ ——间歇因子;

P_γ ——间歇因子方程生成项；

E_γ ——间歇因子方程耗散项；

μ ——黏性系数（kg/（m·s））；

μ_t ——湍流黏性系数（kg/（m·s））；

x_j ——j 方向坐标；

t ——时间（s）；

σ_f ——模型常数，1.0。

动量厚度雷诺数 Re_θ 的方程有

$$\frac{\partial(\rho\,\overline{Re_{\theta t}})}{\partial t} + \frac{\partial(\rho U_j\,\overline{Re_{\theta t}})}{\partial x_j} = P_{\theta t} + \frac{\partial}{\partial x_j}\left[\sigma_{\theta t}(\mu+\mu_t)\frac{\partial\,\overline{Re_{\theta t}}}{\partial x_j}\right] \quad (5.22)$$

式中：ρ ——密度（kg/m³）；

U_j ——j 方向速度（m/s）；

$\overline{Re_{\theta t}}$ ——当地转捩开始的动量厚度雷诺数；

$P_{\theta t}$ ——动量厚度雷诺数方程的源项；

μ ——黏性系数（kg/（m·s））；

μ_t ——湍流黏性系数（kg/（m·s））；

x_j ——j 方向坐标；

t ——时间（s）；

$\sigma_{\theta t}$ ——模型常数，2.0。

在该模型中，转捩区长度 F_{length} 和临界雷诺数 $Re_{\theta c}$ 是两个重要的关系式，Langtry 通过一些试验数据将它们与转捩雷诺数 $Re_{\theta t}$ 相互关联，如式（5-23）与式(5-24),这两个经验关系式直接关系到转捩数值模拟的准确性。该关联转捩模型还包括很多其他的参数,同时还考虑了分离流动引起转捩的情况,间歇因子 γ 和动量厚度雷诺数 Re_θ 在边界处要给出相应的边界条件。在无滑移壁面处间歇因子取为0,在自由来流中间歇因子取为1。动量厚度雷诺数 Re_θ 在壁面处通量为0,在自由来流中可以根据基于来流湍流度的经验关系式计算得到。

$$Re_{\theta c} = f(\overline{Re_{\theta t}}) \tag{5.23}$$

$$F_{\text{length}} = f(\overline{Re_{\theta t}}) \tag{5.24}$$

$$P_{k,\text{new}} = \gamma_{\text{eff}} \cdot P_{k,\text{orig}} \tag{5.25}$$

式中:$Re_{\theta c}$ ——间歇因子开始增长位置的临界雷诺数;

F_{length} ——转捩区长度;

γ_{eff} ——有效间歇因子;

$P_{k,\text{orig}}$ ——原有的湍动能方程生成项;

$P_{k,\text{new}}$ ——新的湍动能方程生成项。

该类新型转捩模型已经在相当多的民机绕流模拟中得到应用,并取得了一些可喜的成果,并不断用于超声速、高超声速转捩流动的数值模拟中,为飞行器提供更为精细的气动数据。中国航天空气动力技术研究院尚庆等人[45]使用该转捩模型对钝头双楔高超声速绕流的转捩湍流流动进行了数值模拟研究,图5.13给出了不同流动状态下的密度梯度数值纹影。

图5.14给出了不同流动状态下得到的压力系数分布与热流Stanton数分布。计算中壁面温度为300K,流态包括层流、转捩、全湍流。从图中可以看到,层流流动分离区尺寸较大,引起的分离激波靠前,转捩流动分离区变小,分离激波后移,而全湍流几乎看不到流动分离。按照层流状态或全湍流状态计算得到的结果均不能够正确反映风洞试验情况;只有按照转捩状态进行数值模拟,得到的结果与试验数据符合最好,能够准确地模拟转捩与流动分离的相互作用,即双楔拐角附近区域发生流动分离、流动分离又诱发转捩、转捩

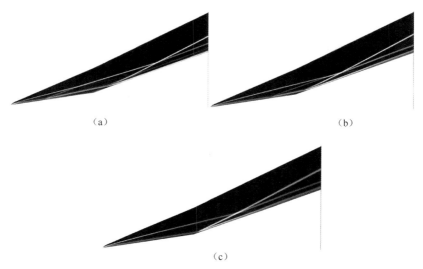

图 5.13　不同流态条件下密度梯度数值纹影(尚庆,2014)[45]

(a)层流计算结果 T_w = 300K;(b)转捩计算结果 T_w = 300K;

(c)全湍流计算结果 T_w = 300K。

又会对流动分离产生影响。

　　他们还使用该预测方法,开展了三维进气道的分离流动与转捩的数值模拟研究。来流湍流度选取了两种情况,即 T_u 0.05% 与 3.0%,分别对应静风洞状态与噪声风洞状态。图 5.15 分别给出了按照静风洞状态与噪声风洞状态计算得到的模型流线,可以看出,在静风洞状态下,进气道拐角附近出现了三维流动分离,在噪声风洞状态下,该分离流动区域变小,转捩的发生削弱了流动分离的强度。

　　图 5.16 则给出了按照静风洞状态与噪声风洞状态计算得到的模型物面热流分布,可以看出,在静风洞状态下,第二个压缩面上物面热流较低,没有转捩发生,而在噪声风洞状态下,在第二个压缩面上热流有明显的升高,表示存在转捩现象,转捩发生之后,物面热流会有升高。

　　然后,符松等人基于雷诺平均方法,建立了一种能够合理反映扰动模态和可压缩性影响的新型 k-ω-γ 湍流/转捩模式,它由关于间歇因子 γ、脉动动

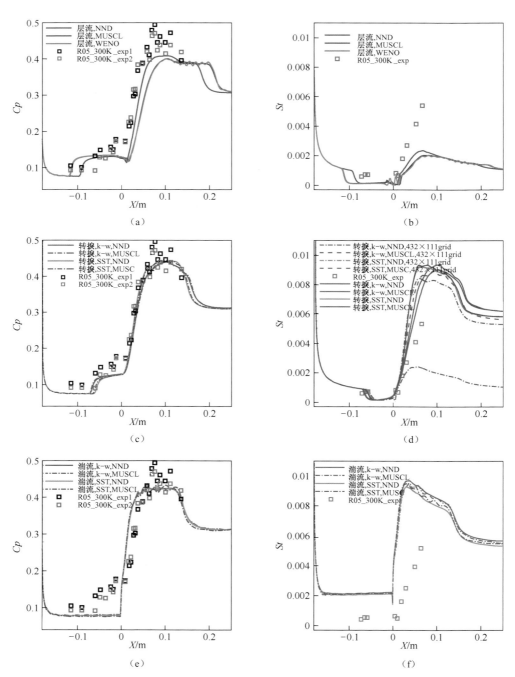

图 5.14　不同计算方法得到的压力系数分布与热流 Stanton 数分布(尚庆, 2014)[45]

(a)、(b)层流计算结果;(c)、(d)转捩计算结果;(e)、(f)全湍流计算结果, $T_w = 300K$。

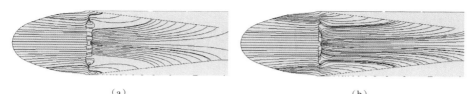

（a）　　　　　　　　　　　　　　　　　　（b）

图 5.15　不同状态计算得到的物面流线（尚庆，2014）[45]

（a）静风洞状态；（b）噪声风洞状态。

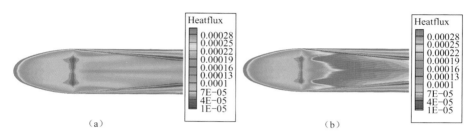

（a）　　　　　　　　　　　　　　　　　　（b）

图 5.16　不同状态计算得到的物面热流分布（尚庆，2014）[45]

（a）静风洞状态；（b）噪声风洞状态。

能 k 及其单位耗散率 ω 的三个输运方程组成。在该模型中，脉动动能 k 包含了湍流脉动部分与非湍流脉动部分，非湍流脉动的建模使用了稳定性分析的结果，间歇因子 γ 方程的源项中构造了具有自动判断转捩起始位置功能的函数，所有的表达式均使用了当地变量构成，同样可以方便地应用于现代 CFD 程序之中。该模型在完全湍流区还原为标准的 SST 湍流模式，并且在亚声速、超声速和高超声速条件下的边界层流动中都取得了验证，可应用于较宽马赫数范围。

$$\frac{\partial(\rho\gamma)}{\partial t} + \frac{\partial(\rho U_j\gamma)}{\partial x_j} = \frac{\partial}{\partial x_j}\left[(\mu + \mu_{\text{eff}})\frac{\partial\gamma}{\partial x_j}\right] + P_\gamma - \varepsilon_\gamma \qquad (5.26)$$

$$P_\gamma = C_4\rho F_{\text{onset}}\left[-\ln(1-\gamma)\right]^{0.5}\left(1 + C_5\frac{k^{0.5}}{(2E_u)^{0.5}}\right)\frac{d}{v}|\nabla E_u| \quad (5.27)$$

$$\varepsilon_\gamma = \gamma P_\gamma \qquad (5.28)$$

式中：ρ——密度（kg/m³）；

γ ——间歇因子;

U_j ——j 方向速度(m/s);

μ ——黏性系数(kg/(m·s));

μ_{eff} ——有效黏性系数(kg/(m·s));

P_γ ——间歇因子方程生成项;

ε_γ ——间歇因子方程耗散项;

F_{onset} ——转捩开始的判断;

k ——湍流动能((m/s)²);

E_u ——当地流体相对壁面的平均流动动能((m/s)²);

d ——物面距离(m);

v ——运动黏性系数(m²/s);

x_j ——j 方向坐标;

t ——时间(s);

C_4、C_5——模型常数。

图 5.17 给出了尖锥模型表面的温度分布,并与试验以及 Hassan 模型的计算结果进行了比较,试验数据来自 NASA 兰利研究中心的低湍流度风洞中的半锥角 5°尖锥的试验,来流马赫数为 3.5。图 5.18 给出了 NASA 兰利研究中心低湍流度风洞中进行的半锥角 5°带裙尾的圆锥模型的表面温度分布。图 5.19 则给出了计算得到的圆锥边界层的壁面律与理论值的对比。

转捩过程受到很多因素的影响,存在有多种转捩机制。现有的转捩模型还都不能很好地将多种机制融入在一种模型框架下。各种转捩模型大都采用雷诺平均的方式,不能完全反映不稳定扰动波的增长过程,对转捩流动发

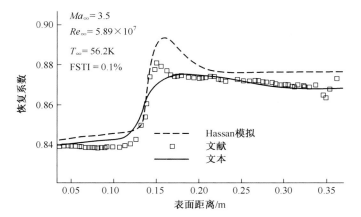

图 5.17　零攻角圆锥的温度恢复系数(符松，2009)[43]

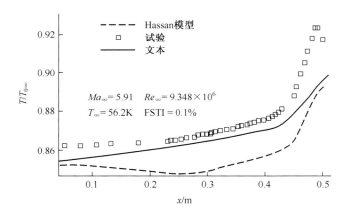

图 5.18　高超声速圆锥表面温度分布(符松，2009)[43]

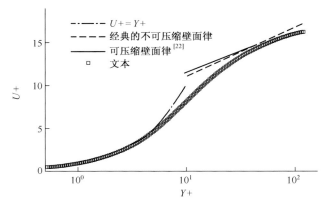

图 5.19　高超声速圆锥充分发展湍流段内层速度分布(符松，2009)[43]

展过程的模拟计算会或多或少地出现偏差。在当前大规模计算条件已经较为成熟的条件下,转捩模型还要更加适合复杂外形物体的并行计算,并且要保证计算精度与解的收敛性。当前的转捩模型虽然对转捩区的长度模拟不够准确,但是在工程应用上已可接受。转捩模型还要继续不断完善,深入针对转捩机理开展构造性研究,并不断拓宽适用范围,在航天航空领域取得更大的应用前景。

5.5　基于转捩准则的工程预测方法

转捩准则(Transition Criterion)是指为判定转捩位置所建立的简单代数关系式。在以往的研究中,针对各类转捩湍流问题突出的飞行器均开展了大量相关工作,如平板问题、圆锥问题、钝头外形的再入飞行器、航天飞机等,建立了一些转捩准则。由于转捩准则简单实用,帮助了很多工程设计人员开展飞行器的设计工作。但是,转捩是一个复杂的、非线性的问题,影响因素很多,每种转捩准则均有一定的适用范围,不存在普适的转捩准则。

早期的转捩准则大多基于低速风洞试验的数据进行发展和验证,用于在跨声速之前流动区域的自然转捩基本可靠,但对于高速流动是不适用的。而少部分的针对高速流动发展的转捩准则往往基于常规风洞试验数据和极少数的飞行试验数据,并且没有考虑温度、噪声和压力梯度等的影响,因此,这些转捩准则也不能用来预测高超声速飞行器表面的自然转捩。对于人工转捩,其机制更加复杂,理论更加不完备,更需要开展精心设计的试验,获得大量试验数据,从而建立实用的转捩准则,用来预测同类问题的转捩。

目前转捩准则的建立方法也基本类似,在飞行器外形与飞行走廊确定之后,通过开展大量地面试验和飞行试验获取数据,经过分析、总结、提炼可得到判断转捩的经验关系式,也就建立了转捩准则,之后将这些转捩准则用于预测其他类似外形无试验数据的飞行器边界层转捩情况。所以,目前所建立的各类转捩准则一般只对各类相近外形的飞行器适用。这里介绍部分高超声速边界层的转捩准则及其数据依据来源、适用范围,期望对工程设计人员有所帮助。

Potter & Whitfield 转捩准则由 Potter 和 Whitfield 在 1962 年提出[46],可用于尖锥外形,与 ONERA 进行的马赫数 7 尖锥风洞试验结果进行比较,符合较好,但针对高度特别小的粗糙元结果之间有差异。该准则通过修正粗糙度雷诺数与转捩位置进行关联,来实现对转捩的预测,据此建议了一种评估粗糙度引起转捩位置变化的预测方法。修正雷诺数为

$$Re_{kk} = \frac{\rho_k k U_k}{\mu_k} \left(\frac{T_k}{T_w} \right)^{\omega + 0.5} \tag{5.29}$$

式中:Re_{kk}——粗糙元高度雷诺数;

ρ_k——密度($lb/inch^3$);

k——粗糙元高度(inch);

U_k——速度(inch/s);

μ_k——黏性系数($lb/(inch \cdot s)$);

T_k——粗糙元位置处的温度(K);

T_w——壁面温度(K);

ω——常数,0.76。

Van Driest & Blumer 转捩准则由 Van Driest 和 Blumer 于 1967 年提出[47],其依据来源于锥体表面布有孤立球状粗糙元的试验数据。该转捩准则与圆锥试验数据符合程度不是很好。NASA 在 1997 年对此进行了修正,用于航天飞机飞行试验和风洞试验的转捩预测,预测结果与试验数据符合程度仍然不是太好,与风洞试验数据误差±65%,与飞行试验数据误差为±69%(STS-28)和±208%(STS-73)。

$$Re_{\delta_1} = 242 \left(1 + \frac{\gamma - 1}{2} M_e^2 \right) \left(\frac{k}{\delta_1} \frac{1}{1 + B/B_s} \right)^{-1.1} \tag{5.30}$$

式中:Re_{δ_1} ——边界层厚度雷诺数;

  γ ——气体常数;

  M_e ——边界层外缘马赫数;

  B ——边界层外缘流向速度梯度(s^{-1})。

  B_s ——驻点处速度梯度(s^{-1}),取 0.5;

  k ——粗糙元高度(inch)[①];

  δ_1 ——边界层厚度(inch)。

PANT 转捩准则由 Wool 在 1975 年提出[48],其依据来源于" Passive Nosetip Technology"项目中的超声速、高超声速风洞试验结果。该准则可用于钝头体外形的转捩预测,预测的转捩位置总是发生在亚声速区域,因此不适用于尖锥或小钝锥之类的外形。那么针对其他外形飞行器,有必要结合其他条件,如考虑头部半径或者相应几何尺寸来重新定义雷诺数。

$$\psi_1 = Re_\theta \left(\frac{kT_e}{\theta T_w}\right)^{0.7} \text{ 且 } 1 < \frac{kT_e}{\theta T_w} < 10 \qquad (5.31)$$

式中:ψ_1——转捩判据,数值 215 时发生转捩;

  Re_θ ——边界层动量厚度雷诺数;

  k ——粗糙元的峰谷差值(mil)[②];

  T_e ——边界层外缘温度($^\circ$R)[③];

  T_w ——壁面温度($^\circ$R);

  θ ——边界层动量厚度(mil)。

———————————

① 1 inch = 2.54 cm。

② 1 mil = 0.0254 mm;

③ 1°R = 1.25℃;

Boudreau 转捩准则由 Boudreau 在 1981 年提出[49],可用来预测头部粗糙度引起的锥体表面转捩。

$$\lambda_M^* = X \frac{k}{r_n} \left(\frac{P_E}{P_o} \right)^{0.9} (Re_{\infty, r_n})^{1.2} \tag{5.32}$$

$$X = Re_{e, \theta}^* \left[\frac{T_e^* r_n}{T_w \theta^*} \right]^{0.7} (Re_{\infty, r_n})^{-0.85} \tag{5.33}$$

式中:λ_M^*——转捩判据,$\lambda_M^* \geqslant 800$,转捩发生;

r_n——模型前缘头部半径(inch);

θ^*——声速点处边界层动量厚度(inch);

Re_{∞, r_n}——基于前缘头部半径的自由流雷诺数;

$Re_{e, \theta}^*$——声速点处边界层外缘动量厚度雷诺数;

k——粗糙元高度(inch);

P_E——粗糙元末端压力(psia)④;

P_o——自由流皮托压力(psia);

T_e^*——声速点处边界层外缘温度(°R);

T_w——模型壁面温度(°R)。

NASA 转捩准则由 Bertin 等人在 1981 年提出[50],该准则专门针对航天飞机类外形。有研究表明,若针对其他几何外形,则有关参数必须调整。1997 年,Bouslog 等人[51]又提出了一种结合航天飞机具体条件与 PANT 准则的新的转捩准则,更加适用于预测航天飞机的转捩情形。之后 1998 年 Berry 等人[52]将其简化又提出了一种简单版的转捩准则。

---

④ 1psia = 6.896kPa。

$$\frac{Re_\theta}{M_e} = 191 \left[\frac{k}{\theta} \frac{T_e}{T_w} \frac{1}{1 + B/B_s} \right]^{-0.444} \tag{5.34}$$

式中：Re_θ——边界层动量厚度雷诺数；

M_e——边界层外缘马赫数；

B——边界层外缘流向速度梯度（s^{-1}）；

B_s——驻点处速度梯度（s^{-1}），取 0.5；

k——粗糙元高度（inch）；

θ——边界层动量厚度（inch）；

T_e——边界层外缘温度（°R）；

T_w——模型壁面温度（°R）。

BATT & LEGNER 转捩准则[53]基于 PANT 项目中的试验数据和光滑壁面转捩数据，试图能够同时模拟自然转捩和人工转捩。该准则考虑了两种情形，第一种情形对应光滑壁面转捩，第二种情形对应于粗糙壁面转捩。但是该准则未能充分考虑压力梯度和温度效应，因此该准则不建议用于预测自然转捩。

$$Re_{\theta T} = \begin{cases} 500X^{-1.5}, 1 \leqslant X \leqslant 10 \\ 500, \qquad X < 1 \end{cases} \tag{5.35}$$

$$X = \frac{kT_e}{\theta T_w} \frac{1}{1 + 350k/R_n} \tag{5.36}$$

式中：$Re_{\theta T}$——转捩动量厚度雷诺数；

R_n——前缘头部半径（inch）；

k——粗糙元高度（inch）；

θ——边界层动量厚度（inch）；

T_e ——边界层外缘温度($^\circ$R)；

T_w ——模型壁面温度($^\circ$R)。

BLT 转捩准则[54]在美国 NASP 项目中提出，其依据主要来自于飞行试验数据，部分来自理论预测数据和静风洞试验数据。该准则包括 BLT-1A、BLT-1B 和 BLT-1C 三个准则。BLT-1A 准则适用于尖锥外形，后来改进为以显示因子的形式考虑钝锥和平板边界层转捩，形成 BLT-1B 准则，适用于细长体转捩预测。BLT-1C 准则是针对 NASP 飞行器开发的，同样以显示因子的形式考虑各种影响因素，适用于机身、进气道和尾喷管转捩预测（见表 5.1）。

表 5.1　BLT-1C 转捩准则常数表(Kei Y. Lau,2008)[54]

		K_1	K_2	K_3
$M_\infty \leqslant 6$		1.0	0.0854	0.32
$6 < M_\infty < 15$		1.0	0.1082	0.25
$M_\infty \geqslant 15$	$Re_{rn} \leqslant 5000$	1.0	-1.9794×10^{-5}	1.0
	$Re_{rn} > 5000$	0.8511	9.986×10^{-6}	1.0

BLT-1A 准则形式为

$$\left(\frac{Re_\theta}{M_e}\right)_{\text{sharp}} = 318 \qquad (5.37)$$

式中:Re_θ ——动量厚度雷诺数；

M_e ——边界层外缘马赫数。

修正形式为

$$\left(\frac{Re_\theta}{M_e}\right)_{\text{effective}} = \left(\frac{Re_\theta}{M_e}\right)_{\text{sharp}} \cdot A \cdot B \cdot P \cdot T \cdot G \cdots \qquad (5.38)$$

式中:A ——楔角因子；

B ——钝度因子；

P ——压力梯度因子；

T ——壁温因子；

G ——三维效应因子。

以显示因子的形式还可以考虑其他转捩影响因素。其中，对于钝头体外形，B 有如下形式：

$$B = \frac{(Re_\theta/M_e)_{\text{blunt}}}{(Re_\theta/M_e)_{\text{sharp}}} = K_1 + K_2 \left[(Re_{rn})_\infty \right]^{K_3} \tag{5.39}$$

式中：Re_{rn} ——基于前缘头部半径的雷诺数；

∞——表示自由来流状态；

K_1、K_2、K_3——常数。

Reda 等人[55]在 2007 年提出了大气再入过程中有烧蚀钝体挡热板由粗糙度引起的转捩准则，考虑了三种情况，包括光滑壁面边界层转捩情况、临界粗糙度范围内边界层转捩情况、大粗糙度/低雷诺数渐近条件下的边界层转捩情况。Reda 给出的形式是 $Re_k = \rho_k u_k \bar{k}/\mu_w$；Schneider 也在 2007 年[56]给出一种形式，$Re_{kk} = \rho_k u_k \bar{k}/\mu_k$。对于小的粗糙度和近似绝热条件，Reda 认为此时 $\mu_k \approx \mu_w$，两种形式的 Re_k 应当一致。在 HIFiRE 项目中，由于平截头体的温度仅为总温的15%，黏性变化很大，在边界层内黏性变化达到 45%，因此两种形式的 Re_k 给出了不一样的结果。Schneider[56]还分析了 Braslow 的数据，研究表明在马赫数 4以下的范围内，$\sqrt{Re_k}$ 在区间 15~45 内变化，而在马赫数 4~6 范围内，$\sqrt{Re_k}$ 一下突跃到 200。

参 考 文 献

[1] SMITH A M O. Transition, pressure gradient and stability theory[R]. IX International Congress for Applied Mechanics, Brussels, 1956.

[2] VAN INGEN J L. A suggested semi-empirical method for the calculation of the boundary layer transition region[R]. Univ. of Technology, Dept. of Aero. Eng. Report UTH-74, 1956.

［3］ VAN INGEN J L. Theoretical and experimental investigations of incompressible laminar boundary layers with and without suction［R］. Univ. of Technology, Dept. of Aero. Eng. Report UTH-124, 1965.

［4］ VAN INGEN J L. Transition, pressure gradient, suction, separation and stability theory［R］. Low-Speed Boundary-Layer Transition Workshop II, 1976.

［5］ ROBARGE T W, SCHNEIDER S P. Laminar boundary-layer instabilities on hypersonic cones: computations for benchmark experiments［J］. ADA434260, 2005,6:12-14.

［6］ ROBARGE T W. Laminar boundary-layer instabilities on hypersonic cones: computations for benchmark experiments［J］. ADA437208, 2005,8:56-58.

［7］ JOHNSON H B, CANDLER G V. Analysis of laminar-turbulent transition in hypersonic flight using PSE-Chem［J］. AIAA 36th (Fluid Dynamics Conference and Exhibit), San Francisco, CA, 2006,7:5-8.

［8］ MACK L M. Transition and laminar instability［J］. Jet Propulsion Lab, 1977,5:77-15.

［9］ DRYDEN H L. Transition from laminar to turbulent flow, in "Turbulent Flows and Heat Transfer" (Lin C C., ed.) ［M］. New York: Princeton Univ Press, 1959.

［10］ 苏彩虹, 周恒. 小攻角高超音速尖锥边界层转捩预测及 e^N 法的改进［J］. 中国科学（G辑:物理学 力学 天文学）, 2009, 39(1): 123-130.

［11］ 罗纪生. 高超声速边界层的转捩及预测［J］. 航空学报,2015, 36(1): 357-372.

［12］ SMAGORINSKY J. General circulation experiments with primitive equations. I［J］. The Basic Experiment. Mon, Weather Rev, 1963, 91: 99-164.

［13］ CHASNOV J R. Simulation of the Kolmogorov inertial subrange using an improved subgird model［J］. Physics of Fluids A, 1991, 3: 188-200.

［14］ DEARDORFF J W. A numerical study of three-dimensional turbulent channel flow at large Reynolds numbers［J］. J.Fluid Mech, 1970, 41: 453-480.

［15］ SCHUMANN U. Subgrid scale model for finite difference simulations of turbulent flow in plane channels and annuli［J］. Comp. Phys, 1975, 18: 376-404.

［16］ MOIN P, KIM J. Numerical investigation of turbulent channel flow［J］. Fluid. Mech, 1982, 12(5):118.

［17］ CLARK R A, FERZIGER J H, REYNOLDS W C. Evaluation of subgrid-scale turbulence models using a fully simulated turbulent flow［J］. NASA-CR-152642, 1977.

［18］ BARDINA J, LOMBARD C K. Three dimensional cscm method for the compressible navier-stokes equations with application to a multi-nozzle exhaust flowfield［J］. AIAA-85-1193, 1985.

［19］ GERMANO M, PIOMELLI U, MOIN P,et al. A dynamic subgrid-scale eddy viscosity model. Physics of Fluids A, 1991, 3: 1760-1765.

［20］ ZANG T A, CHANG C. Transition prediction toolkit: lst, sit, pse, dns, and les［J］. N93-27429/8/XAD.

［21］ VREMAN A W, SANDHAM N D, LUO K H. Compressible mixing layer growth rate and turbulence characteristics［J］. Journal of Fluid Mechanics, 1996, 320: 235–258.

［22］ 朱志斌, 袁湘江, 陈林. 高阶紧致格式分区并行算法［J］. 计算力学学报, 2015,32(6): 825–830.

［23］ 方剑, 陆利蓬, 邵亮. 壁面展向振动的可压缩槽道湍流的大涡模拟［J］. 中国科学 (G 辑:物理学 力学 天文学), 2009, 39(6): 843–853.

［24］ BALDWIN B, LOMAX H. Thin layer approximation and algebraic model for separated turbulent flows［J］. AIAA Paper, 1978,1978–257.

［25］ MCDONALD H, FISH R. Practical calculations of transitional boundary layers［J］. International Journal of Heat and Mass Transfer, 1973, 16: 1729–1744.

［26］ ARAD E, BERGER M, ISRAELI M,et al. Numerical calculation of transitional boundary layers［J］. International Jounal for Numerical Methods in Fluids, 1982, 2:1–23.

［27］ PRIDDIN C H. The behavior of the turbulent boundary layer on curved porous walls［D］. PhD thesis: Imperial College, 1974.

［28］ SCHEUERER G. Entwicking eines verfahrens zur berechnung zweidimensionaler, grenzschichten an gasturbinensschaufeln［D］. Karlsruhe:University Karlsruhe, 1983.

［29］ CRAFT T J, LAUNDER B E, SUGA K. Prediction of turbulent transitional phenomena with a nonlinear eddy–viscosity model［J］. International Journal of Heat and Fluid Flow, 1997, 18: 15–28.

［30］ HADZIC I. Second–moment closure modeling of transition and unsteady turbulent flows［D］.PhD Thesis: University of Delft, 1991.

［31］ WILCOX D. Turbulence Modeling for CFD［D］. La Canada:CA, DCW Industries, 1992.

［32］ SCHMIDT R. Two–equation low–reynolds–number turbulence modeling of transitional boundary layer flow characteristic of gas turbine blades［D］. PhD Thesis: University of Minesota, 1987.

［33］ JOHNSON K. Heat transfer calculations on turbine airfoils［D］.Master's Thesis:The University of Texas at Austin, 1987.

［34］ SCHMIDT R, PATANKAR S. Simulation boundary layer transition with low–reynolds number k–e turbulence models: part 2–an approach to improving the predictions［J］. Journal of Turbomachinery, 1991, 113: 13–28.

［35］ LIBBY P A. On the prediction of intermittent turbulent flows［J］. Journal of Fluids Mechanics, 1975, 68: 273–295.

［36］ DOPAZO C. On conditioned averages for intermittent turbulent flows［J］. Journal of Fluids Mechanics, 1977, 81: 433–438.

［37］ STEELANT J, DICK E. Modeling of laminar–turbulent transition for high freestream turbulence［J］. Journal of Fluids Engineering, 2001, 123: 22–30.

［38］ HUANG P G, SUZEN Y B. An intermittency transport equation for modeling flow transition［J］. AIAA Paper 2000-0287, 2000.

［39］ BRADSHAW P. Turbulence: the chief outstanding difficulty of our subject［J］. Experiments in Fluids, 1994, 16: 203-216.

［40］ WALTERS D K, LEYLEK J H. Impact of film-cooling jets on turbine aero dynamic lossed［J］. ASME J Turbomach, 2000, 122: 537-545.

［41］ VOLINO R J. A new model for free-stream turbulence effects on boundary layers［J］. ASME J Turbomach, 1998, 120: 613-620.

［42］ MENTER F R, LANGTRY R B, LIKKI S R, et al. A correlation based transition model using local variables part 1 - model formulation［J］. ASME - GT2004 - 53453, ASME TURBO expo 2004, Vienna, Austria, 2004.

［43］ 符松, 王亮. 基于雷诺平均方法的高超音速边界层转捩模拟［J］. 中国科学（G 辑:物理学 力学 天文学）, 2009, 39(4): 617-626.

［44］ LANGTRY R B, MENTER F R. Transition modeling for general CFD applications in aeronautics［J］. AIAA 2005-0522, 2005.

［45］ 尚庆, 陈林, 李雪, 等. 高超声速钝双楔绕流流动转捩与分离流动的壁温影响［J］. 航空学报, 2014, 35(11): 2958-2969.

［46］ POTTER J, JACK D. Effects of slight nose bluntness and roughness on boundary-layer transition in supersonic flows［J］. Journal of Fluid Mechanics, 1962, 12(4): 501-535.

［47］ VAN DRIEST E R, BLUMER C B. Boundary layer transition: freestream turbulence and pressure gradient effects［J］. AIAA Journal, 1963, 1(6): 1303-1306.

［48］ WOOL M R. Passive Nosetip Technology (PANT) Program［R］. ADA019186,1975.

［49］ BOUDREAU A H. Correlation of artificially induced boundary-layer transition data at hypersonic speeds ［J］. Journal of Spacecraft and Rockets, 1981, 18(2): 152-156.

［50］ BERTIN J J, HAYDER T E, GOODRICH W D. Comparison of correlations of shuttle boundary-layer transition due to distributed roughness［J］. AIAA 19th (aerospace sciences meeting), St. Louis, Missouri, 1981, 13(1):12-15.

［51］ BOUSLOG S A, BERTIN J J, BERRY S A, et al. Isolated rough ness induced boundary-layer transition: shuttle orbiter ground tests and flight experience［J］. AIAA, Aerospace Sciences Meeting & Exhibit, 35th, Reno, NV, 1997, 22(1):6-9.

［52］ BERRY S A, BOUSLOG S A, Brauckmann G J, et al. Shuttle orbiter experimental boundary-layer transition results with isolated roughness［J］. Journal of Spacecraft and Rockets, 1998, 35(3): 241-248.

［53］ BATT R G, LEGNER H H. A review of roughness-induced nosetip transition［J］. AIAA Journal, 1983,

21(1):55-57.

[54] LAU K Y. Hypersonic boundary-layer transition: application to high speed vehicle design[J]. Journal of Spacecraft and Rockets, 2008, 45(2): 176-183.

[55] REDA D C, WILDER M C, BOGDANOFF D W, et al. Transition experiments on blunt bodies with distributed roughness in hypersonic free flight[J]. AIAA 45(Aerospace Sciences Meeting and Exhibit), Jan 8-11, Reno, Nevada, 2007, 2 (3):2007-306.

[56] SCHNEIDER S P. Effects of roughness on hypersonic boundary-layer transition[R]. AIAA 45th (Aerospace Sciences Meeting and Exhibit), Jan 8-11, Reno, Nevada, 2007, 21(3):2007-305.

第 六 章

嵌入式大气数据传感系统

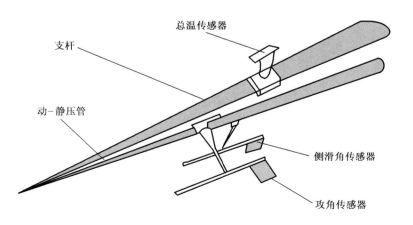

总温传感器

支杆

动-静压管

侧滑角传感器

攻角传感器

6.1　国内外发展趋势

　　大气数据系统是一种综合测量系统,它根据传感器测得的基本原始信息,如静压、动压、攻角和总温等,处理计算出其他与大气数据有关的参数,如气压高度、高度偏差、升降速度、真空速、指示空速、马赫数、马赫数变化率、大气密度比等,传送给飞行控制系统、导航系统、发动机控制系统以及飞行数据记录系统等其他航空电子系统,是各种飞行器必需的航空电子分系统之一。该系统一般由三部分组成:提供原始信息的传感器部分、任务计算机或补偿解算装置、信号输出装置。大气数据系统的基础是传感器元件,它敏感气流的总压、静压、大气总温、攻角和侧滑角信息;任务计算机根据气压高度、升降速度、校正空速、真空速、马赫数等参数与总压、大气总温等的关系式,进行综合的计算处理,得到上述诸多大气数据参数[1-9]。

6.1.1　传统大气数据系统

　　传统的大气数据传感系统以空速管为基础,加上总温传感器、攻角传感器和侧滑角传感器,测量总压、静压、大气总温、攻角和侧滑角五个参数,再根据这 5 个参数计算其他的大气数据。通常空速管安装在飞行器前部并向外伸出,攻角传感器也是安装在飞行器头部表面以外。在大攻角飞行时,采用这种大气数据系统,攻角对静压测量校准的影响难以解决,并且攻角等的测量精度比较低,测量精度随着攻角的增大会明显下降,而侧滑角的测量在之前很多的飞行控制系统中都是尽量回避,这种回避必然带来飞行器性能的降低。飞行器在进行高超声速飞行时,气流会呈现出高超声速气流的特点,激波层薄,边界层变厚,出现黏性相互作用,高超声速气流通过激波压缩或黏性阻滞而减速时,气流的部分动能转换为气体内能,即气流温度升高,空速管、攻角传感器等在飞行器表面以外的部件难以承受如此高热的环境。隐身飞行器要求尽量避免"两面体",即相互垂直的两个金属表面,因为这会使雷达信号"二次反射",以与入射方向恰好相反的方向返回,对隐身极为不利,类似的还有"角反射器"或"凹状结构"等会引起雷达信号的多次反射。较好的方式是使飞行器的下表面尽可能平坦,飞行器表面采用曲率半径均匀变化的表面,而空速管、攻角传感器、侧滑角传感器会与飞行器表面形成一些垂直面、凹面等,难以满足飞行器隐身的需求。可见,传统的大气数据系统已经明显不能满足现代先进飞行器的需要,有必要研究新的大气数据系统[8]。

传统的大气数据传感系统敏感原始信息的传感器部分通常包括空速管(静压和总压传感器)、大气总温传感器、攻角传感器和侧滑角传感器,用大气数据计算机进行各种大气数据参数的解算,最后以一定的形式输出到各种需要的航空电子系统中。基本组成如图6.1所示[8]。

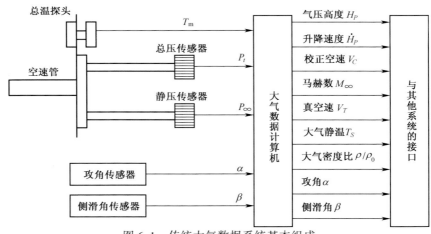

图 6.1　传统大气数据系统基本组成

6.1.1.1　空速管

空速管又叫皮托管,由法国 H. 皮托发明,是测量气流总压和静压的一种管状装置。空速管的构造如图 6.2 所示,头部为半球形,用一双层套管传送气流,后面与温度传感器相连。测量时头部朝着来流方向,气流由头部中心处小孔(总压孔)引入,经内管传送至温度传感器(总压传感器),敏感得到来流总压 P_t,管壁外层开有一排静压孔,气流经外套管传至温度传感器(静压传感器),敏感得到来流静压 P_∞ [8]。

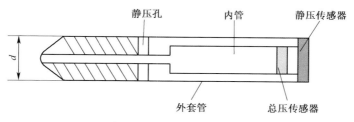

图 6.2　空速管构造示意图

用来测量静压和总压的压力传感器通常采用振动式压力传感器或固态膜囊式压力传感器。振动式压力传感器是根据机械振荡系统受到的压力改变时其自然频率会发生变化的原理来测量压力大小的;固态膜囊式压力传感器敏感压力的原理是膜囊中的振动膜在压力作用下发生弯曲。

空速管的安装位置要选择飞行器外面气流较少受到飞行器影响的区域,空速管安装好后,需要进行风洞校准和在飞行器上进行飞行校准,由于不同的飞行器和安装位置,静压和总压误差的大小随马赫数、攻角的变化规律不同,因此,空速管安装并校准后,不能在不同飞行器或者同一飞行器不同位置上任意互换。一般安装在飞行器头部正前方,如俄罗斯苏-27、中国的歼 10(图 6.3(a))和美国 F-22(图 6.3(b))等,也可以安装在其他位置,如中巴联合研制的枭龙安装在机头左侧、德法共同研制的阿尔法喷气教练机也安装在左侧(图 6.3(c)),中国 K8 教练机安装在机头上侧(图 6.3(d))。

6.1.1.2　大气总温传感器

在高速气流中的物体会对气流产生阻滞作用,使得气流的动能转换成热能,导致气流局部温度升高,飞行器裸露在高速气流中的部件由于对气流的这种阻滞作用,会导致气流温度升高,需要估计出升高的温度以保证这些部件能够在正常的工作范围内;另外,一些大气数据的计算也需要气流的静温,而静温是通过总温计算得到的,因此,需要测量高速流动气流的总温。用来测量高速气流全受阻温度(即总温)的元件称为总温传感器[8]。

总温传感器结构原理图如图 6.4 所示,主要由导管、凸台、敏感元件和支

（a）　　　　　　　　　　　　　　　　　（b）

（c）　　　　　　　　　　　　　　　　　（d）

图 6.3　空速管安装形式

（a）空速管安装在机头正前方——歼 10；（b）空速管安装在机头正前方——F-22；

（c）空速管安装在左侧——阿尔法喷气教练机；（d）空速管安装在上侧——K8 喷气教练机。

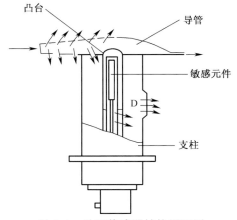

图 6.4　总温传感器结构原理图

柱构成,导管用来将气流引入,凸台位于导管横截面积最小处,由于气体的黏性作用,当气流流经此处时,会在管子内壁形成附面层,气流受到阻滞,气流速度迅速降至最低,气流的这一阻滞过程时间很短而来不及与外界进行能量交换,即认为这一过程是绝热过程,气流的动能全部转换为热能,导致管子内壁温度升高。图中箭头表示气流流向,气流受到凸台的阻挡而进入感温元件仓,敏感元件敏感到气流完全受阻的阻滞温度,即得到了气流的总温,敏感元件通常是采用铂丝(也有采用镍丝)制成的热电阻[8]。

6.1.1.3　攻角和侧滑角传感器

攻角是飞行器速度矢量在飞行器对称面上的投影与机体轴之间的夹角。它直接影响飞行器的升力和阻力,是必不可少的飞行参数。如果攻角控制不当,可能会导致飞行器的升力不足,有相当多的飞行事故都是发生在起飞着陆阶段,很多都是因为攻角失控引起的失速造成的;另外,攻角还影响总压和静压的测量精度。用来敏感、转换和输出攻角信息的装置,称为攻角传感器。攻角传感器按照工作原理不同,大致可以分成三种:旋转风标式攻角传感器、差压管式攻角传感器、零差压攻角传感器[8]。

旋转风标式攻角传感器原理如图 6.5 所示,它主要由叶片、角度变换器和转轴等构成。叶片在测量中起风标作用,用来感受空气动力作用,从而测量飞行器的攻角,转轴主要起支撑作用并随着叶片一起转动,角度变化器将转轴转过的角度转换为电信号。当飞行器轴线与气流方向不一致时,叶片上下表面受到的气动力不等,从而相对于飞行器轴线转动,直到叶片中心线与气流方向一致,叶片上下表面受到气动力相等,停止转动,此时叶片中心线与飞行器轴线间的夹角就是飞行器的攻角,也就是叶片转过的角度,电位器将这一转动的角度转化为电信号输出。旋转风标式攻角传感器结构简单、体积小、没有原理误差,但安装位置误差影响较大,而高速飞行器难以找到气流平稳的部位,并且风标容易受微小扰动影响,本身就不稳定的气流会造成风标的不稳定摆动[8]。

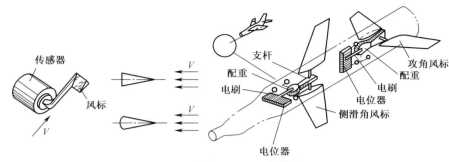

图 6.5　旋转风标式攻角传感器

差压管式攻角传感器由差压管和压力传感器组成。在差压管轴线对称的上下各开一个小孔,当差压管轴线与气流方向一致时,各孔引入的压力均相等;当有攻角时,压力不等,可以根据攻角与压差之间的关系得出攻角。在差压管的轴线对称的左右再开孔,可以同时用来测量攻角和侧滑角[8]。

零压差式攻角传感器是差压式攻角传感器的进一步发展,如图 6.6 所示,它由探头、气室、桨叶和角度变换器等组成,探头、角度变换器和桨叶都是固定在空心轴上,探头呈圆锥体状,并且中间有隔板、中心线两侧对称的开有两排进气孔。飞行中,探头的轴线平行于飞行器横轴,当攻角为零时,隔板平面与气流方向平行,上下两排测压孔的对称平面与气流方向间的夹角为零,桨叶受到的总气动力矩为零,空心轴不转动,电位器输出信号为零;当攻角不为零时, 探头上下两排测压孔的对称平面与气流的方向不一致, 进气槽也相

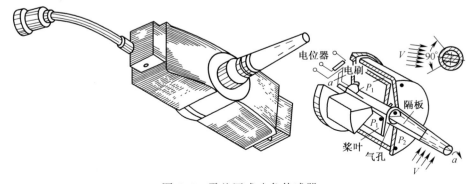

图 6.6　零差压式攻角传感器

对气流方向转动一个相同的角度。通过两排进气槽进入气孔的气动压力不再相等,桨叶受到一个气动力矩而带动空心轴和探头一起转动,直到上下两排测压孔的对称平面与气流方向一致时,停止转动,转过的角度即为飞行器的攻角,电位器将其转换为电信号并输出。零差压式攻角传感器是一个反馈测量系统,因而误差较小,主要误差来源于安装位置和各种摩擦力矩等[8]。

侧滑角传感器与攻角传感器原理几乎一样,只是敏感元件的安装轴线与攻角传感器的垂直。

不管哪种攻角传感器,安装位置对误差影响都很大,应尽量寻找气流扰动小的位置安装,或者应用两个传感器并尽可能的安装在飞机的对称面内。通常可以将攻角侧滑角传感器安装在空速管上,气流相对稳定,并且可以同时测量攻角、侧滑角、总压和静压,如图6.7所示。或者将空速探头及静压孔安装在风标上,同时测量攻角、侧滑角、总压和静压,这种集成式的空速管/攻角信标系统结构紧凑,能大大减小高攻角对压力测量的影响,因此在高性能飞机上得到了使用,如欧洲的"台风"战斗机上,配备了四套这样的集成式是大气数据传感器装置。另外,攻角侧滑角传感器由于受到机身紊流的作用,通常测量的是安装位置局部攻角,而不是前方自由流的攻角,因此,还需要通过换算得到自由流的真实攻角[8]。

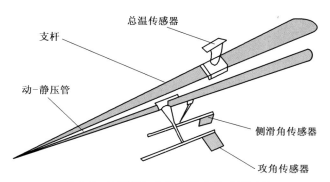

图 6.7　空速管–攻角侧滑角传感器系统

6.1.1.4　大气数据计算机

大气数据计算机对传感器测得的数据进行修正等处理,根据传感器敏感到的基本大气数据,如总压、静压、总温、攻角,计算得到其他的大气参数,如气压高度、升降速度、指示空速、马赫数、真空速等。它是随着航空技术的进步,在简单气压式膜盒仪表和电子、传感器技术的基础上发展起来的信息集中处理系统。在这一发展过程中,出现过机电模拟式、电子表模拟式大气数据计算机,也出现过个别单一功能的简化系统,如高度速度系统、高度系统、攻角告警系统等,20 世纪 70 年代后期,小型机载数字计算机和微处理器在各种机载设备中广泛采用,目前使用的大气数据计算机通常都是数字式的。其基本原理框如图 6.8 所示,它采用软件实现各种大气数据的数字运算,速度快、精度高[8]。

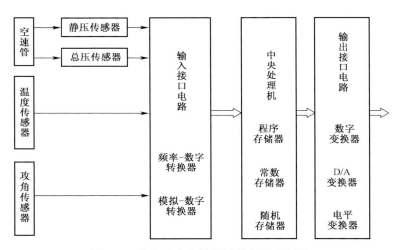

图 6.8　数字式大气数据计算机原理框图

6.1.2　嵌入式大气数据传感系统发展趋势

嵌入式大气数据传感系统(Flush Air Data System,FADS),依靠压力传感器阵列测量飞行器表面的压力分布,通过特定算法间接获得动压、总压、攻角、侧滑角等大气数据。FADS 已经成功运用到美国 X-15、F/A-18、X-31、X-33、X-34、X-38、X-43A、航天飞机和"火星科学实验室"火星探测器等多种类型飞行器[10-36]。图 6.9 所示为美国 FADS 发展历程。世界其他航空强国也都在各种飞行器在开展 FADS 技术研究。

Ball nose config.

X-15
采用可操控旋转机头
测量驻点压力、攻角
无求解算法
机构复杂，笨重

F-18(HARV)
首次在机头设计传感器阵列
研制出第一个可以实时解算的
求解算法攻角测量范围可达60°

X-31 X-33 X-38 X-43以
及航天飞机
高马赫数
高精度的传感器
高精度的算法
快速响应能力
产品化

60年代　　　　　　　　80年代　　　　　　　　90年代至今

图 6.9　美国 FADS 发展历程

　　早在 20 世纪 60 年代，美国国家航空航天局（National Aeronautics and Space Administration，NASA）为了满足航天飞机进入大气层时的大气数据测量需要，便提出了设计一种融于飞行器表面流线的大气数据传感系统的思想。最初的原理模型在 X-15 项目中进行验证，该模型采用半球的外形结构，并在球形内部设计了可随气流摆动的桨片感受气流入射角度，由于该系统机械装置十分复杂，试验效果也不理想，在 X-15 项目结束后，这种在高超声速状态下采用机械装置进行大气数据测量的思想便被放弃。随后，在 NASA Langley 研究中心开展的 SEAD 项目中，提出采用固定在飞机头部周线上的压力传感器阵列测量大气数据的思想，这种大气数据测量装置不需要机械部件，它通过压力分布来反推飞行参数。X-15 飞行器 FADS 系统工作原理和测压孔布置，如图 6.10 所示[2]。

　　在 20 世纪 80 年代，对采用该思想研制的原理样机进行了验证试验，而在进行风洞试验过程中却发现，该系统在低马赫数条件下同样可以获得较好的效果，于是科研人员便展开将 FADS 系统应用到其他航空领域的研究，并进行了一系列试验工作。早期进行的这些工作，主要验证单独的测压孔处的压力与飞行参数的关系，和采用压力传感阵列来测量大气数据的原理可行性，并没有发展出一套实时性强的数学算法满足飞行控制的需要。直到进入 90 年

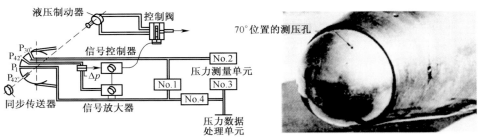

图 6.10　X-15 飞行器 FADS 系统工作原理和测压孔布置

代,Stephen A. Whitmore、Timothy R. Moes 等人才开始致力于 FADS 的实时运算法则、故障检测与管理以及系统误差估算等技术的研究,并在进行了多次实验室仿真、风洞试验和飞行验证试验后,FADS 技术逐渐走向成熟。1996 年,在美德合作的矢量推动短距离起降项目中,提出采用 FADS 技术以解决 X-31 飞机大攻角高机动飞行条件下的飞行参数测量精度问题,在历时 7 年的幻影 F-4 和 X-31 试飞后,于 2003 年 4 月,FADS 技术被成功运用到 X-31 飞机上(图 6.11)[2]。

图 6.11　X-31 飞行 FADS 系统及其标准模块

日本在 20 世纪 90 年代,通过高超声速飞行试验(HYFLEX)计划开展了 FADS 研究,如图 6.12 所示。

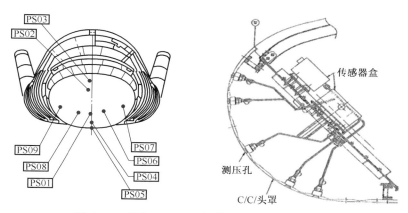

图 6.12　日本 HYFLEX 机载 FADS 系统设计方案

1996 年 02 月 12 日,HYFLEX 使用 J-1 火箭成功发射,但是在飞行器再入时回收失败。包括弹着点在内的飞行弹道偏离设计目标值超过 5km。除了受小笠原群岛地平线的影响出现的短暂中断外,其余飞行数据均被高质量传回地面。在 HYFLEX 上安装大气测量系统的主要目的是获得高超声速飞行弹道上的飞行环境大气数据,然后与地面测试和 CFD 预测的结果进行对比。该飞行数据的对比是为了充分验证地面测试和 CFD 方法的可靠性,以及最终建立适合用于空间再入、亚轨道速度飞行和自主着陆的"希望号"飞行器(H-II 轨道飞行器试验)的设计工具。计划采用 5 种测试手段完成任务目标。压力测量作为其中一种测试手段,被用于验证高超声速飞行的新概念大气测量系统(HYFLEXADS, HADS)。HADS 是嵌入式大气数据系统,与航天飞机再入大气数据系统(SEADS)原理相同。飞行试验结果表明,HADS 预测攻角、侧滑角和动压与 IMU 相比的误差分别为 0.5°、0.2° 和 6%。虽然我们无法知道大气数据的真值,但是以 HADS 和 IMU 预测的动压,对 CFD、风洞试验和飞行数据的无量纲压力系数对比得出,以 HADS 预测结果似乎比 IMU 预测的结果更加精确。以上结论,也同时被 NAL 超声速风洞试验测试结果验证[38]。

  NASA 在加利福尼亚州爱德华空军基地于 2004 年 11 月 16 日进行的"Hyper-X"极超声速飞行项目中,X-43A 飞行器使用的大气数据测量系统也是采用了 FADS 技术,该飞行器最高马赫数接近 9.8。NASA 采用 X-43A 飞行器对于 FADS 系统在尖楔前体飞行器中的应用进行了飞行验证。X-43A 飞行器是以验证超燃发动机技术为主要目的的高超声速飞行器,鉴于超燃发动机进气道对于攻角的高度敏感性,仅仅依靠 INS 达不到试验精度要求。为此,该飞行器的另一项主要任务就是验证 FADS 系统的工作稳定性及可靠性,以便使 FADS 系统可以提供精度较高的攻角,满足超燃发动机试验任务对于攻角精度要求较高的需求。NASA 试飞的 X-43A 飞行器在 $Ma = 7.0$ 与 $Ma = 10.0$ 的两次任务中都对 FADS 统的稳定性与可靠性进行了验证。FADS 系统在 X-43A 上的分布如图 6.13 所示。其中,X-43A 是具有尖楔前体的外形,FADS 系统模块安装于飞行器的前端,以便使得测压传感器的测压管路尽量短,减小气动延时的误差对于攻角测量精度的影响[14]。

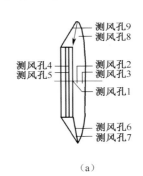

(a)

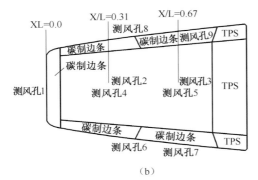

(b)

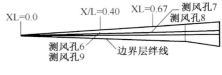

(c)

图 6.13 X-43 上的 FADS 压力传感器布局
(a)后视图;(b)俯视图;(c)左视图。

在 2012 年 8 月 5 日,"火星科学实验室"(Mars Science Laboratory,MSL)进入舱(Entry Vehicle,EV)成功进入火星大气层和在星球表面盖尔环形山(Gale Crate)安全着陆。与其他火星着陆器和火星车相比,MSL 将携带有史以来体积最大、性能最强的火星车;MSL 具有最大的进入质量和最大的 70°球形-锥形气动外壳;产生最大的高超声速升阻比;使用最大的盘缝带超声速降落伞进行减速;并携带体积最大、质量最大的科学有效载荷。MSL 搭载特定设计的仪器系统测量在大气层进入过程中返回舱的气动力和气动热环境。这个仪器系统称为 MSL 进入、下降和着陆仪器系统(MSL Entry,Descent and Landing Instrumentation,MEDLI)。MEDLI 还包含三个子系统,第一个是 MEDLI 集成传感器插件(MSL Integrated Sensor Plugs,MISP),MISP 装置是一个提供返回器防护层性能气动热测量的热阻和衰变传感器测量系统。第二个则是火星进入大气数据系统(Mars Entry Atmospheric Data System,MEADS)。第三个是传感器辅助电器(SSE),SSE 是一个电器箱给 MISP 和 MEADS 提供信号条件和数据采集系统。MEADS 包含 7 个连接安装在返回器前体热防护层嵌入式测压孔压力传感器,测量压力分布。MEDLI 的传感器可以测量获得关键数据作为进入舱弹道数据重构,气动力、大气数据、热防护系统辨识以及地面系统程序测试验证等。MEADS 的首要科学目标是在进入舱来流动压大于 850Pa 时,应用测量的压力数据,单独重构大气数据变量。第二个目标是测量自由来流密度和大气风速,并能与机载惯性测量单元(Inertial Measurement Unit,IMU)数据联合使用。这些测量可以增加 MSL 弹道数据重构能力和性能分析。确保气动力数据从大气数据分离出来。设计测量目标的 3σ 误差是:马赫数误差为 0.1,攻角和侧滑角的测量误差为 0.5°,动压相对误差在 2% 以内。MEADS 最大测量马赫数接近 30,是目前为止嵌入式大气传感测量系统马赫数测量达到的最大值。如图 6.14 所示为 MSL 的嵌入式大气数据传感器系统[11]。

近 20 年来,法国一直致力于吸气式高超声速飞行器的研发工作。在国防部等单位领导下,法国于 1992 年制定了国家高超声速研究与技术(PREPHA)计划。PREPHA 计划历时 6 年,研制了 Chamois 超燃冲压发动机,

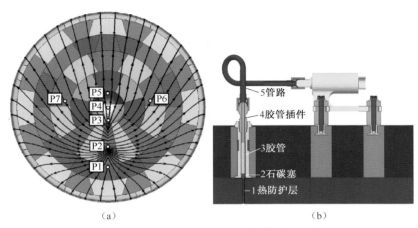

图 6.14　MSL 嵌入式大气数据传感器系统

（a）测压孔位置；（b）管路结构。

并在马赫数为 6 的速度下进行了反复试验。2003 年 1 月,法国航空航天研究院(ONERA)和 MBDA 公司开始实施一项称为 LEA 的飞行试验计划,旨在提高法国对吸气式高超声速飞行器的设计、开发和试验能力,建立有效的研究开发方法,包括研究数字仿真和地面试验方法,开发数学和试验工具,并利用这些手段开发验证飞行器,进行飞行试验。图 6.15 所示为法国 LEA 飞行器和其 FADS 系统。但是 FADS 设计和分析数据资料发表较少,无法了解其具体的性能。欧洲防务公司 EADS 对 FADS 系统开展大量研究,现已开发成熟产品,图 6.16 所示为 EADS 公司生产的集成化 FADS 系统[37]。

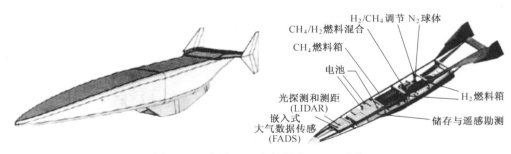

图 6.15　法国 LEA 飞行器和 FADS 系统

国内关于 FADS 技术也开展了探索性研究。南京航空航天大学陆宇平教授课题组针对算法、校准、系统误差、标定、FADS 与 INS 组合、故障检测等方

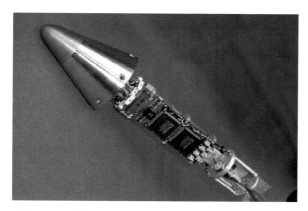

图6.16　欧洲 EADS 公司生产的集成化 FADS 系统

面开展了 FADS 理论的系列研究[39-49]。中国空气动力研究与发展中心李其畅分析了嵌入式大气数据三点解算方法的可行性[50]。西北工业大学李清东探讨了 FADS 快速智能故障检测和诊断技术[51-53];李东升、符文星等人开展基于 FADS 的飞行器攻角求解方法研究[54]。空军工程大学的江城、倪世宏、张宗麟等人开展了嵌入式大气数据系统神经网络算法仿真[55]。沈阳飞机设计所的王岩、郑伟等人开展了分布嵌入式大气数据系统算法的初步研究[56]。针对某型飞机给出了 FADS 系统的构型描述,进行了 FADS 的算法设计,算法采用一种非物理映射的方法来建立各测压点压力和基本大气参数之间的关系。

中国航天空气动力技术研究院在 FADS 理论、风洞验证和飞行试验测试等方面开展了工程应用研究[57-65],针对超声速 FADS 系统,开展了系统全面的研究,包括机理分析、算法设计、故障诊断与容错、系统集成技术、风洞标定技术和飞行试验技术等,如图6.17所示[57]。

利用成熟的低成本火箭弹平台——"星空1号",在国内首次开展超声速(马赫数>3.5)飞行试验的嵌入式大气数据传感系统(FADS)技术研究。在火箭弹头部气动载荷舱内安装 FADS 测压系统,通过遥测获取测压孔压力数据作为 FADS 算法计算的输入,计算获得飞行弹道静压、马赫数、攻角和侧滑角。FADS 测量结果相对于雷达测量结果,静压平均相对误差约为4.1%,最

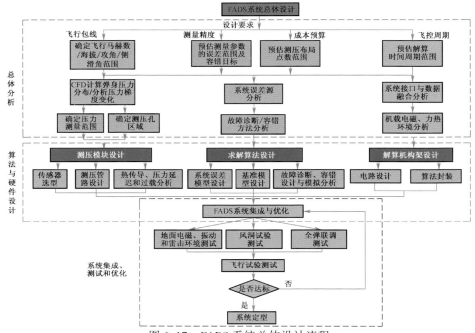

图 6.17 FADS 系统总体设计流程

大相对误差 9.2%；马赫数平均相对误差 2.7%，最大相对误差 9.3%；FADS 测量结果的攻角和侧滑角与理论弹道结果接近。通过低成本飞行试验对 FADS 技术开展了初步的探索，为下一步研制成熟 FADS 系统产品奠定技术基础[58]（图 6.18）。

为满足国内航空航天领域市场迅速发展的需要，中国航天空气动力技术研究院研发了具有自主知识产权的超声速嵌入式大气传感系统 CA-FADS，如图 6.19 所示，并在国内首次利用超声速风洞开展飞行器嵌入式大气数据传感系统原理样机试验研究。CA-FADS 系统是针对典型超声速飞行器的头部外形而设计，飞行马赫数 1.5~4.5，飞行海拔高度 0~25km，攻角和侧滑角 -10°~10°，可以满足大部分超声速飞行器飞行包线的控制范围。CA-FADS 系统主要包括压力测量模块，解算机模块和求解算法模型三大部分。采用 9 个测压点的"十"字形阵列布局，算法具有主动容错能力，自主故障检测的点个数为 3，可容错的点个数为 2。CA-FADS 系统在 1.2m×1.2m 超声速风洞完

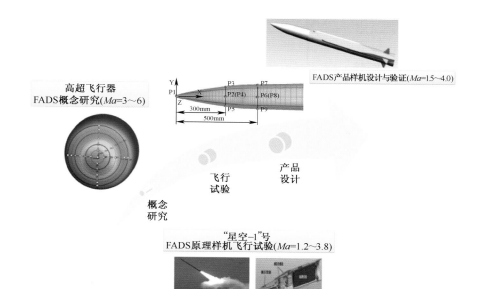

图 6.18 FADS 技术发展历程

图 6.19 CA-FADS 系统

成原理样机的实时解算试验,试验结果表明:静压测量相对误差小于 7%,马赫数测量误差小于 0.1,攻角和侧滑角的测量误差均小于 1°(表 6.1)[57]。

图 6.20 所示为 $Ma=4$,$\beta=0°$,CA-FADS 系统实时测量结果与风洞系统测量结果的对比。CA-FADS 系统产品设计与试验验证流程,如图 6.21 所示。为了进一步提高系统的测量精度,还提出了试验改进的方案。总结分析试验结果和风洞试验影响因素,发现超声速风洞试验段存在台阶波的影响,

通过分析不同马赫数台阶波的位置,设计相应支杆调整模型位置,尽量避开台阶波的影响,获得流场品质最优的试验位置。现已完成风洞改进试验验证研究和飞行试验搭载测试。

表 6.1　首次试验标定结果误差统计表

实验状态	静压误差/Pa	静压相对误差	马赫数误差	攻角误差/(°)	侧滑角误差/(°)
$Ma=2.5$	≤970	≤6.0%	<0.10	<1.0	<1.0
$Ma=3.0$	<400	≤4.4%	<0.10	<1.0	<1.0
$Ma=3.5$	<300	≤3.3%	<0.10	<1.0	<1.0
$Ma=4.0$	<300	≤6.9%	<0.10	<1.0	<1.0

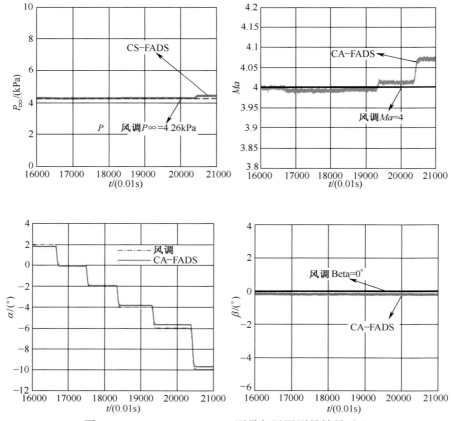

图 6.20　$Ma=4,\beta=0°$ FADS 测量与风洞测量结果对比

228

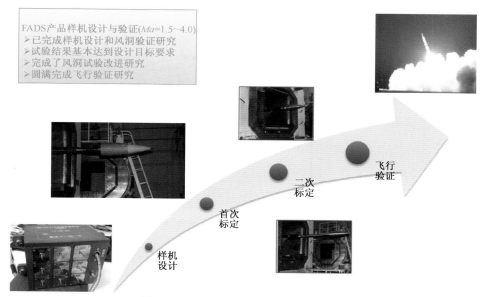

图 6.21　CA-FADS 系统产品研制流程

　　FADS 系统改进试验如图 6.22 所示。FADS 系统标定需要高品质的流场,由于风洞喷管箱对接的位置产生台阶波,对 FADS 系统标定产生很大干扰,而不同马赫数的台阶波位置存在差异。因此必须通过流场标定分析台阶波位置,通过合理设计支杆长度安装模型避开台阶影响,使模型处在流场均匀的位置进行 FADS 系统的标定测试,才能准确标定 FADS 系统的测量误差。

（a）　　　　　　　　　　　　　　　　　（b）

图 6.22　台阶波位置与模型安装

（a）$Ma=2$ 台阶波位置与短支杆模型安装;（b）$Ma=3.0\sim4.0$ 台阶波位置。

对 FD-12 风洞进过流场校核分析研究得出:在 $Ma=2$ 采用短支杆(305mm), $Ma=2.5\sim4.0$ 采用长支杆(1320mm)可以有效避开台阶波,使模型安装位置获得均匀流场。

与长支杆模型安装 FADS 系统地面风洞试验标定结果为:静压误差小于等于 490Pa(3%),马赫数误差小于等于 0.1,攻角和侧滑角误差小于等于 0.5°,见表 6.2。风洞试验标定结果表面 FADS 系统设计达到技术指标要求。与首次试验相比测量误差减小非常明显。

表 6.2 FADS 系统风洞二次试验标定结果

马赫数	静压误差 /Pa	静压相对 误差	马赫数 误差	攻角误差/(°)	侧滑角误差/(°)
2.0	≤490	≤1.9%	≤0.05	≤0.5	≤0.5
2.5	≤400	≤2.4%	≤0.05	≤0.5	≤0.5
3.0	≤200	≤2.4%	≤0.05	≤0.5	≤0.5
3.5	≤200	≤3.0%	≤0.10	≤0.5	≤0.5

CA-FADS 系统圆满完成飞行试验搭载测试。表 6.3 为飞行各段的测量数据偏差统计,将弹道分为助推,爬升、巡航和下压共 4 段。从表 6.3 中可以得出 FADS 系统与 IMU 的测量(叠加风后)结果偏差,对于静压、攻角和侧滑角在助推段受到发动机转级的影响,弹身俯仰振动剧烈,此时的偏差达到最大,爬升、巡航和下压等飞行段的偏差均较小。对于马赫数在爬升段和下压段的偏差达到最大,而巡航段马赫数偏差较小。在巡航段静压、马赫数、攻角和侧滑角的偏差均达到最小。在巡航段 FADS 系统测量结果相对于惯性测量单元(Inertial Measurement Unit,IMU)测量结果,静压的最大/平均偏差分别为 100Pa 和 67Pa(利用标准大气参数模型将 IMU 测量获得飞行弹道的海拔高度转换成静压,与之对比获得 FADS 系统的静压测量偏差),马赫数最大/平均偏差分别为 0.17 和 0.10,攻角最大/平均偏差分别为 0.50° 和 0.21°,侧滑角最大/平均偏差分别为 0.27° 和 0.10°,充分验证了 FADS 系统的设计测量精度。

表 6.3　各飞行段 FADS 测量结果相对 IMU 叠加风测量结果的偏差

飞行弹道分段	静压测量最大/平均偏差/Pa	马赫数测量最大/平均偏差	攻角测量最大/平均偏差/(°)	侧滑角测量最大/平均偏差/(°)
1-助推段	370/268	0.12/0.05	2.20/0.32	2.27/0.19
2-爬升段	300/106	0.20/0.15	0.50/0.17	1.16/0.28
3-巡航段	100/67	0.17/0.10	0.50/0.21	0.27/0.10
4-下压段	290/161	0.18/0.09	0.90/0.45	0.46/0.12
全段统计	370/99	0.20/0.12	2.20/0.22	2.27/0.19

6.1.3　两种大气数据传感系统优劣势分析

传统大气数据系统的传感部件由探针式空速管、风标式(压差式)攻角(侧滑角)传感器等相对独立功能组建构成。它们分别外置在飞行器表面,通过机械部件实现空速、攻角、侧滑角的测量,目前传统的大气数据系统应用仍然十分广泛,但是应用与研究表明,在以下应用情况下传统大气数据系统遭遇难以克服的困难:

(1)难以在高超声速下使用。空速管、攻角(侧滑角)传感器会破坏飞行器流线形设计,带来不良的气动影响甚至会产生不稳定涡流;空速管位于驻点附近,其与飞行器头部周围激波层相互作用,滞止动能转换为极高的热能,容易造成空速管永久的热损坏。

(2)难以在隐身条件下使用。侵入式部件与飞行器表面会形成垂直面,由于垂直面电磁反射很难消除,所以会给隐身性能带来不利的影响。

(3)难以在特殊情况下使用。大攻角飞行时,空速管难以准确测量来流气压,且攻角传感器测量精度有限;高机动飞行时,由于空速管、攻角(侧滑角)传感器的惯性特性限制,难以测量实时性非常强的大气参数。

(4)安装、部署、维护成本高。攻角(侧滑角)传感器不适合安装在非常规外形飞行器上;空速管会影响飞行器头部安装雷达等装置;设备重量大、体积大带来应用成本的增加;机械部件损耗大,维护周期短、成本高。

（5）可靠性有限,功能单一。传统大气数据系统的传感部件通常为外置组件,生存环境恶劣,如空速管易受潮、冰冻、阻塞等;攻角(侧滑角)传感器功用单调,应用基本不具备可拓展性。

FADS 系统在现代飞行器上得到了广泛应用,主要是由于它具有如下优势:

（1）不影响飞行器气动外形,FADS 系统没有在飞行器表面以外的部分,各组成部分都集成在飞行器内部,跟飞行器的气动外形无关。

（2）测量精度高。攻角、侧滑角测量误差在 0.5° 以内,动、静压测量误差在 5% 以内,即使在大攻角、高超声速等条件下也能达到如此精度。

（3）适用范围广。能够适应大攻角飞行条件下对大气数据测量的需求;由于 FADS 整个系统都嵌入在飞行器表面以内,从而避开了飞行器高超声速飞行时表面的高温环境,使整个系统得到了保护;还能够减小雷达发射面积,有利于提高飞行器的隐身性能。FADS 系统在很大的攻角范围和马赫数范围内都均有比较高的性能。另外,FADS 还能用在一些微型无人机上。

（4）系统无机械活动器件,便于进行系统集成和维护。整个系统的组成部分都是固定的,没有机械式的器件,便于将系统小型化、集成化,同时大大降低了系统故障的概率,并且维护起来也更加容易。

（5）便于进行冗余配置,大大提高系统可靠性。为了保证系统具有足够的冗余度以确保飞行器的故障生存能力,如果采用传统的大气数据系统,通常需要三套或者四套大气数据系统。而 FADS 的冗余配置相对容易,只需要多布置几个测压孔,即可解算得到多组大气数据。

FADS 系统是航天飞行器获取飞行大气参数作为飞行控制输入的主要途径,特别是对于吸气式的航天飞行器尤为重要。对于吸气式航天飞行器的动力系统亚燃/超燃冲压发动机的设计,动压与攻角是两个关键设计参数,它们决定亚燃/超燃冲压发动机进气道设计。准确得到飞行参数对于飞行器的实时控制及飞行后数据分析是至关重要的。亚燃/超燃发动机性能对于攻角非常敏感。精确实时的攻角测量能够确保亚燃/超燃冲压发动机的最佳飞行性能。由于惯性导航系统的安装及性能的影响，不能反映大气的变化及风速等外界条件的干扰，因此无法准确获得飞行来流攻角。FADS 系统具有精度高、成本低和维护简单等特点，因此采用 FADS 测量航天飞行器的飞行来流攻角等大气参数作为控制系统输入，对于降低飞行器制造的成本和提高总体性能具有重要意义。

6.2 关键技术问题分析

航天飞行器 FADS 系统是高精密测量仪器，其研制过程是个复杂的系统工程，需要得到各个专业和环节的紧密配合，最终才能研制出一款满足工程应用需求的合格产品。通常需要经过以下过程：需求分析、总体设计、硬件系统设计、气动设计/测试、算法设计、集成、制造、风洞试验和飞行测试验证等。因此发展 FADS 系统需要解决以下关键技术问题：

（1）FADS 总体设计技术；

（2）具有多点容错能力的高精度求解算法技术；

（3）高精度和低延迟压力测量技术；

（4）解算机硬件设计技术；

（5）FADS 系统风洞试验和飞行试验技术；

（6）FADS 系统地面环境试验测试技术；

（7）FADS 与 INS/GPS 数据融合技术。

6.2.1 总体设计

根据航天飞行器设计弹道、测量精度要求、机载设备布置空间和数据接口等要求,对 FADS 系统开展总体设计研究,确定 FADS 系统的总体方案 (图 6.23)。总体设计包括测量精度指标、系统解算时间、布点位置、测压点总数、容错要求、测压管路布置、数据接口、数据融合以及工作环境条件等。

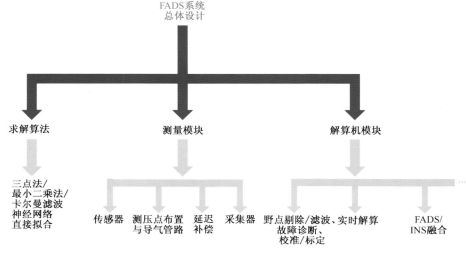

图 6.23　FADS 系统总体设计

6.2.2　算法设计

　　目前 FADS 发展了三种求解算法,分别为三点法、最小二乘法和神经网络法。三点法:精度较高且抗干扰性能好,三点法的迭代实时性差,且测压孔的选择对计算结果会产生很大的影响甚至导致系统病态。最小二乘法:最突出的优点就是算法与测压孔的位置无关且失效处理也比较简单,它的不足就是通过迭代来实现的,这样就难免会出现收敛性问题。神经网络法:利用其强大的非线性映射能力来处理 FADS 系统的非线性问题,最小二乘法和三点法的求解结果均需要通过适当的方法进行修正,而神经网络法则避免这一过程,因此容易进行实时计算。该算法的不足是需要大量的数据对网络进行训练,算法准备时间长,网络的权值和阈值无法赋予物理意义。

　　采用 CFD 计算获得飞行器头部外形的压力分布作为神经网络样本训练的输入,对应的来流状态,如静压、马赫数、攻角和侧滑角作为样本的目标训练神经网络。利用神经网络的强大非线性映射能力,建立基于 BP 神经网络 FADS 求解算法(图 6.24)。根据设计目标布置测压点,设计系统的余度和容错方案(图 6.25)。

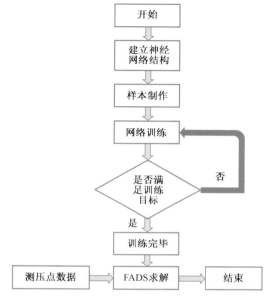

图 6.24　基于 BP 神经网络的 FADS 算法设计流程

6.2.3　测压模块设计

测量模块主要包括测压管路设计和传感器选型。根据飞行器机载设备布置要求和管路延迟时间要求设计测压管路的尺寸和内直径大小。通过弹道仿真,分析测压点管路的气流环境温度,根据仿真结果设计管路和传感器的热防护方案。通过分析各截面位置全弹道测点压力,基于以下三条设计原则,对传感器量程及精度进行选取:①全弹道飞行条件下传感器不产生破坏;②确保 FADS 系统量程能够满足设计要求;③根据系统设计指标要求进行仿真分析,确定传感器测量精度,以此为参考选定压力传感器。

压力传感器的种类很多(图 6.26),有电阻应变片压力传感器、半导体应变片压力传感器、压阻式压力传感器、电容式压力传感器、谐振式压力传感

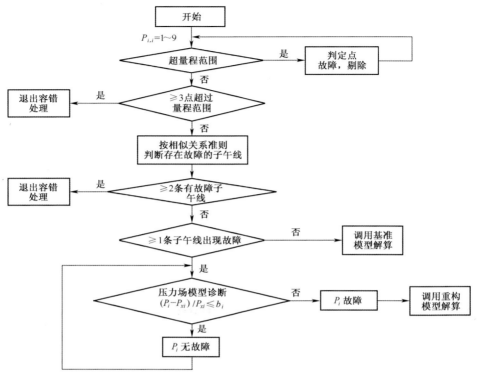

图 6.25　FADS 算法主动容错设计方案(以 9 个测压点为例)

器、压电式传感器及电感式压力传感器等。硅压阻式压力传感器是目前最成熟、应用最广泛的一类压力传感器,它灵敏度高、体积小、重复性好、过载能力强、频响宽。国外型号上的 FADS 系统多数都采用硅压阻式的压力传感器。

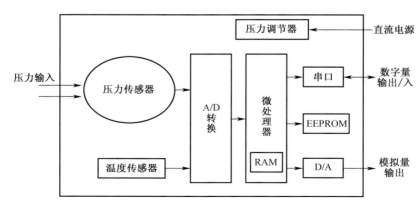

图 6.26　压力传感器工作原理

6.2.4　解算模块设计

解算机采用 FPGA+DSP 构架设计(图 6.27),充分结合各自优势和特点,FPGA 适合数据量大,对处理速度要求高,但运算结构相对简单的底层信号预处理。DSP 适合运算速度高、控制结构复杂的高层信号算法处理。解算机用于实时采集压力传感器数据,并对采集的数据做相应的解算。解算后,解算机通过一路 RS422 通信接口将采集和处理后数据送入遥测系统,通过另一路 RS422 通信接口将处理后数据送入控制系统,同时接收来自控制系统的控制命令并处理,要求数据解算时间不大于 5ms。

图 6.27　基于 FPGA+DSP 构架的示意图

6.2.5　风洞试验研究

在完成 FADS 系统初步设计和各部件集成后,可以对系统开展风洞试验验证研究(图 6.28)。根据飞行器弹道设计,选取典型弹道点开展嵌入式大气传感系统风洞试验实时解算研究,验证设计技术指标,通过试验结果分析研究改进系统设计提高测量精度。FADS 系统风洞试验属于高精度测压试验,对风洞流场品质、模型加工和安装精度有严格的要求。风洞试验流场通常存在一定干扰,如喷管对接产生的气流偏角和台阶波的影响等。必须经过校核和分析,获得品质均匀的位置进行 FADS 系统试验。通过流场标定台阶波的位置,设计模型的支杆调整模型的位置避开台阶波。对气流偏角的影响,通过设计支杆的微调机构,根据现场标定对模型进行微调消除气流偏角。

通常 FADS 系统对风洞模型的测压点安装精度要求误差≤0.1mm,模型尺寸加工精度≤0.02mm。

图 6.28　FADS 系统安装在模型上的风洞试验

6.2.6　地面环境试验测试研究

由于 FADS 系统的工作环境通常比较恶劣,因此 FADS 系统在完成风洞试验验证达到设计指标之后,必须对系统开展地面环境试验测试。主要包括部件测试和整体测试。为了分析压力传感器的性能和相关的电测量值,部件测试和整体测试中主要需要进行振动测试、雷击测试和电磁兼容测试等。振动测试(图 6.29(a))是在传感器的三个轴向加上实际飞行中可能会遇到振动频率和振幅的振动,测试机械部件的机械特性和传感器对振动的敏感程

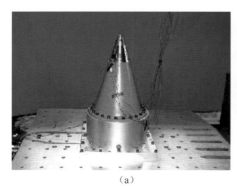 

(a)　　　　　　　　　　　　　　　　(b)

图 6.29　FADS 试验测试

(a) FADS 振动测试;(b) FADS 雷击测试。

238

度,即是否会受到这些振动的影响;另外,大气数据计算机也需要进行振动测试,确保振动不会影响实时数据解算。还需要进行防雷测试(图 6.29)、机械强度检验等。电磁兼容/电磁干扰测试用来检验 FADS 传感器和大气数据计算机对外界电磁辐射等电磁干扰的敏感性,必要时采取一定的措施来避免外界的影响[37]。

6.2.7　飞行试验研究

在系统完成风洞试验和地面环境试验测试后,还需要将 FADS 系统安装在实际的飞行器上进行飞行测试(图 6.30 为"星空"–1 号 FADS 技术飞行试验验证)[62],以获取 FADS 系统实时测量的数据,与雷达系统和机载惯性导航系统数据进行比较,验证系统的测量精度和可靠性,测试气流对系统的影响等。总结和分析飞行试验结果,对 FADS 系统进行改进。在飞行测试中,FADS 系统只是进行了大气数据的计算和记录,并没有参与到控制系统之中。飞行测试中得到的压力数据用来进一步校正 FADS 系统。飞行试验研究费用昂贵,并且系统非常复杂,FADS 系统必须和飞行器上其他验证技术的飞行试验同时进行,分摊降低试验费用。

图 6.30　"星空"–1 号 FADS 技术飞行试验

6.2.8　FADS、INS/GPS 数据融合研究

在完成风洞试验、地面环境试验和飞行试验以后,各项技术指标达到总

体设计要求,FADS 系统产品基本上可以定型,可以加入飞行控制系统。通常飞行器控制系统还安装其他测量系统,如惯性导航系统(INS)、全球卫星定位系统(GPS 或中国北斗系统),因此必须对上述三种设备获得的数据源进行融合,统一输送给飞行控制系统。

惯性导航系统是自主式的导航传感器,当前以使用机械或激光陀螺为主;由于惯性器件本身具有先天性的偏移,所以,在长距离时,误差偏大,需要依靠其他导航资源校准。通常,这个校准用的导航源就是传统的无线电导航源。由于 GPS 信号的覆盖率和稳定性越来越好,现在更多的是以 GPS 来校准 INS,也就是 GPS+INS 方式作为首要导航资源,由于 FADS 系统在测量来流参数上更具优势,所以在硬件上,通常把嵌入式大气数据系统 FADS 与其他导航资源组合在一起,即 GPS+INS+FADS,国内航空航天工业界称之为组合导航源。为了降低系统的研制成本,还可以采用 GPS+FADS 组合或 INS+FADS 的组合导航源。

6.3 小结

FADS 系统具有精度高、成本低和维护简单等特点,因此采用 FADS 系统测量航天飞行器的飞行来流参数作为控制系统输入,对于提高飞行器的总体性能和降低研制成本具有的重要意义。嵌入式大气数据传感技术是目前先进的大气传感技术,不仅在测量精度、系统可靠性、稳定性方面优于传统探针式技术,而且不影响气动外形的技术特点决定了嵌入式大气传感技术能适用于具有高速、高机动、隐身特点的先进飞行器。因此该项技术是未来高超声速飞行器、空天往返飞机以及新型战斗机研制过程中的一项关键性技术。在嵌入式大气数据传感系统的研制中,总体设计、系统算法、压力点布局、引气结构、压力传感器、解算机、地面试验、飞行试验搭载和数据融合等是需要重点研究的几个方面,尤其针对高速飞行器,恶劣飞行环境下的强激波、高温、强振动问题是系统研制的难点和要点。

参 考 文 献

［1］ 柏楠,时兆峰,苑景春,等.嵌入式大气数据传感技术研究［J］.飞航导弹,2010,8:79-85.

［2］ 王鹏,金鑫,张卫民.FADS 系统在各型号飞行器中的应用［J］.飞航导弹,2013,2:75-79.

［3］ 温瑞珩,郑守铎,叶玮.嵌入式大气数据传感技术的发展现状［J］.电光与控制,2008,15(8):53-56.

［4］ 郑成军.嵌入式大气数据传感系统及其算法研究［D］.南京:南京航空航天大学,2005.

［5］ 方习高.嵌入式大气数据传感系统的技术及应用研究［D］.南京:南京航空航天大学,2007.

［6］ 宋秀毅.嵌入式大气数据传感系统算法及应用研究［D］.南京:南京航空航天大学,2007.

［7］ 赵磊.嵌入式大气数据传感系统故障检测与处理算法研究［D］.南京:南京航空航天大学,2010.

［8］ 肖地波.嵌入式大气数据传感系统算法及其关键技术研究［D］.南京:南京航空航天大学,2010.

［9］ 沈国清.嵌入式大气数据传感系统误差分析及其消除方法研究［D］.南京:南京航空航天大学,2012.

［10］ 谢军,张宗麟,刘慧聪,等.航空控制工程新装备与新技术［M］.北京:航空工业出版社,2002.

［11］ CHRISTOPHER D. KARLGAARD, PRASAD KUTTY. Mars entry atmospheric data system trajectory reconstruction algorithms and flight results［J］. AIAA-2013-28,2013,2:12-16.

［12］ JOELC E, STEPHEN A W. Reentry airdata system for a sub-orbital spacecraft based on X-34 design［J］. AIAA-2007-1200,2007,23:15-16.

［13］ JOST M, SCHWEGMANN F, Dr T Kohler. Flush air data system and advanced airdata system for the aerospace industry［J］. AIAA-2004-5028,2004,34:12-16.

［14］ ETHAN B, JOSEPH W P, MARK C D. X-43A flush airdata sensing system flight test results［J］. AIAA-2008-657,2008,5:46-49.

［15］ JOELC E, STEPHEN A W. Simulation of a flush air-data system for transatmospheric vehicles［J］. Journal of spacecraft and rocket,2008,45(4):716-773.

［16］ JUDY L S. Comparison of predicted and experimental real-gas pressure distributions on space shuttle orbiter nose for shuttle entry air data system［R］. NASA-TP-1627,1980.

［17］ TERRY J L, PAUL M. Use of nose cap and fuselage pressure orifices for determination of air data for space shuttle orbiter below supersonic speeds［R］. NASA-TP-1643,1980.

［18］ TERRY J L, STUARTG F, AULM P. Wind tunnel investigation of an all flush orifice air data system for a large subsonic aircraft［R］. NASA-TP-1642,1980.

［19］ Terry J L, Paul M. Subsonic tests of an all-flush-pressure-orifice air data system［R］. NASA-TP-1871,1981.

[20] STEPHEN A W,TIMOTHY R M,TERRY J L. Preliminary results from a subsonic high angle−of−attack flush air data sensing (HI−FADS) system design calibration and flight test evaluation[R]. NASA−TM−101713,1990.

[21] STEPHEN A W. Development of a pneumatic high−angle−of−attack flush airdata sensing (HI−FADS) system[R]. NASA−TM−104241,1991.

[22] TIMOTHY R M,STEPHEN A W,FRANK L. Flight and wind−tunnel calibrations of a flush air data sensor at high angles of attack and sideslip and at super−sonic mach numbers[C]. AIAA−93−1017,1993.

[23] STEPHEN A W,TIMOTHY R M,TERRY J L. High angle−of−attack flush airdata sensing system[J]. Journal of aircraft,1992,29(5):915−919.

[24] STEPHEN A W,BRENTR COBLEIGH,EDWARD A H. Design and calibration of the X−33 flush airdata sensing (FADS) system[C]. AIAA−98−0201,1998.

[25] STEPHEN A W,ROY J D,JOHN M F. In−flight demonstration of a real−time flush airdata sensing system[J]. Journal of aircraft,1996,33(5):970−977.

[26] THOMAS J R,STEPHEN A W. Fault− tolerantneural network algorithm for flush air data sensing[J]. Journal of aircraft,1999,36(3):541−549.

[27] BRENT R C,STEPHEN A W,EDWARD A H Flush air data sensing (FADS) system calibration procedures and results for blunt forebodies[J]. AIAA−99−4816,1999,5:15−16.

[28] SRINATHA C V,SASTRY K S,RAMAN B,et al. Failure management scheme for use in a flush air data system[J]. Aircraft design,2001(4):151−162.

[29] SUSANNE W. Comparing three algorithms for modeling flush air data systems[J]. AIAA−2002−0535, 2002,5:23−26.

[30] DETLEF R O,THOMAS G. X−31 vector system identification−approach and results[J]. AIAA−2004−4830,2004,6:45−54.

[31] JOST M,SCHWEGMANN F. Flush air data system in an advanced air data system for the aerospace industry[J]. AIAA−2004−5028,2004,4:46−49.

[32] JOEL C E,STEPHEN A W. Reentry air data system for a sub−orbital spacecraft based on X−34 design [J]. AIAA−2007−1200,2007,3:15−17.

[33] JOEL C E,STEPHEN A W. Simulation of a flush air−data system for transatmospheric vehicles[J]. Journal of spacecraft and rocket,2008,45(4):716−732.

[34] MARK C D,JOSEPH W P, John TerryWhite. Development of a flush air data sensing system on a sharp nosed vehicle for flight at mach 3 to 8[J]. AIAA−2000−0504,2000,2:56−60.

[35] ETHAN B,JOSEPH W P,MARK C D. X−43A flush air data sensing system flight test results[J]. AIAA−2008−6570,2008,16:63−67.

［36］ IAN A J，PETER A J，Takayuki S. A study of flush air data system calibration using numerical simulation ［J］. AIAA-98-1606,1998,5:16-19.

［37］ JOST M，SCHWEGMANN F. Flush air data system-an advanced air data system for the aerospace industry［J］. AIAA Guidance,Navigation,and control Conference and Exhibit. Rhode Island:AIAA,2004-5028,2004:1-15.

［38］ 张斌,于盛林. 嵌入式飞行参数传感系统的神经网络算法［J］. 航空学报,2006,27(2):294-298.

［39］ 郑成军,陆宇平,高璐. BP 网络在嵌入式大气数据传感系统中的应用［J］. 测控技术,2006,25(6):9-12.

［40］ 冯建超,郑成军,陈峰. 嵌入式大气数据传感系统及其 BP 网络校正算法［J］. 计算机测量与控制,2006,14(4):541-544.

［41］ 郑守铎,陆宇平,叶玮. 基于 X2 检验的 FADS 系统故障检测与管理技术研究［J］. 计算机测量与控制,2007,15(11):1449-1454.

［42］ 方习高,陆宇平. 嵌入式大气数据传感系统的求解算法研究［J］. 计算机测量与控制,2008,16(3):398-400.

［43］ 方习高,陆宇平,郑守铎. FADS 系统在飞翼布局飞行器上的应用研究［J］. 飞机设计,2008,28(1):43-46.

［44］ 方习高,陆宇平,鲁波. 一种安装在飞行器机翼前缘的 FADS 系统方案研究［J］. 传感器与微系统,2008,27(3):55-57.

［45］ 宋秀毅,陆宇平. 嵌入式大气数据传感系统压力传感器设计研究［J］. 理论与实践,2007,27(5):8-19.

［46］ 宋秀毅,陆宇平. 嵌入式大气数据传感系统及其校正［J］. 应用科学学报,2008,26(3):301-306.

［47］ 杨雨,陆宇平,吴在桂. 嵌入式大气数据传感系统中的组合滤波技术［J］. 传感器与微系统,2009,28(5):117-120.

［48］ 沈国清,陆宇平,徐志晖. 嵌入式大气数据传感系统误差分析［J］. 传感器与微系统,2012,31(6):62-65.

［49］ 赵磊,陆宇平. 基于 RBF 神经网络的 FADS 系统及其算法研究［J］. 飞机设计,2012(3):3-6.

［50］ 李其畅. 嵌入式大气数据三点解算方法初步研究［J］. 空气动力学学报,2014,32(03):360-363.

［51］ 李清东,陈璐璐,张孝功,等. FADS 快速智能故障检测和诊断技术［J］. 系统工程与电子技术,2009,31(10):2544-2546.

［52］ 郭阳明,李清东,蔡小斌,等. 基于奇偶方程的 FADS 传感器故障检测方法［J］. 航空计算技术,2010,40(2):98-100.

［53］ 李清东,王伟,任章. FADS 压力传感器冗余配置研究［J］. 计算机仿真,2008,25(11):48-51.

［54］ 李东升,符文星. 基于 FADS 的飞行器攻角求解方法研究［J］. 科学技术与工程,2012,12(3):

573-577.

[55] 江城,倪世宏,张宗麟,等. 嵌入式大气数据系统神经网络算法仿真[J]. 系统仿真学报,2008,20(9):2288-2291.

[56] 王岩,郑伟. 分布嵌入式大气数据系统算法的初步研究[J]. 飞机设计,2008,28(6):5-26.

[57] 陈广强,刘吴月,豆修鑫,等. 吸气式空空导弹FADS系统设计[J]. 中国科学. 技术科学,2016,46(11),1193-1206.

[58] 陈广强,王贵东,陈冰雁,等. 低成本飞行试验平台FADS技术研究[J]. 宇航学报,2015,36(10):747-754.

[59] 陈广强,王贵东,陈冰雁,等. 高超声速飞行器FADS算法研究[J]. 飞机设计,2015,35(6),1-7.

[60] 王荣,张红军,王贵东,等. 吸气式空空导弹外形多学科一体化设计[J]. 航空学报,2016,37(1):207-215.

[61] 王鹏,李秋红,胡远思,等. 尖楔前体飞行器FADS-α 的求解精度研究[J]. 中国科学:物理学 力学 天文学,2015,45:124709-1-11.

[62] 王鹏,金鑫,张卫民. FADS系统在尖楔前体高超声速飞行器中的应用[J]. 中国科学:物理学 力学 天文学,2013,43:1105-1110.

[63] 王鹏,胡远思,金鑫. 尖楔前体飞行器FADS系统驻点压力对神经网络算法精度的影响[J]. 宇航学报,2016,37(9):1072-1079.

[64] 王鹏,金鑫,张卫民. 钝头机体用FADS系统的校准[J]. 实验流体力学,2016,30(2):97-102.

[65] 秦永明,张春,董金刚. 嵌入式大气数据传感系统风洞标定试验研究[J]. 空气动力学学报,2015,33(4):488-492.

第 七 章

风洞先进非接触测量技术

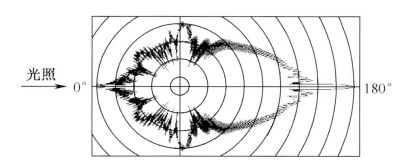

7.1　引言

风洞非接触测量技术是新兴的、先进的光学测量技术,其较传统传感器点测量技术具有非接触、不改变模型外形、高精度、高分辨率、高测量效率等优势。飞行器设计的发展需要风洞试验提供更高精度、更全面的数据。风洞非接触测量技术不仅可以提高数据精度,而且可以提高试验效率,是未来风洞测试领域的重要发展方向。

下面详细介绍国内现有先进的风洞非接触测量技术的研究发展历程和工程应用案例,包括磷光热图技术、粒子图像测速技术,对这些新型技术的国内外发展和研究现状、测量原理和方法、关键技术及应用情况进行介绍,并展望未来风洞非接触测量技术发展新思路。

7.2　磷光热图技术

磷光热图技术(Phosphor Thermography)是一种风洞光学面测量技术,应用具有温敏性质的稀土元素作为发光材料,利用喷涂在模型表面的发光涂层在一定强度的紫外光照射下辐射出强度随温度变化的可见光这一特性,在风洞中对试验模型进行表面热环境预测,具有高精度、非接触全场精细测量、测温范围广、可重复使用等优势。

7.2.1　磷光热图技术的国内外发展和研究现状

关于磷光发光的研究始于 20 世纪 40 年代末[1],其后被广泛应用于商业和家庭照明以及改进的阴极射线管中。当时发现环境温度的升高会使材料的发光发生变化,影响了相关部件的性能,促使其逐渐应用于测热领域。Czysz 等人[2]在美国阿诺德工程发展中心(AEDC)实现了磷光热图技术在风洞中的应用,经过几十年的改进和完善,技术逐步成熟,至今依然使用。Borella[3]等人研制了测温上限可达1200℃的磷光测温剂。美国田纳西州橡树山国家试验室(ORNL)发展了动态高温磷光热图技术[4],响应时间达到毫秒级。而第一次将磷光热图技术应用于脉冲风洞中进行表面温度和热流测量是McDonnell公司[5],其脉冲风洞的运行时间为50ms,而后康奈尔航空试验室(CAL)把这项技术应用于运行时间仅为5ms的激波风洞,取得了较为理想的结果[6]。

20世纪80年代,双色磷光热图技术出现,在西方尤其是美国发展迅速。该技术以单色磷光热图系统为基础,使发光材料同时发射两个不同谱段的光(通常为红光和蓝光),由两台相机分别记录对应光的强度变化,通过光强比与温度的关系计算整个模型的温度分布和热流分布,相比于单色磷光热图技术,双色磷光技术避免了由激发光强度不均匀以及采集设备的背景噪声等影响因素带来的系统误差。

磷光热图技术在90年代初已被NASA兰利中心的高超声速设备联合组(HFC)列为飞行器表面气动加热测量的标准技术[7-8]。经过20多年的发展,该技术目前已成为兰利中心所有气动热试验的基本定量测试手段之一,参与了X-33、X-34、X-38等多个计划的气动热试验测量工作。在X-33的研制过程中,对超过70个陶瓷模型进行了气动热试验,吹风次数超过1100次,不仅提供了全表面气动热数据(图7.1),进行了转捩分析,还对很多飞行

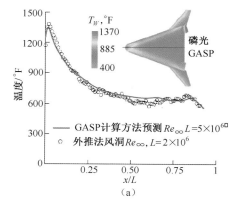

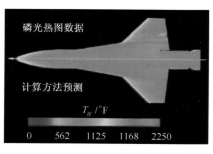

(a)　　　　　　　　　　　　　　　(b)

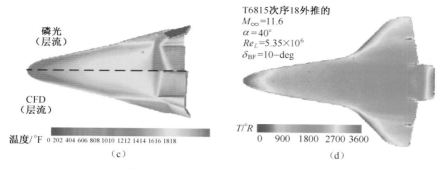

图 7.1　Langley 中心磷光热图结果

（a）X-33 磷光热图技术与 CFD 数据的比较；（b）X-34 磷光热图数据；

（c）X-38 磷光热图数据；（d）航天飞机磷光热图数据。

器设计的关键部位（如尾翼前缘、发动机喷嘴、倾斜的副翼表面）的气动热环境进行了测量和分析，将风洞得到的迎风面层流气动热数据外推得到飞行条件下飞行器表面温度数据[9-11]，对全机热防护系统的设计起到重要作用。

Horvath[12] 利用磷光热图技术研究航天飞机迎风面表面凹槽对表面边界层转捩的影响，形成边界层转捩数据库。图 7.2 为凹槽对边界层转捩影响的试验结果，从图中可以看出利用磷光热图技术可以清晰地显示出表面的边界层转捩现象。

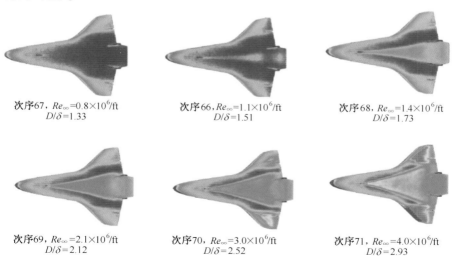

图 7.2　航天飞机迎风面凹槽对边界层转捩的影响

Michelle[13]等人在兰利中心马赫数 10 风洞中研究了在激波/激波干扰条件下,不同翼前缘半径和倾角对峰值热流的影响(图 7.3)。

图 7.3　简化翼前缘试验模型及不同翼前缘半径磷光热图试验结果

Dennis[14]在普渡大学静风洞($Ma = 6$)利用温敏漆技术研究了圆锥边界层转捩问题,成功地捕获到了有攻角情况下圆锥侧向的条纹结构(图 7.4)。

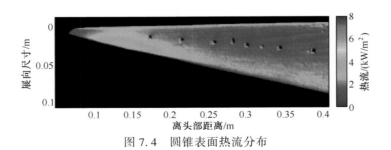

图 7.4　圆锥表面热流分布

Liechty[15]利用磷光热图技术在兰利研究中心马赫数 6 常规风洞研究了CEV 底面不同粗糙单元对大底表面热流的影响(图 7.5),研究的粗糙单元包括凹坑、凸起物等,准确地捕捉到了不同来流雷诺数下粗糙元干扰区热流分布。

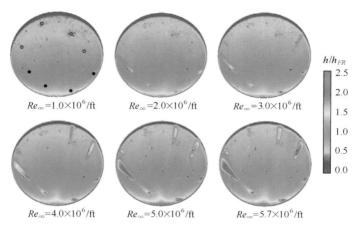

图 7.5　底面不同雷诺数下磷光热图试验结果

　　Kurits[16]应用磷光热图技术在 CEV 大底热环境测量试验中,针对大面积区域获得了高精度试验结果,但是由于肩部热流值较高且局部曲率半径较大,出现了较大的测量误差(图 7.6)。

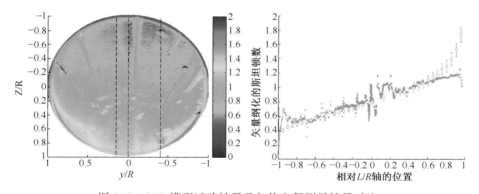

图 7.6　CEV 模型试验结果及与热电偶测量结果对比

　　国内中国航天空气动力技术研究院针对平板-凸起物模型、压缩拐角模型、复杂外形飞行器模型应用磷光热图技术开展了脉冲风洞试验研究,获得了马赫数 8 状态下凸起物干扰区热流分布(图 7.7),激波/边界层干扰导致的压缩拐角高热流区热流分布(图 7.8),以及复杂外形飞行器全局热流分布[17-19](图 7.9)。

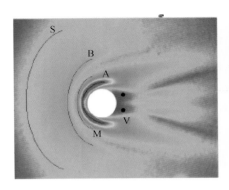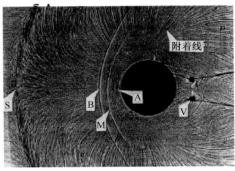

图 7.7　平板-凸起物干扰区热流分布

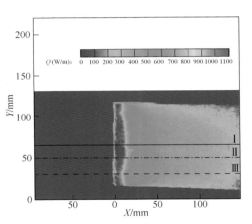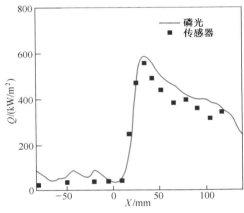

图 7.8　压缩拐角热流分布

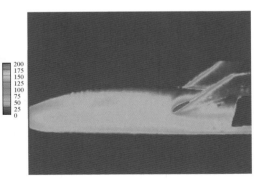

图 7.9　高超声速飞行器全机热流分布

252

综合国内外研究发展现状,可以看出国际上对热图技术的应用研究目前已成为高超声速领域的主要研究方向。高精度非接触热流测量技术已成为高超声速飞行器热环境试验研究的技术制高点,对高超声速武器装备的发展有重要意义。

7.2.2　磷光热图技术测量原理

磷光热图技术是一种高效、准确、高精度的全场热流测量方法,是解决高超声速风洞热环境测量的有效手段,是目前高超声速气动热测量的发展方向之一。磷光热图系统的工作原理如下:将磷光粉涂层喷涂于模型表面,风洞试验时模型受高超声速气流的作用而升温。此时采用紫外光光源照射磷光涂层,涂层辐射出可见光。辐射光强度取决于紫外光强和模型当地的表面温度。根据标定得到的辐射光强与温度的关系,就可获得表面温度的高低,从而计算出热流大小。

磷光材料含有对温度敏感的发光分子,其发光量子效率随温度升高而降低,这种与温度相关的效应就是热淬灭,在一定温度范围内,光强 I 和绝对温度之间的关系可以用阿列纽斯(Arrhenius)公式来描述:

$$\ln \frac{I(T)}{I(T_{\text{ref}})} = \frac{E_{\text{nr}}}{R} \cdot \left(\frac{1}{T} - \frac{1}{T_{\text{ref}}} \right) \qquad (7.1)$$

式中: E_{nr} ——无辐射过程活化能;

　　　R ——普适气体常数;

　　　T_{ref} ——参考温度。

目前国外对用于风洞磷光热图技术的发光材料的选择和研发均基于稀土元素离子的发光特性和发光原理。稀土元素具有优异的光谱性质,其离子的发光与周边环境(如温度)有着密切内在联系,可通过监测、分析某一发光材料的(如强度、波长等)光特性变化,得到所处环境温度相关数据,从而实现对外部温度的定量测试。由于磷光材料的发光具有直观、波长多样化、反应时间短($10^{-15} \sim 10^{-9}$ s)等特点,用来研究瞬、稳状态下高速运动物体、复杂几何外形物体等的局部或整体所受热的变化具有很大优势,在航空航天、国防工业和民用领域都有着巨大应用价值。本书所选用的磷光发光材料均以稀土元素为主要发光成分。

磷光材料的发光原理如图 7.10 所示,磷光发光原子能级具有基态(S_0)和激发态两种状态,其中激发态包括单激发态(S_1、S_2)和多重激发态(T_1),从图中可以看出,S_2 单激发态能级最高,S_1 次之,三重激发态 T_1 能级最低。通过能量的输入,原子的能级可由基态跃迁至激发态,用公式可以表示为

$$S_0 + hv \rightarrow S_1 \tag{7.2}$$

式中:h——普朗特常数;

　　　v——入射能量的频率。

当电子能级由激发态回落至基态时,则可能伴随向外辐射能量的过程:

$$S_1 \rightarrow S_0 + hv_f \tag{7.3}$$

式中:v_f——辐射光频率。

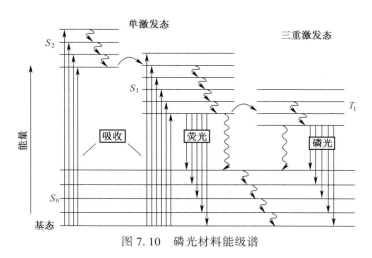

图 7.10　磷光材料能级谱

当电子能级由单激发态 S_1 至基态 S_0 的过程中辐射出的光称为荧光,而由三重激发态 T_1 回落至基态 S_0 的过程中发出的光称为磷光。

某些其他转化过程并不发射可见光,称为内部变换(IC)或外部转换(EC),内部转换过程通常伴随的是热释放过程而不辐射可见光,如由 S_1 至 T_1 状态:

$$S_1 \rightarrow T_1 + \Delta \qquad (7.4)$$

式中: Δ ——热量。

外部转换为高能粒子与外部环境粒子(如溶剂粒子)相互作用而发生了能量交换,使粒子堕化至基态而并不向外辐射能量。

磷光材料发生能级跃迁而向外辐射的可见光的光强随着环境温度的变化而变化。原因是随着温度的升高,粒子间相互碰撞的频率提高,使发生外部转换的概率增加,减少了有效发光的粒子数量,从而使发光强度降低。

将磷光材料的这种特殊发光性质应用于测温试验中,即根据磷光粉发光强度的不同来计算磷光体所在环境的温度分布,其基本思路如图 7.11 所示。将磷光粉喷涂于模型表面并形成均匀涂层,选取某一波段的光作为激发光照射磷光涂层,使其持续发出可见光,在风洞试验中模型受高速气流加热,不同热流产生不同的温升,涂层辐射出的可见光强度亦产生相应变化,这种光强的变化可以由图像采集设备记录并存储。在激发光源强度不变的情况下,辐射光强度只与模型当地的表面温度有关,根据标定得到的辐射光强与温度的

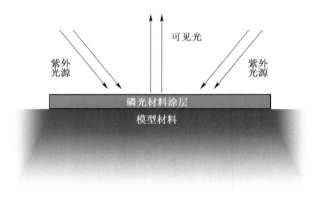

图 7.11　磷光热图原理图

对应关系,就可通过光强分布得到模型表面温度分布,从而计算出表面热流的分布。

这种基于单色光强-温度对应关系所研发的测热技术称为单色磷光热图技术,相对于单色磷光热图技术,目前国外普遍正在发展双色磷光热图技术,二者的区别在于双色磷光粉受到激发光照射后发出两个不同波长的光,根据两种色光的光强比与温度的关系来进行热环境的测量。双色磷光热图技术由于采用的是光强比来测温,可以有效地降低单色磷光系统因光强分布不均、相机芯片的采集误差等带来的系统误差,此技术的发展需要以较成熟的单色测热技术为基础,通过新型磷光材料的研发、增加相机以及调整数据处理程序实现。

7.2.3 磷光热图技术的测量方法和关键技术

7.2.3.1 磷光涂层成型技术

高超声速风洞试验过程中,模型表面受到高速气流的冲刷,承受很大的气动力作用,而磷光发光材料需要固定于模型表面经历整个试验过程,因此,磷光发光材料涂层需具备坚固、耐冲刷等性质。同时,磷光涂层作为温度探针,热阻不能过大而影响模型表面热流的测量精度,故其厚度也应受到严格限制。

通过对磷光涂层成型工艺开展深入研究,确定了一种液态硅树脂材料作为磷光材料在模型表面的固化介质,此种黏结剂对可见光吸收率低、耐高温(300℃)、导热性能强,完全适合在脉冲风洞中作为黏结剂。为了获得均匀的涂层,同时确定了以喷枪喷涂的方式将磷光颗粒均布在模型表面。工艺研究过程中,通过不断试验磷光材料、黏结剂、稀释剂的比例以及调整喷涂时间、气源压力、喷涂流量等方法来提高涂层的各项技术指标,最终获得了性能优良的磷光涂层。

将目前试验所使用的磷光涂层在电子显微镜下观察(图7.12),其厚度薄

（20μm）、磷光发光颗粒分布均匀、厚度均匀（±2μm）。风洞吹风测试表明,磷光涂层较为坚固,可以连续进行多次吹风试验而无须更换,提高了试验效率,降低了试验成本。

（a）　　　　　　　　　　（b）

图 7.12　侧面、正面电镜照片

（a）侧面电镜照片；（b）正面电镜照片。

7.2.3.2　磷光涂层标定技术

磷光热图技术能够得到定量结果的一个关键问题是如何获得温升-光强变化率的对应关系,这一对应关系直接应用于将试验过程中得到的光强分布转化为温度分布。这一工作通常在试验开始前完成,获得准确的变化关系曲线可以使热环境测量结果更加可靠。

标定过程是指利用标定系统在静态条件下,模拟风洞内部的试验条件,包括模型材料、照明和磷光粉涂层厚度等,预先获得光强-温度对应关系。

标定系统的硬件设备包括陶瓷标定片、温度控制仪、温度传感器、加热板及支撑装置（图 7.13）。温控仪通过加热片控制涂有温敏涂层的标定片的表面温度,标定片表面安装的温度传感器连接温控仪形成控温回路,可使标定片维持恒定温度,通过设置一系列的光强采样温度,最终可以获得温度-光强关系曲线。

7.2.3.3　磷光热图测量系统

磷光热图测量系统如图 7.14 所示,由于激波风洞的试验时间很短（20～

257

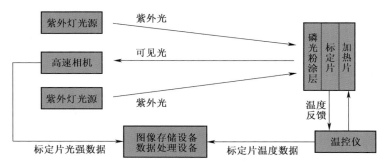

图 7.13 磷光热图静态标定装置及过程

40ms），在如此短暂的时间内获取足够多的有效图像，必须使用高速图像采集设备。另外，由于磷光涂层辐射光强较弱，对图像采集设备提出了高灵敏度的要求。因此，必须选择科学级数码产品。

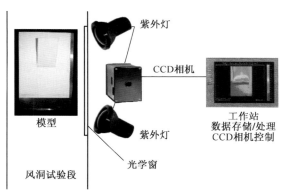

图 7.14 磷光热图测量系统示意图

科学级的数码产品，分为 CMOS 和 CCD 两大类，由其自身不同的原理决定了各自特点。CMOS 具有高速的特点，每秒最高能达到几十万帧，但噪声较高。CCD 采集速度相对较慢，最高采样速度也只能达到每秒几百帧，但其量子效率高，噪声表现较好。高速相机通过数据采集卡与工作站相连，运行过程中，实时地将光强分布存储于工作站中。

7.2.3.4 数据处理技术

图像在采集、编码和传输过程中，均不同程度地被可见或不可见噪声"污染"。噪声包括电子噪声、光子噪声、斑点噪声和量化噪声。如果信噪比（SNR）低于一定水平,噪声逐渐变成可见的颗粒形状,就会导致图像质量下降,需要通过滤波技术来去除大部分的噪声点。目前的主要滤波技术分为空间平均滤波、中值滤波和 Wiener 滤波三种。三种滤波方式各有特点,中值滤波方法是一种非线性空域滤波,相比于其他两种滤波手段,其运算简单,易于实现,而且能较好地保护图像边界。

由光强分布换算至温度分布的过程需要借助标定曲线（图 7.15）。对某一幅图像的温度分布计算过程如下:

首先,确定流动初始帧的光强分布 I_0,在确定用于温度场计算的某一帧光强分布 I_i,然后,利用式（7.5）得出第 i 帧图片的光强变化率分布:

$$\frac{\Delta I}{I_0} = \frac{I_i - I_0}{I_0} \qquad (7.5)$$

将此光强变化率分布带入标定曲线内,即可算得对应像素点的温度分布。

图 7.15　磷光热图数据处理示意图

在从模型表面温升分布计算表面热流分布的过程中,一般需应用一维半无限介质假设进行求解。考虑到模型和表面的磷光体涂层为两种材料,则可以将分析模型简化为两层介质传热模型,如图 7.16 所示。

在半无限长介质 2 上,有一层厚度为 l 的介质 1,受到表面加热,热流密度为 q_w。其中介质 1 为磷光涂层,介质 2 为模型。

两层介质中传热的控制方程为

$$\frac{\partial^2 T_1}{\partial^2 x} = \frac{1}{\alpha_1} \frac{\partial T_1}{\partial \tau} \qquad (7.6)$$

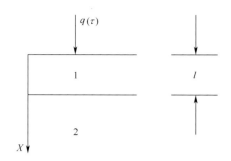

图 7.16　一维半无限介质热传导(双层结构)

$$\frac{\partial^2 T_2}{\partial^2 x} = \frac{1}{\alpha_2} \frac{\partial T_2}{\partial \tau} \tag{7.7}$$

式中：$\alpha = \dfrac{k}{\rho c}$，其中 k、ρ、c 分别为介质的热传导率、密度、比热容；下标 1、2 分别代表介质 1、2；

T——离表面 x 处的温升(K)。

如果表面热流率为 $q(\tau)$，那么边界条件有

在 $x = 0$ 处，

$$-k_1 \frac{\partial T_1}{\partial x} = q_w \tag{7.8}$$

在 $x = l$ 处，

$$k_1 \frac{\partial T_1}{\partial x} = k_2 \frac{\partial T_2}{\partial x},\ T_1 = T_2 \tag{7.9}$$

在 $x = \infty$ 处，

$$T_2 = 0 \tag{7.10}$$

对式(7.9)和式(7.10)做拉普拉斯变换后，得到其通解：

$$\overline{T}_1 = \frac{\overline{q}\sqrt{\alpha_1}\left[(1+a)\,\mathrm{e}^{-(x-l)\sqrt{P/\alpha_1}} + (1-a)\,\mathrm{e}^{(x-l)\sqrt{P/\alpha_1}}\right]}{k_1\sqrt{P}\left[(1+a)\,\mathrm{e}^{l\sqrt{P/\alpha_1}} - (1-a)\,\mathrm{e}^{-l\sqrt{P/\alpha_1}}\right]} \tag{7.11}$$

$$\overline{T}_2 = \frac{2\overline{q}\sqrt{\alpha_1}\,\mathrm{e}^{(l-x)\,\sqrt{P/\alpha_2}}}{k_1\sqrt{P}\,[\,(1+a)\mathrm{e}^{l\sqrt{P/\alpha_1}} - (1-a)\mathrm{e}^{-l\sqrt{P/\alpha_1}}\,]} \qquad (7.12)$$

式中：$a = \sqrt{\dfrac{\rho_2 c_2 k_2}{\rho_1 c_1 k_1}}$。

考虑到介质 1 很薄，其厚度与模型厚度之比 $l/L \to 0$，且其 ρck 值较第二层很大（即 $a \to 0$）的情况下，近似认为 $l = 0$，则式（7.12）可简化为

$$\overline{T} = \frac{1}{\sqrt{\rho ck}}\frac{\overline{q}}{\sqrt{P}} \qquad (7.13)$$

对式（7.13）做拉普拉斯反变换，可得

$$q(\tau) = \frac{\sqrt{\rho ck}}{\pi}\int_0^t \frac{\mathrm{d}T(\tau)/\mathrm{d}\tau}{\sqrt{t-\tau}}\mathrm{d}\tau \qquad (7.14)$$

试验中记录表面温度 T 与时间 τ 的关系，然后将其转换成表面温度变化率 $\mathrm{d}T(\tau)/\mathrm{d}\tau$ 与时间 τ 的关系，再在时间域 $[0, t]$ 内积分，便可得到 t 时刻的模型表面表面热流 $q(\tau)$。但实际试验中记录的是 T 而不是 $\mathrm{d}T(\tau)/\mathrm{d}\tau$，因此，引入 z：

令 $z = T(t) - T(\tau)$，则 $\dfrac{\partial z}{\partial \tau} = -\dfrac{\partial T(\tau)}{\partial \tau}$

则通过简单变换可得

$$q(\tau) = \frac{\sqrt{\rho ck}}{\pi}\int_0^t - \left\{\frac{\mathrm{d}}{\mathrm{d}\tau}\left[\frac{z}{\sqrt{t-\tau}}\right] - \frac{1}{2}\frac{z}{(t-\tau)^{3/2}}\right\}\mathrm{d}\tau \qquad (7.15)$$

当 $\tau = t$ 时，$z = 0$；当 $\tau = 0$ 时，$z = T(t)$

则式（7.15）可写为

$$q(t) = \frac{\sqrt{k\rho c}}{\sqrt{\pi}}\left[\frac{T(t)}{\sqrt{t}} + \frac{1}{2}\int_0^t \frac{T(t) - T(\tau)}{(t-\tau)^{3/2}}\mathrm{d}\tau\right] \qquad (7.16)$$

式(7.16)即为磷光热图技术的热流计算公式,其中 $T(t)$ 为从 $t=0$ 时刻开始的温度变化量。根据标定曲线算出温升,再减去流动初始时刻的温度值即得每点的温度 $T(\tau)$。采用积分方法计算有利于减小个别图像误差对整体结果的干扰。

高超声速炮风洞试验持续时间只有几十毫秒,沿表面切线方向的温度梯度比垂直于表面的法向温度梯度小得多,因此,近似地认为热流的传导可以认为是一维的,故可以应用由一维半无限体传热方程推出的热流计算公式。具体求解式(7.16)的方法主要包括两种:Cook-Felderman 方法和 Kendall-Dixon 方法。下面分别对两种算法进行介绍和比较。

1)Cook-Felderman 方法

这种热流算法是目前国际上比较通用的算法,也是目前数据处理所使用的方式。在涂层材料的传热性质为常数的假设下,可以将温度看作时间的函数,通过对一维热传导方程进行拉普拉斯变换和反变换,最终得到表面温度 $T(t)$ 与热流 $q(t)$ 关系,如式(7.16)所示。

在试验中,表面温度由各时刻的离散单张图片算得,故对式(7.16)中的函数 $T(t)$ 进行部分线性化处理后得到可以应用于试验的离散格式:

$$q(t) = 2\sqrt{\frac{\rho ck}{\pi}} \sum_{i=1}^{m} \frac{T(i) - T(i-1)}{(t_m - t_i)^{1/2} + (t_m - t_{i-1})^{1/2}} \tag{7.17}$$

2)Kendall-Dixon 方法

此种方法部分基于 Cook-Felderman 方法,分为两个步骤,首先,对时间进行积分运算,获得试验过程中进入系统的能量累积量:

$$q'(t) = \sqrt{\frac{\rho ck}{\pi}} \sum_{i=1}^{m} \frac{T(i) + T(i-1)}{(t_m - t_i)^{1/2} + (t_m - t_{i-1})^{1/2}} \tag{7.18}$$

第二步应用高阶中心差分格式离散后获得某一时刻的热流:

$$q(t) = \frac{-2q'_{t-8} - q'_{t-4} + q'_{t+4} + 2q'_{t+8}}{40\Delta t} \qquad (7.19)$$

7.2.4　典型磷光热图技术风洞试验案例分析

针对三种不同楔角(20°、30°、40°)的压缩拐角模型(图 7.17),利用磷光热图技术开展传热分布规律的分析,并开展重复性试验,获得重复性试验精度(表 7.1)。同时,结合传感器技术、纹影技术完成对磷光热图技术测量精度的对比和验证。

图 7.17　压缩拐角模型

表 7.1　压缩拐角试验状态

M_∞	$Re_\infty/(1/\text{m})$	P_0/MPa	T_0/K	楔角/(°)
8.04	2.21×10^7	18.18	1066	20/30/40

相同来流状态下 20°楔角三轮磷光热图技术重复性试验结果(图 7.18)表明,中心线峰值热流位置以及相同位置的热流量级基本一致。数据误差的计算结果表明:20°楔角三次磷光热图试验的热流结果重复性误差小于 5%,而 30°、40°的结果与 20°楔角结果基本一致,重复性误差小于 5%。

不同楔角的云图显示了随着楔角的增大,楔面再附区峰值热流的上升以及高热流区面积的增加的规律,每个楔角与传感器的对比结果(误差小于15%)也表明了磷光热图技术测量结果具备较高的可靠性。值得注意的是,在图 7.19(d)中,在采用热流传感器的对比试验结果中,由于传感器测点的离散分布使楔面峰值热流的位置和大小的测量并不理想,而磷光热图技术所

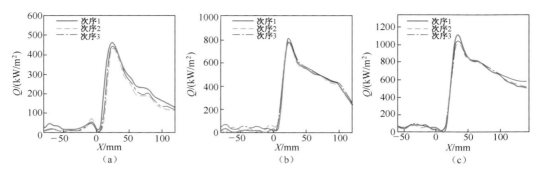

图 7.18　不同角度压缩拐角中心线热流重复性试验结果
（a）20°楔角；（b）30°楔角；（c）40°楔角。

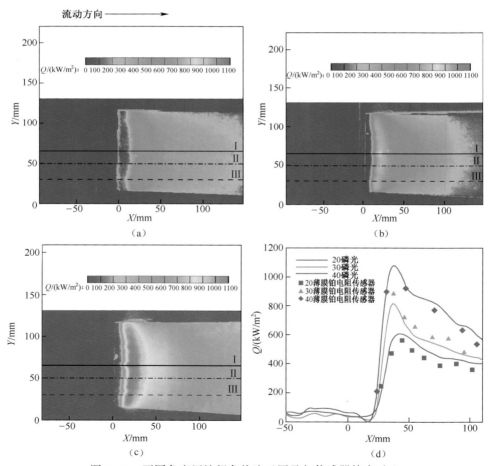

图 7.19　不同角度压缩拐角热流云图及与传感器技术对比
（a）20°楔角云图；（b）30°楔角云图；（c）40°楔角云图；（d）不同角度中心线传感器结果对比。

获得的连续性热流分布曲线则较为准确地捕捉到了楔面峰值热流的位置和大小,并显示了高热流区的大致形状和面积。

纹影试验表明,楔面高热流区是激波/边界层干扰以及分离流再附所导致的结果,而磷光热图技术通过热流分布直观呈现了气动加热与流动结构之间的某种内在联系,如图 7.20 所示。

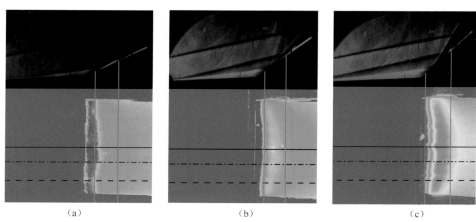

图 7.20　不同角度压缩拐角热流云图与纹影结果对比

(a) 20°楔角;(b) 30°楔角;(c) 40°楔角。

作为一种面测量技术,磷光热图技术同样可以用于针对流动结构的研究和分析工作,而这些从热的方面对干扰区流场的分析是前人研究中少有体现的,这也是磷光热图技术"热流场"的显示对传统流动显示技术的有效补充。

选择平板-凸起物作为磷光热图技术试验模型,通过变换凸起物形状来改变其周围平板干扰区的流动结构,使模型表面传热分布产生相应变化,利用磷光热图技术对"热流场"进行显示和分析(表 7.2)。

表 7.2　平板-凸起物试验状态

M_∞	$Re_\infty/(1/m)$	P_0/MPa	T_0/K
8	2.21×10^7	18.2	1077

试验结果(图 7.21 和图 7.22)较为清晰地给出了凸起物周围"热流场"

的结构和规律。

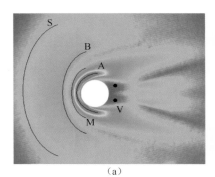 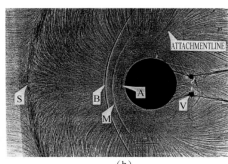

（a） （b）

图 7.21　平板-圆柱热流场显示及分析（特征尺寸 30mm）

（a）热流云图；（b）干扰区流场分析。

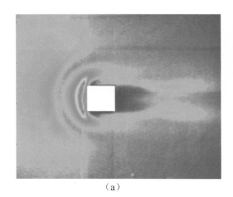 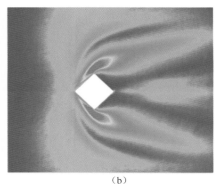

（a） （b）

图 7.22　热流场显示及分析

（a）平板-方柱热流云图；（b）平板-菱形柱热流云图。

以平板-圆柱外形为例，选取平板-圆柱外形热流分布云图（图 7.20），结合圆柱绕流理论以及油流显示结果（图 7.21（b））可以对其干扰区流动结构有一个较为清晰认知：

圆柱前方绕流是一个典型的双涡结构，在圆柱远前方存在一个马鞍形的由分离激波所诱导产生的分离线 S，在分离线下游产生了一个弓形激波 B，在热流场云图中可以看出在这条线周围形成了一个热流较前方较高的区域，随着分离流动的再附，在再附线 A 位置出现热流峰值，形成了一个高热流区并延伸至圆柱侧后方。而圆柱后方"涡核"V 的周围存在一个较为明显的低热流区,而在下游受到涡核压缩效应的影响,形成了两道对称的压缩波,提高了尾迹区的热流,形成了"燕尾"形的尾迹结构。

平板-方柱、平板-菱形柱的"热流场"也同样显示了各自外形的特点导致的干扰区流动结构的变化(图 7.22),在此不再进行过多分析,但可以看出,磷光热图技术的作用不仅仅局限在给出模型表面热流大小及其分布,其面测量的特点使其可以作为一种流动显示手段为模型表面流场结构的分析服务。

地面风洞热环境试验的最终目的是为高超飞行器的热防护设计服务,为其提供全面而有效的试验数据,这也是磷光热图技术的主要发展方向,针对复杂外形飞行器的全流场热环境试验也是检验其综合测试能力的最佳方式并且也是最终目的。基于此,以 X-33 外形飞行器为蓝本(图 7.23(a)),综合应用复杂外形陶瓷模型加工工艺,完成了仿 X-33 飞行器陶瓷模型的加工(图 7.23(b)),针对其不同的飞行状态(攻角:0°/±4°)开展了磷光热图试验验证性研究,试验状态见表 7.3。

(a)　　　　　　　　　　　　　　　　　　(b)

图 7.23　仿 X-33 陶瓷模型与真机对比

(a) X-33 真机;(b) 仿 X-33 陶瓷模型。

表 7.3　仿 X-33 外形试验状态

M_∞	$Re_\infty/(1/\mathrm{m})$	P_0/MPa	T_0/K	AoA/(°)
8	5.2×10^6	5.1	1183	-4/0/4

试验过程中,应用磷光热图技术针对模型背部区域、侧向区域以及翼面/舵面的热流分布进行测量,观察其整体热流分布以及局部复杂部件表面的细节传热特征。

0°攻角下模型上表面与侧面的热流测量结果显示,从图 7.24(a)可以看出,模型斜翼翼根部、方向舵前缘、模型头部及两侧区域均存在明显的加热情况,这一点在图 7.24(b)侧面热流分布云图中也得到了印证,并且可以在图 7.24(b)的机身/斜翼干扰区中观察到一个热流较周围机身略高的高热流区,在斜翼下方沿流向延伸至模型尾部。

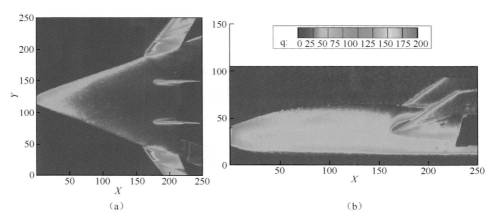

图 7.24 0°攻角下不同位置磷光热图试验结果
(a) 0°正向;(b) 0°侧向。

比较值得关注的现象是斜翼翼面上复杂的热流场,从图 7.24(a)可以看出,有一道明显的高热流线自翼前缘延伸至了翼后缘,贯穿了整个翼面并独立于翼根的高热流区之外。这个高热流线存在的位置与 NASA X-33 纹影试验中头部激波与翼前缘激波相互作用的位置(图 7.25)高度吻合。

通过与数值模拟技术的对比可以看出(图 7.26),二者的结果吻合较好,翼面、舵面上复杂干扰区域的热流分布规律一致,从侧面反映了磷光热图技术的准确性和可靠性。

±4°攻角下的磷光结果(图 7.27)给出了模型上表面以及翼面上的热流

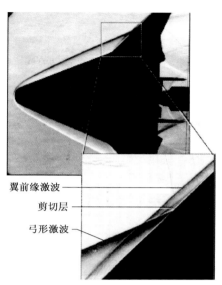

图 7. 25　0°攻角下不同位置数值模拟计算结果

（a）0°正向；（b）0°侧向。

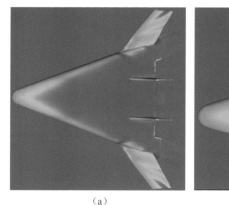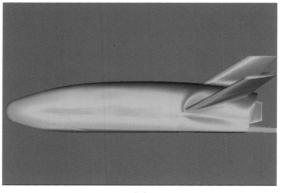

（a）　　　　　　　　　　　　　　　（b）

图 7. 26　X-33 纹影试验结果

场随着攻角不同的变化情况。随着攻角减小,斜翼翼面、方向舵前缘以及模型前缘,尤其是在翼面根部区域热流明显升高,但高热流区位置和形状均未发生较大变化,说明模型在这两种状态下的气动加热量不同,但规律是一致的。

7. 2. 5　磷光热图技术的总结与展望

磷光热图技术的非接触测量特点可以有效地应用在复杂外形飞行器热环

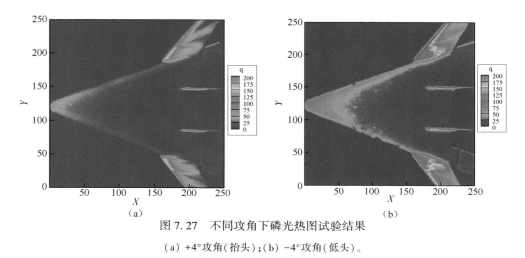

图 7.27　不同攻角下磷光热图试验结果

（a）+4°攻角（抬头）；（b）-4°攻角（低头）。

境试验之中,合理地应用磷光材料的测温能力(理论可达1700℃),可以将本项技术推广到更大范围的飞行器热环境试验研究以及高超声速飞行器的高热流区测量工作中(如电弧风洞中高温状态下的热环境测量等领域)。随着国内航天技术的飞速发展,要求风洞热流测量提供更高精度、更全面的热流数据,而磷光热图技术所具备的这些技术优势势必将成为未来地面测热试验所不可或缺的试验技术,也是未来热流测量领域的发展大方向。

7.3　粒子图像测速技术

流体的流动是非常复杂的自然现象,通过观察流体流动可以知悉流场的流动特性,在流体力学的研究发展中起着重要作用。流体力学中研究流体受力和运动规律需要确定流动过程中各个流动参数以及相互之间量值的关系,这就离不开流动参数的测量。流动显示技术可以将流动过程可视化,流动测量技术能够通过某种方法获得流体传输的定量信息,两者共同构成了试验流体力学的主要内容,不断为理论的发展和试验技术的改进服务。

随着流体力学的发展,试验流体力学对流动显示和测量技术提出了更高的要求。传统的流动显示方法诸如氢气泡法、烟线法和染色液法虽然可以直观的描述流场的流动图像,却无法获得流场的流动参数信息;速度测量在传统的测量方法(皮托管)基础上已经发展了像激光多普勒测速(Laser Doppler Velocimetry,LDV)和热线风速仪(Hot-Wire Anemometry,HWA)等测速方法,它们具有较高的时间分辨率,曾为湍流的研究提供了重要的测量技术。但 LDV 和 HWA 是单点测量技术,显然都不能满足复杂流动情况以及全场速度测量的需求,而且外部介质的介入(热线、探针等)扰乱了局部流场[20]。

粒子图像测速(Particle Image Velocimetry,PIV)作为一种非接触式的全场测量技术,从 20 世纪 80 年代开始发展起来,其技术基础来源于 70 年代中期的激光散斑测速技术(Laser Speckle Velocimetry,LSV),而激光散斑测速前身是激光散斑干涉技术,是工程结构研究中通过光学干涉方法用以检测复合材料变形的测量技术[21]。LSV 的技术原理是在流场中播撒高浓度的示踪粒子,用片光源照亮流场,并且连续两次曝光记录于底片,对示踪粒子群的散斑图像进行光学干涉分析来得到散斑图像的位移信息。随着示踪粒子播撒浓度的改变,LSV 衍生出了两种技术,一种是粒子跟踪测速技术(Particle Tracing Velocimetry,PTV),它适用于示踪粒子的浓度很低的情况,采用单个示踪粒子的识别和跟踪的方法,逐个地确定示踪粒子的速度;另一种是 PIV,它适用于示踪粒子的浓度中等的情况,采用计算最小分辨容积内所有示踪粒子的统计平均速度的方法。由此可知 LSV、PIV 和 PTV 的差别在于示踪粒子的浓度高低和相应的速度处理方法[22]。

早期 PIV 技术发展具有一定局限性,采用光学胶片记录的粒子图像,需要经过暗房处理和光学干涉方法确定拍摄流场中的位移情况,这会使计算结果包含的误差增多,处理周期长、效率差,只能用于研究性质。PIV 技术迈向实用化的标志是数字记录和数字处理技术在 PIV 中的应用。数字相机(CCD)的介入使得 PIV 技术逐渐脱离传统的光学胶片记录方式,结合计算机的数字化处理技术,大大缩短了图像记录到处理的周期,提高了试验精度、时空分辨率和试验效率。特别是数字跨帧相机(Frame-straddle)的出现,使得 PIV 可测量的速度范围大大提高,低达几百纳秒的跨帧间隔使得超声速流场甚至高超声速流场的速度测量成为可能。

二维粒子图像测速技术由于只是得到了三维速度向量在被测片光平面内的投影结果,当垂直速度分量很大时,将会给二维的测量结果带来很大的投影误差。体视粒子图像测速技术(Stereo Particle Image Velocimetry,SPIV)就能从根本上避免上述透视投影所带来的误差,而且更重要的是通过两台相机数据的合成还得到了垂直于测量平面的速度分量,这对于三维流动效果明显的复杂流场的测量是非常有用的。SPIV 系统不同于普通的二维 PIV 系统,在流场中播撒一定浓度示踪粒子后,SPIV 采用两台相机从离轴的两个方向拍摄流场中待测平面,记录粒子图像,然后通过相应的图像处理和速度重构获得切面三分量速度场,其典型布局根据镜头与待测面夹角分为平移布局和角移布局两种方式。

两种结构布局有各自的特点。平移布局主要优点在于布局简单、易于实现,普通相机不需要做结构调整即可胜任拍摄工作,而且由于两个相机等距平行拍摄平面放置,结果处理中可以应用统一放大率对两台相机重叠区域进行重构计算[23-25]。但是平移布局也存在相应的缺点:首先是两幅相机成像重叠区域小,导致一般拍摄情况下,会有较大面积的图像被浪费掉;其次是由于镜头的视场成像角有限,造成面外速度分量精度无法进一步提高。

角移布局机构以满足 Scheimpflud 条件为前提,从结构上避免了平移布局机构的不足。Scheimpflud 条件叙述为:被拍摄的物平面、镜头平面和像平面或其延长线必须交于一点,这样才能保证物平面上所有点都能够在像平面上清晰成像,但需要进行图像的校正和速度重建工作[26-28]。

现代数字化技术赋予了 PIV 更强的适应性和更广阔的发展空间,已经从二维速度测量拓展到三维速度测量,并广泛应用到流体力学、医学、化学、船舶以及机械制造等领域。

7.3.1　粒子图像测速原理及方法

现阶段的二维粒子图像测速技术已经非常成熟,其基本原理是:在被测流场中均匀播撒特定密度的示踪粒子,使每个最小分辨容积内含有4~10个粒子,用脉冲激光器制造的片光照明流场,通过两次或多次曝光,使用光学胶片或数字相机拍摄记录照明的流场测试段图像,用光学杨氏条纹法或图像处理中的互相关法计算每个判读区内粒子的统计平均位移,再根据激光器曝光时间间隔计算切面流场的二维速度。

$$V = \frac{\Delta x}{\Delta t} = \frac{x(t_1) - x(t_2)}{t_1 - t_2} \qquad (7.20)$$

式中: $x(t_1)$ —— t_1 时刻粒子的空间位置(m);

　　　$x(t_2)$ —— t_2 时刻粒子的空间位置(m);

　　　$t_1 - t_2$ ——对应的时间间隔(s)。

随着数字相机尤其是跨帧技术的出现,传统的光学干涉分析方法逐渐退出了PIV应用的舞台。数字记录技术具有记录速度快、测量精度高、数据分析处理简便等特点,且应用跨帧技术的数字相机使得测量超声速甚至高超声速的流场成为可能。在数字粒子图像测速(DPIV)技术中,特定区域内粒子图像的统计平均位移通过图像相关技术得到,时间间隔根据激光器两次脉冲的曝光间距确定,最终获得流场的速度。

图像处理的相关技术包括自相关技术和互相关技术。它们根据不同的图像记录模式采用不同的计算方法:自相关技术应用于两次或多次曝光的图像记录在同一张底片上的情况,图像的判读区在一张图像中寻找与其最相关区域,确定统计位移大小,不过自相关法存在速度方向二义性问题,虽然后来可以根据流动特征或应用位移偏置方法解决,但速度测量范围很小;互相关技术应用于两次曝光的图像记录在两张底片上的情况,其中一帧图像内确定的判读小区在另一帧图像内搜索与其具有最大相关性的区域,确定粒子统计位移,提高了信噪比,并能够自动判别速度方向,速度测量的范围相比自相关方法更广。傅里叶变换是现代信号和图像处理的基本工具,它将图像信号从时域转换到频域进行相关处理,而计算机性能的不断提升和快速傅里叶变换(FFT)的发展则在相当程度上提升了计算效率。

互相关技术应用于两次曝光的图像记录在两张底片上的情况,其中一帧图像内确定的判读小区在另一帧图像内搜索与其具有最大相关性的区域。实际拍摄时,两次曝光的粒子图像分别记录于两帧图像中,时间间隔为 Δt ,首先要在第一幅图像中给定一个固定的方形区域作为判读区(Interrogation),然后在第二幅图像中对应的搜索区内研究两幅图像的相似程度。在图像处理中,判别两帧图像相似部分(以灰度值为判别值)是一个重要过程,称为图像匹配。通过对两幅图像对应区域的判读和互相关计算,就可得到粒子微团的统计平均位移,再根据曝光间隔 Δt ,就可以得到被测流场在该判读区域内的统计平均速度(图 7.28)。

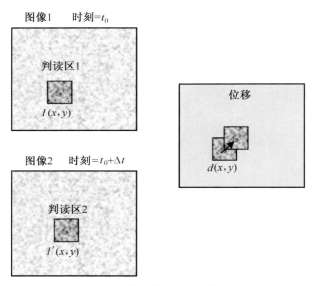

图 7.28　帧图像的互相关匹配

图 7.28 示意了互相关图像匹配的主要过程,其中 $I(x,y)$ 和 $I'(x,y)$ 分别代表对应判读区和搜索区内 (x,y) 点的灰度值。在数字信号处理中给出了一维相关函数的定义,而相关计算方法源自信号与线性系统分析中的时间自相关函数,参见表 7.4 中第一行,其相应的一维离散以及二维离散形式也被发展出来,用于各种数字信号相关性计算。由于图像像素是二维分布的,因此二维 PIV 图像处理所关心的是互相关函数的二维离散形式。

表 7.4　信号特性与相关函数形式

信号	信号特性	相关性函数
$x(t)$	一维连续	$\overline{R(\tau)} = \displaystyle\int_{-\infty}^{\infty} x(t)x(t+\tau)\,\mathrm{d}t$
$x[m]$	一维离散	$\overline{R(\delta)} = \displaystyle\sum_{m=-\infty}^{\infty} x[m]x[\delta+m]$
$x[m]$ $y[m]$	二元一维离散	$\overline{R_{xy}(\delta)} = \displaystyle\sum_{m=-\infty}^{\infty} x[m]y[\delta+m]$
$x[m,n]$ $y[m,n]$	二元二维离散	$\overline{R_{xy}(\delta,\xi)} = \displaystyle\sum_{m=-\infty}^{\infty}\sum_{n=-\infty}^{\infty} x[m,n]y[\delta+m,\xi+n]$

对于图 7.29 所示的图像判读方式结合给出的二维离散信号相关函数,可以得出基于图像灰度判别的二维相关函数形式:

$$R_{\mathrm{II}}(i,j) = I[i,j]\circ I'[i,j] = \sum_{m=0}^{M-1}\sum_{n=0}^{N-1} I[m,n]I'[i+m,j+n] \quad (7.21)$$

式中:M——判读区宽度;

　　　N——判读区高度。

M 和 N 均以像素(pixel)为单位。一般用 $\hat{r}_{I,I'}(i,j)$ 表示对 $R_{\mathrm{II}}(i,j)$ 的归一化,称为相关系数:

$$\hat{r}_{I,I'}(i,j) = \frac{\displaystyle\sum_{m=0}^{M-1}\sum_{n=0}^{N-1} I[m,n]I'[i+m,j+n]}{\sqrt{\displaystyle\sum_{m=0}^{M-1}\sum_{n=0}^{N-1} I[m,n]^2}\sqrt{\displaystyle\sum_{m=0}^{M-1}\sum_{n=0}^{N-1} I'[i+m,j+n]^2}} \quad (7.22)$$

当 $I[i,j]$ 与 $I'[i,j]$ 为同一信号时,相关函数为自相关函数,相关系数称为自相关系数,而如果判读区和搜索区不是同一图像,$R_{\mathrm{II}}(i,j)$ 和 $\hat{r}_{I,I'}(i,j)$ 则分别称为互相关函数和互相关系数。

如图 7.29 所示互相关函数值分布,一般情况下会在自变量 (x,y) 范围内出现极值点,可以进一步通过分析相关函数中 $R_{\mathrm{II}}(i,j)$ 的数据,找到极值点的位置,进而得出前后两幅图像判读区中粒子微团的统计平均位移。

图 7.30 给出了前述的自相关算法的相关函数值分布,在 PIV 速度场的计算中,需要查找次大峰值才是前后两次曝光的粒子图像位移,因为自相关计算函数的对称性,在自相关函数分布图内会出现两个次大峰值,引起速度方向二义性,而互相关计算的结果,不存在方向二义性的问题,可以直接查找极大峰值的位置就是粒子图像的位移值。

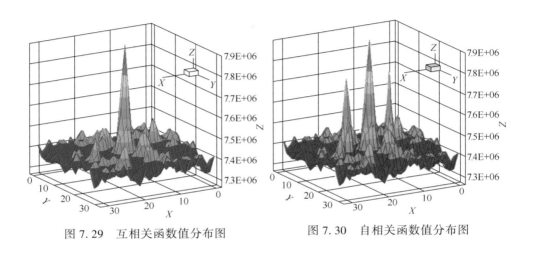

图 7.29 互相关函数值分布图   图 7.30 自相关函数值分布图

在上述的互相关计算方法中,判读区和搜索区尺寸的设定是有根据的。在第一幅图像判读区确定后,第二幅图像的搜索区不能过小。如果在一定流速和曝光间隔的情况下,第二幅图像的搜索区过小导致没有包含或包含很少的与第一幅图像判读区相关性强的粒子图像,那么就很难通过相关性计算得到位移结果。通常的做法是需要对速度的大小有一定的预估,然后根据该速度在固定曝光间隔内的位移指导第二幅图像搜索区大小的设定,一般而言,预估的位移值小于判读区的 1/3 为佳。

但这种预估有时是不可靠的,因为有时预估的速度值是个范围,没有指导意义,而且对不同区域可能要采用不同的搜索区大小。一般的做法是增大第二幅图像搜索区,比如大小是第一幅图像判读区的 2～3 倍,然后依次将第一幅图像判读区在第二幅图像的大搜索区中移动,判别与第一幅图像判读区最匹配的粒子图像(图 7.31)。这样依然能保证得到互相关函数分布图,通过判断极大相关值的位置就可以得到前后两幅粒子图像的位移。

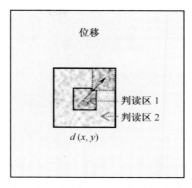

图 7.31　扩大搜索区的判读方法

很明显,这种扩大空间域搜索的方法有效地提高了速度矢量计算精度和分辨率,尤其是对于大速度梯度的流场,而且由于相对缩小了第一幅判读小区的尺寸,提高了有效粒子对的比例,这样能够得到好的信噪比。

DPIV 的互相关计算除了在空间域直接进行相关计算外,还可以应用数字信号在复频域的分析工具进行计算,其中最常用的就是快速傅里叶变换技术(图 7.32)。从前述相关计算方法可知,如果判读区($M \times N$)大小固定,当判读区与搜索区大小相同时,互相关和自相关的计算量为$(MN)^2$次乘法运算,运算量十分巨大;当判读区小于搜索区($L \times H$)时,互相关和自相关的计算量为$(L-M+1)(H-N+1)MN+LH$次乘法运算(由于无论判读区尺寸小于或等于搜索区尺寸,相关系数分布矩阵的大小应相同,所以$L-M+1=M$、$H-N+1=N$),运算量更加庞大。这两种情况都会造成计算机运算时间过长,不利于粒子图像测速试验时实时操作。

FFT 技术可以大幅度提高计算速度,而且还可以对信号进行频域滤波技术,因为在图像处理中,高频分量是图像中快速变化的部分,均匀的背景对应低频分量,结合数字信号的处理工具,可以对图像信号进行算法需要的变换,有效地提高了信号的信噪比。

用以上方法计算的相关函数矩阵,为二维离散分布,矩阵里的相关函数

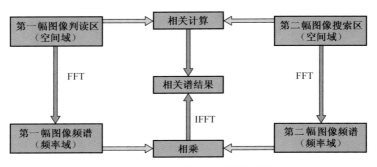

图 7.32 DPIV 的 FFT 算法示意图

最大值所处的位置,不一定就是实际粒子位移值,根据最大相关值计算出来的位移误差为±1/2 像素。而事实上如果可以对这些相关函数获得的结果进行进一步处理,那么就可以获得更高精度的位移值,这就是亚像素拟合算法。

如何利用整数节点上的相关值处理得出最大相关值点对应的像素值是亚像素拟合研究的主要方向,该方法对相关值进行模拟可以确定粒子位移的子像元(subpixel)部分,使位移的精度达到 0.1 像素。该过程首先寻找出区域内距离最大相最近的整数坐标 (i,j),然后提取其周围四点 $(i-1,j)$、$(i+1,j)$、$(i,j-1)$ 和 $(i,j+1)$ 的相关值 $R_{II}(i-1,j)$、$R_{II}(i+1,j)$、$R_{II}(i,j-1)$ 和 $R_{II}(i,j+1)$,利用每个方向上的三个点选取拟合方法进行计算,获取粒子带有子像元的位移。拟合方法主要依据相关系数分布的形状,选定适当的拟合函数。目前在抛物线法、高斯曲线法和重心法中拟合精度较高的是高斯曲线法,这主要是由于 CCD 相机纪录的是激光片光里的粒子图像,而粒子反射光的强度是呈高斯分布的,这就意味着 CCD 相机所拍摄的粒子图像的灰度分布是呈高斯分布的,因此相关系数的分布也呈高斯分布。

高斯拟合拟合函数为

$$f(x) = C \cdot e^{\frac{-(x_0-x)^2}{k}} \tag{7.23}$$

式中:C ——高斯曲线峰高;

　　 x ——高斯曲线峰位置;

k ——半宽度。

坐标拟合公式为

$$x_0 = i + \frac{\ln R_{(i-1,j)} - \ln R_{(i+1,j)}}{2\ln R_{(i-1,j)} - 4\ln R_{(i,j)} + 2\ln R_{(i+1,j)}}$$

$$y_0 = j + \frac{\ln R_{(i,j-1)} - \ln R_{(i,j+1)}}{2\ln R_{(i,j-1)} - 4\ln R_{(i,j)} + 2\ln R_{(i,j+1)}} \tag{7.24}$$

式中：i、j——最大相关值的像素位置；

$\quad\quad x_0$、y_0——亚像素拟合后的像素位置。

此外,许多实用化的辅助算法如错误向量修正、预偏置算法和窗口变形迭代算法等也被发展起来,这里不再赘述。

粒子图像测速技术借助三维速度重构法,采取两台相机以 Scheimpflug 光学布置(图 7.33),从离轴的两个方向同时拍摄流场中被照明区域,记录粒子图像,可以获得一个截面内的体视三维速度场,这就是体视粒子图像测速(SPIV)技术,这对非定常、复杂流动的研究非常有好处。SPIV 不但能够获取粒子面外运动信息,而且可以消除二维粒子图像测速(2D-PIV)中无法避免的投影误差,弥补二维测量的局限。

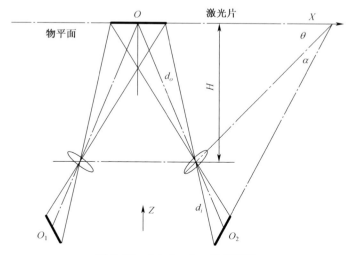

图 7.33　Scheimpflug 光学布置

　　SPIV 的基本方法是:采用两台相机,按 Scheimpflug 光学布置,从离轴的两个方向同时拍摄流场中被照明区域,将两台相机确定的像面位移变换到相应物面后,通过建立超定方程,可以建立三维速度重构,并且不需要系统的几何参数。

　　三维速度重构法是指将两台相机确定的像面位移变换到相应物面后,相互结合获取三维信息的过程。重构法分为几何重构法和标定重构法。标定重构法又分二维标定重构法和三维标定重构法。现多采用标定重构法进行标定。

　　与二维标定重构法相比,三维标定重构法摆脱了对系统参数的依赖,其主要实现方法是:标定板的拍摄不仅仅在固定的一个 z 处,而是采用在片光域内多次平移标定板获得物空间位置数据,通过相应的算法获得物空间坐标在像平面上的对应关系,进而重构出三个方向的位移信息。在实际标定校正板时,校正板放置在测试区内,必须与片光一致,而且应包括整个测试范围。SPIV 相机布局完成后,先用两台相机拍摄校正板图像,以便根据校正板上格点的像面坐标与空间位置间的对应关系确定变换函数 F。常用与校正板上格点形状相同的模板与像平面中的格点作匹配获取格点在像面中的位置。

　　三维物空间坐标 x 与每台相机像平面坐标 X 的对应关系为: $X = F(x)$,对于物空间的给定点 (x, y, z),由式(7.24)可以确定其在像面上的坐标(X_1, Y_1) 和 (X_2, Y_2),即可以确定了像面位移$(\Delta X_1, \Delta Y_1)$ 和 $(\Delta X_2, \Delta Y_2)$。由于 $\Delta X = F(x+\Delta x) - F(x)$。可近似成, $\Delta X \approx \nabla F(x) \Delta x$,其中 $(\nabla F)_{ij} = \partial F_i / \partial x_j = F_{i,j}$,可以建立一超定方程组:

$$\begin{bmatrix} \Delta X_1 \\ \Delta Y_1 \\ \Delta X_2 \\ \Delta Y_2 \end{bmatrix} = \begin{bmatrix} \dfrac{\partial X_1}{\partial x} & \dfrac{\partial X_1}{\partial y} & \dfrac{\partial X_1}{\partial z} \\ \dfrac{\partial Y_1}{\partial x} & \dfrac{\partial Y_1}{\partial y} & \dfrac{\partial Y_1}{\partial z} \\ \dfrac{\partial X_2}{\partial x} & \dfrac{\partial X_2}{\partial y} & \dfrac{\partial X_2}{\partial z} \\ \dfrac{\partial Y_2}{\partial x} & \dfrac{\partial Y_2}{\partial y} & \dfrac{\partial Y_2}{\partial z} \end{bmatrix} \cdot \begin{bmatrix} \Delta x \\ \Delta y \\ \Delta z \end{bmatrix} \qquad (7.25)$$

式中: x、y、z ——拍摄物空间的三维坐标位置(mm);

X、Y——物空间对应的相机拍摄相片的像素坐标(pixel)。

由式(7.25)可以确定三维位移($\Delta x,\Delta y,\Delta z$)。

7.3.2　粒子图像测速系统

典型的 PIV 系统包括示踪粒子播撒系统、照明系统、图像采集系统以及同步控制系统。

首先介绍捕捉流场信息的示踪粒子以及相应的照明系统。对于 PIV 技术而言,被研究的流体中示踪粒子的存在是必不可少的,它能够反映出真实的流场信息。PIV 技术对示踪粒子的基本要求是[29]:应具备良好的跟随性,在试验条件下散射足够的光强使检测器得到满意的信噪比,在流体中应有合适的浓度以获得连续的时间和空间信息,并且粒子无毒,无腐蚀,无磨蚀,化学性质稳定。根据 Stokes 理论[30]得出的粒子跟随性的相关参数为

$$\tau = \frac{d_p^2}{18v_f}\left(\frac{\rho_p}{\rho_f}\right) \tag{7.26}$$

式中:τ——时间常数;

ρ_p——粒子密度($\mathrm{kg/m^3}$);

ρ_f——流体密度($\mathrm{kg/m^3}$);

d_p——粒子直径($\mathrm{\mu m}$)。

τ 表示粒子反应的快慢。由该结论可知,时间常数 τ 与 ρ_p(粒子密度)、ρ_f(流体密度)、d_p(粒子直径)有关,ρ_p 越小、越接近流体介质的密度,则 τ 越小。一般的示踪粒子密度较大,在这种情况下只要粒径足够小,τ 的大小是可以控制的。实际应用中发现,同液态流场应用中相比,在气体流场中进行高质量的粒子注入是比较困难的,由于粒子密度同流场密度差异较大,要保证较好地跟踪流场运动,示踪粒子的直径必须足够小。

粒子的光散射特性与能否获得高质量图像息息相关,适当选择散射性佳

的粒子比增强激光强度来提高图像质量显得更为经济有效。一般情况下,对于粒径大于入射光波长的球形颗粒,可以应用米氏(Mie)散射理论进行讨论分析[31]。米氏散射可以用标准化直径加以刻划,q 定义为

$$q = \frac{\pi d_p}{\lambda} \qquad\qquad (7.27)$$

式中:q ——标准化直径;

   λ ——入射波波长(nm)。

根据米氏散射理论,图 7.34 和图 7.35 给出了不同大小粒子在 532nm 波长光照射下分别位于空气中和水中的散射光的极向强度分布,其中强度以对

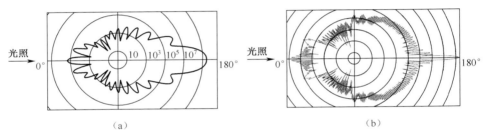

图 7.34　微米(a)和 10μm(b)油粒子在空气中的散射光

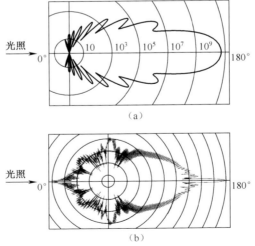

图 7.35　微米(a)和 10μm(b)玻璃粒子在水中的散射光

数尺度标定,相邻刻度间差别为 100 倍。可见随着粒子直径的增大,散射光强具有明显的增强趋势,并且随着观测角度增大(0°～180°),散射光强也会增加。但从实际情况分析,最常用的观测角度为 90°,如此一来,散射光强对于粒子尺寸的函数呈现快速振荡的特征。另一方面散射效率强烈的依赖于粒子折射率和流体折射率之比,由于水的折射率高于空气折射率,因此水中试验需要更大的粒子。

液体流场和气体流场中常用的粒子材料见表 7.5 和表 7.6。

表 7.5　液体流场中常用的粒子材料[32]

类型	材料	平均尺寸/μm
固体	聚苯乙烯	10～100
	铝	2～7
	玻璃球	10～100
	合成物质涂层小粒	10～500
液体	若干种油类	50～500
气体	氧气泡	50～1000

表 7.6　气体流场中常用的粒子材料[32]

类型	材料	平均尺寸/μm
固体	聚乙烯	0.5～10
	铝	2～7
	镁	2～5
	玻璃微球	30～100
	二甲酸	1～10
液体	若干种油类	～1
气体	—	0.5～10

适宜的粒子生成和播撒技术能够保证粒子在流体中应有合适的浓度和连续性。有许多技术用来生产和供应气体流场中的粒子[33],比如干粉可以用流化床式气喷嘴播撒,液体能先蒸发再由称为冷却生成器的设备冷却而成,液滴可以通过专门的雾化器获得,该雾化器还可用于播撒漂浮在蒸发液

体中的固态颗粒,或者用于生成微细液滴等的油类。对于风洞流场而言,播撒粒子的冷却生成器、烟雾器、聚苯乙烯播撒器或注入有水酒精的乳胶颗粒早期常被用于流场可视化及 LDV,气体流场中的 PIV 测量使用 Laskin 喷嘴、粒子发生器和油类较多,这些颗粒具有无毒、散射性好、在空气中数小时内以及在各种状态下变形不明显等优点。在循环风洞中,它们还可以用作全风洞流场示踪粒子或给某一流管局部注入粒子,而粒子的注入方式多采用多孔板或注粒耙注入,具体根据相应试验环境给予设计。

Laskin 喷嘴(图 7.36)是一种结构形式相对简单的喷嘴,能生成高浓度多分散亚微米气溶胶粒子,已经被国外许多气动研究单位采用作为 DPIV 油雾示踪粒子发生装置。Laskin 喷嘴为多孔喷嘴,其发生气溶胶的原理很简单,就是让压缩空气以很高的速度从小管或孔口喷出,由于伯努利效应在出口区域产生负压,将液体抽吸上来,进入高速气流当中,碎裂、分散而形成粒径较小的气溶胶。产生气溶胶的原料可采用葵二酸二异辛酯(DEHS)、橄榄油、乙二醇等。乙二醇粒子的反光性较好,但粒子颗粒不如橄榄油和 DEHS 的小,粒子均匀性也较差。橄榄油粒子颗粒较小,但反光性相对较弱。DEHS 粒子颗粒较小、大小均匀、发光性较强。现代一般都采用 DEHS 作为制备示踪粒子的原料。

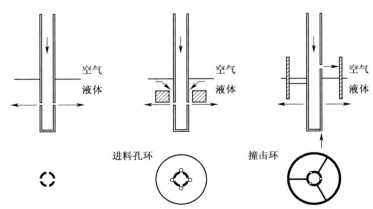

图 7.36　Laskin 喷嘴的几种基本形式

中国航天空气动力技术研究院经过调研研究,设计了三种不同形式的

Laskin 喷嘴(Ⅰ、Ⅱ、Ⅲ),并在不同的入口压力条件下对三种喷嘴进行了测试,分析其产生气溶胶的粒径分布和浓度变化。测试结果见表 7.7。

在研制完 Laskin 喷嘴后,以 Laskin 喷嘴作为核心装置开始研制大型油雾粒子发生器(图 7.37)。油雾粒子发生器分为分气系统、压力调节与控制系统、油雾发生主箱体、残液收集室、给排油与油位指示装置、油雾粒子出口组、控制面板等部分组成。其中喷嘴和油料至于油雾发生主箱体内,由于采用 12路一级分气系统和 8 路二级分气系统,所以本油雾发生器共有 96 组喷嘴,以保证产生足够流量油雾粒子,一级分气系统各路入口都有减压阀,实现入口压力从 0~0.4MPa 精确可调,当试验需求粒子时,只需关闭各支路减压阀后入口阀,开启气流总阀,将入口静压力调节至需求值,开启各支路入口阀即可,对于相同粒子需求的情况,可以不用调节减压阀,操作气流总阀开闭即可。

表 7.7   Laskin 喷嘴测试结果

Ⅰ号喷嘴		
绝对压力/MPa	0.15	0.20	0.25
中值粒径/nm	130.7	122.3	120.2
Ⅱ号喷嘴		
绝对压力/MPa	0.15	0.20	0.25
中值粒径/nm	122.1	116.4	112.4
Ⅲ号喷嘴		
绝对压力/MPa	0.15	0.20	0.25
中值粒径/nm	183.4	165.7	135.8

图 7.37   大型油雾粒子发生器与粒子播撒管架

油雾示踪粒子由于密度较低、直径较小，在低速和亚跨声速试验条件下跟随性较好。但对于高超声速风洞试验，其微米量级的粒径相对较大，经常在喷管喉道处附着到风洞壁面，对风洞造成污染，并且在强剪切气流、通过激波时其跟随性差，导致其在高超声速风洞试验中的使用受到限制。而纳米固体粉末示踪粒子，多为通过化学合成法和液相合成法生成的氧化物粉末颗粒，其原生粒径在十几纳米到几十纳米的范围内，跟随性极好，适合于高超声速风洞试验。但是由于纳米固体粉末比表面能较大，极性较强，很容易团聚，难以分散，团聚后的固体粉末微团直径在微米量级，还有可能更大。由于微团直径过高，会导致固体粉末微团的惯性较大和跟随性较差，引起一系列问题。比如，固体粉末微团无法进入边界层，在强剪切气流中存在滑移，在穿越激波结构时存在滞后现象而抹平激波结构，PIV 测量结果将产生不可避免的误差等。因此如何通过一定方法使团聚后固体粉末微团足够粉碎并注入到试验段中，是纳米固体粉末示踪粒子应用到高超声速风洞 PIV 试验中的关键。

解决纳米固体粉末示踪粒子团聚的问题，可以采用高速对撞和旋风分离的方法，通过撞击，打碎粒子微团。高速对撞是利用高压气体通过喷嘴产生的高速气流所孕育的巨大动能，使粒子微团发生互相冲击碰撞，或与固定板（如冲击板）冲击碰撞，达到粉碎目的的[34]。而旋风分离过程使固体粉末在高速气体带动下在分离室作回转运动并形成强大旋转气流，使颗粒加速、混合并发生冲击、碰撞等行为。粉碎合格的细小固体粉末被气流推到旋风分离室中心，较粗的固体粉末则继续在分离室中进行循环运动，不断地参与粉碎过程，从而达到粉碎目的，实现筛选。

中国航天空气动力技术研究院根据调研和试验经验，将流化床、高速对撞、旋风分离等功能进行有机组合，设计了新型的纳米固体粉末发生器，如图 7.38 所示。

纳米固体粉末发生器（图 7.38）采用高压气源，经多孔板和蜂窝器整流，进入流化床，实现沸腾状态，带动粒子经过一层高目数筛网，进入喷嘴加速，

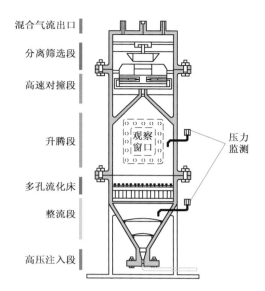

混合气流出口

分离筛选段

高速对撞段

升腾段

观察窗口

压力监测

多孔流化床

整流段

高压注入段

图7.38　纳米固体粉末发生器示意图与实物图

进行高速对撞,经碰撞、剪切实现气流粉碎。之后进入分离室,进行旋风分离。细小微粒粉末,经上方出口被气流输出,进入试验测试区域;而较粗的固体粉末则继续在分离室中进行循环运动,不断地参与粉碎过程,从而达到粉碎目的,实现筛选。

　　PIV照明系统在激光散斑测速技术发展阶段就已经较为成熟,采用的光源、光路以及扩束方法会根据具体的研究对象的不同而相应变化,但基本原理相同。现在通常使用的光源为脉冲激光器,如Nd:YAG(钕钇铝石榴石)激光器或红宝石激光器,将波长532nm激光光束用柱透镜扩束后形成片光源,照明流场。也有人采用连续激光光源,如氩离子激光器,获取图像的脉冲间隔由斩波器或调制器控制,典型双曝光激光器内部结构图如图7.39所示。

　　早期的粒子图像记录都是将粒子图像曝光到胶片上,以明胶固定的卤化银颗粒起到感光乳剂的作用,与入射光发生相互作用记录粒子图像信息,显影过程需要在暗房进行,相关特性参数诸如光谱敏感度、速度、分辨率、灰度和噪声等就需要加以认真考虑。虽然现在看来这一过程相当繁琐,不过在早期Adrian、Keane和Yao[35-37]等人针对胶片记录的粒子图像进行了大量的

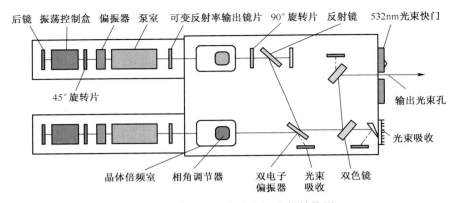

图 7.39　典型双曝光激光器内部结构图

PIV 统计评估工作,给出了细致的数学描述,工作由自相关分析发展到互相换分析上,并应用于试验研究[38,39]。

　　粒子图像记录的数字化开始于 Willert 和 Gharib[40] 抛弃传统的摄影胶片而使用 CCD 视频相机记录粒子视频图像,这一记录方法摆脱了胶片冲洗和电光机构分析方法的耗时费力,推动了数字粒子图像测速技术(Digital PIV)获得广泛采用的进程。Westerweel[41,42] 提出了一种与使用胶片记录的 PIV 系统具有相同分辨率的 DPIV 系统,还分析总结了 DPIV 系统相应的估算方法,继而研究者们[43,44] 不断地改进 DPIV 系统的分辨率、精度以及分析方法。跨帧相机的出现,使得拍摄极短曝光间隔的图像成为可能。其与普通相机不同的是采用了特殊的 CCD 芯片,跨帧 CCD 相机的感光阵列上的每一个像素均由相邻的感光区域和屏蔽的非感光区域两部分组成(图 7.40),非感光区域做为缓冲区在相机快门开启后,将感光区域曝光产生的信号瞬时存储起来,使感光区域能够迅速进行下一帧图像的曝光。由此跨帧相机不但实现了两次光脉冲曝光分别记录在相继的两帧图像上,并且保证了两次光脉冲的时间延时(Δt)可以调整,目前时间延时最小可达到 200ns,满足了绝大多数高超声速流场测量需要。

　　为了将脉冲激光与 CCD 相机采集图像同步,或者将试验现象的变化与采集图像的同步,都需要有一个同步控制系统来将各种机械和电器信号同步(图 7.41)。在试验当中,一般都要有一个基准周期信号来作为各种仪器的

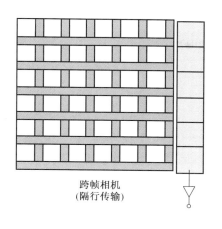

跨帧相机
(隔行传输)

□ 感光单元　■ 缓冲单元　□ 读出寄存器　▷○ 输出频道

图 7.40　跨帧 CCD 阵列类型示意图

图 7.41　MicroPulse 725 延时同步控制器

同步信号,其他仪器的信号都是以这个基准信号的延时信号作为触发开始工作。针对典型的 Nd:YAG 激光器和跨帧单台跨帧 CCD 相机,延时信号发生器需要输出至少 5 路延时信号,控制激光器和 CCD 同步工作。如典型的 MicroPulse 725 延时信号发生器,可输出 8 路延时信号,采用标准 TTL 信号格式,可外触发锁相工作,延时精度 0.25ns,采用计算机软件控制。

具体来说,试验时同步控制器产生周期信号,通过内部延时输出 2 台激光器的氙灯(F_1、F_2)及 Q 开关的控制信号(Q_1、Q_2);同时输出 CCD 相机的触发信号 T_{ri}(图 7.42)。另外,为了在双曝光时需要将 Q 开关 Q_1 与 CCD 数字相机的同步触发 Tri 同时启动,还要有一个 Q_1、Q_2、T_{ri} 同步开关控制。

在过去 20 多年的时间里,PIV 技术已走出试验研究阶段,由最初的使用

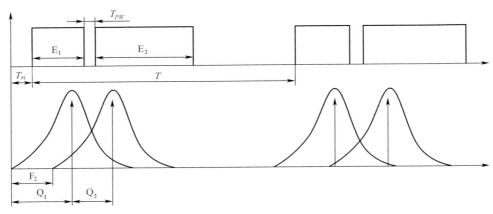

图 7.42　调 Q Nd:YAG 激光器延时控制示意图

T_{PW}—帧转移时间；E_1—第 1 帧曝光时间；E_2—第 2 帧曝光时间；T_{ri}—触发 CCD 相机延时；

T—采集图像周期；F_2—触发激光器 2 氙灯延时，Q_1—激光器 1 的 Q 开关延时；

Q_2—激光器 2 的 Q 开关延时。

胶片记录粒子图像的二维 PIV 发展到现在的二维数字 PIV 以及三维数字 PIV 系统，成功地应用于流体力学以及相关的各个研究领域，开始为工程实际服务[45]。目前的一些商业化 PIV 公司如美国 TSI 公司、丹麦 Dantec 公司和德国 LAVISON 公司都已纷纷推出二维，甚至三维 PIV 成套设备供广大试验研究人员选用。

7.3.3　粒子图像测速技术工程应用实例

7.3.3.1　DPIV 技术在大型低速风洞飞翼模型流场测量试验中的应用

1）试验条件与布局

研究针对新一代飞行器布局需求，建立生产型风洞内的流场测试技术，为先进布局飞行器的研制提供技术支撑。针对新型布局飞行器标模，在 FD-09 风洞中，利用 DPIV 空间流场测量试验技术，获得典型截面的流场试验结果（图 7.43）。表 7.8 为试验测量的站位、来流速度及攻角等组合工况，针对这些工况进行了 PIV 流场测量。

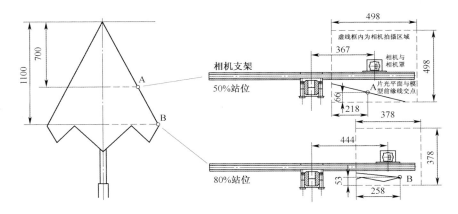

图 7.43　相机拍摄位置

（上图为 50%站位，下图为 80%站位，实际攻角变化时，参考点 A 和 B
的 Y 向位置可能发生变化，X 向位置不变）

表 7.8　飞翼标模在 FD-09 风洞中的试验工况

站位/%	来流速度/(m/s)	攻角/(°)
50	50	4,6,12,16,20,28,42
80	50	4,6,12,16,20,28,42

　　FD-09 风洞是一座 3m×3m 量级的大型低速回流式风洞，其来流速度从
20~100m/s 范围连续可调，风洞两侧设有观察窗口，自带攻角和侧滑角机构，
可进行较大尺寸模型的低速风洞试验（图 7.44、图 7.45）。

图 7.44　模型、相机支架与播撒管

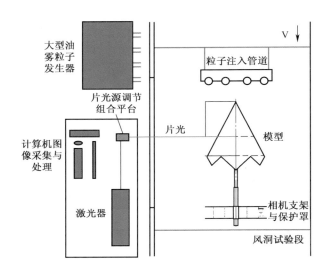

图 7.45　试验布局示意图

2）试验结果与分析

从速度矢量（图 7.46）和 PIV 试验时均涡量图（图 7.47）中可以看出，当 $\alpha=6°$ 时，机翼上开始出现前缘涡，但是涡量较小，并未出现明显的涡核。当 $\alpha=12°$ 时，涡心处的涡量明显增大，说明此时已经形成集中的涡核，与测力结果对比，可以看出集中涡的形成产生了非线性的涡升力。当攻角由 12° 增加到 20° 时，50% 全长截面处的涡核逐渐扩大，且有往机体对称面移动的趋势；

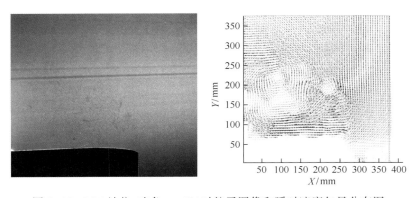

图 7.46　80% 站位，攻角 $\alpha=20°$ 时粒子图像和瞬时速度矢量分布图

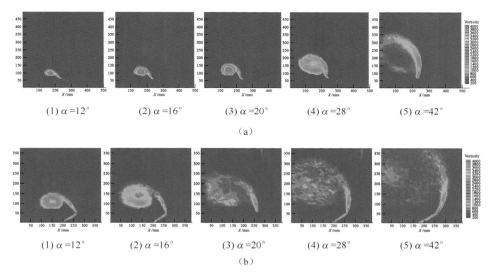

(1) $\alpha =12°$　　(2) $\alpha =16°$　　(3) $\alpha =20°$　　(4) $\alpha =28°$　　(5) $\alpha =42°$

(a)

(1) $\alpha =12°$　　(2) $\alpha =16°$　　(3) $\alpha =20°$　　(4) $\alpha =28°$　　(5) $\alpha =42°$

(b)

图 7.47　PIV 试验时均涡量图

（a）50%全机长平面涡量分布图；（b）80%全机长平面涡量分布图。

80%全长截面处虽然涡的区域逐渐扩大,但是涡心处的涡量却明显减小,说明涡核由机头发展到机尾处涡核已破裂,结合测力结果分析,因为前缘涡在机尾处破裂,所以对俯仰力矩影响较大。随着攻角进一步增加涡核破裂点逐渐往机头方向发展,当攻角为 28°时 50%全长截面处涡核已经破裂,涡心处涡量明显减小,但涡核的外围仍然存在环流;此攻角下 80%全长截面处涡核外围也不存在明显的环流,呈现出的状态是涡核破裂后的小尺度漩涡。当攻角为 42°时前后两个截面上均无明显的涡量,说明此时涡已完全破裂,结合测力结果上来看,此时发生了失速。

图 7.48 为 PIV 试验瞬时速度矢量图,每个攻角下给出了 3 幅瞬时速度矢量图。观察 80%全机长截面,可以看出 $\alpha =12°$时涡核随时间变化基本稳定,整个漩涡从前往后呈现锥形形态;$\alpha =16°$时涡核开始出现左右摆动;$\alpha =20°$时涡核已经开始破裂,出现了几个漩涡,涡量的分布具有非定常性。综合来看涡的破裂过程是由涡核稳定形态逐渐到涡核开始摆动,最后发生涡的破裂。

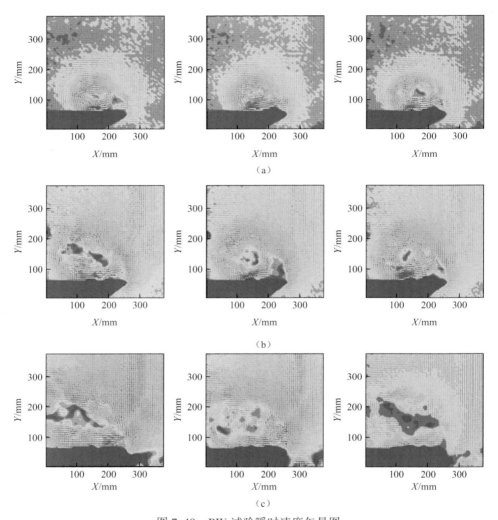

图 7.48　PIV 试验瞬时速度矢量图

（a）α=12 80%全机长位置；（b）α=16 80%全机长位置；（c）α=20 80%全机长位置。

7.3.3.2　DPIV 技术在 C919 高速机头选型试验中的应用

在现代的民用飞机机头的气动布局设计中,应采取抛物线或对称翼型头旋转而成机头外形,适当进行流线。在气动上应力求阻力小,避免产生分离而增加阻力,要少用直线以减小超声速波阻,避免高速巡航时,在机头的舷窗位置出现激波,以影响驾驶舱的舒适性。C919 飞机机头高速选型风洞试验任务是由中国商用飞机有限责任公司于 2010 年 7 月提出的,其试验目的是同时利用机头测压、油流显示和 DPIV 测量三种试验手段来测量不同设计方案机头的流场特性。通过以上三种试验技术得到的不同机头的流场数据来比较不同设计方案的优劣,从而选出最优设计的机头方案。

对于特定的 1.2m 量级亚跨声速风洞(FD-12),解决大流量示踪粒子制备与播撒和光路布置与设备减振,最终实现 DPIV 系统与风洞运行时的协调运作是本项目追求的目标。

FD-12 内应用 DPIV 技术主要有以下难点:

(1) 大尺度亚跨声速风洞流量比普通低速风洞、小型高超声速风洞高出很多,要求风洞运行时,示踪粒子将全部试验空间充满;

(2) 侧面有光学窗口,但顶部光学窗口在驻室内部,驻室与试验段间为多孔板,驻室内有不稳定气流与振动干扰。

针对这些问题,采用以下技术方案来建立适用于 1.2m 量级亚跨声速风洞用的粒子图像测速技术:

针对已有的采用缝式喷嘴的小型雾化粒子发生器,进行粒子直径和数量浓度统计研究,以获得粒子跟随特性、浓度随入口压力变化等数据;针对亚跨声速风洞大流量的雾化粒子需求,设计了大型雾化粒子发生器组及附属气源、管路;针对狭小驻室空间内不稳定气流与振动干扰,设计了适应其尺寸的减振平台和适用于片光源的移动平台组,为试验光路的实现提供可能。

1) 试验条件与布局

本次试验所采用的模型由设计部提供,模型缩比为 1:30,为光机身结构(不带机翼、尾翼以及翼身整流鼓包),构型定义是:光机身=机头+机身等直段+机身尾段。在机头测压和油流显示试验中,模型不受到风洞观察窗的限制,采用全光机身结构模型。其模型基本尺寸:总长,1296.67mm;机身等直段截面面积,0.01435m²;机身最大宽度,131.99mm;机身最大高度,138.87mm。

在 DPIV 测量试验中,为保证机头处于风洞观察窗的位置以及保证模型与风洞尾撑机构具有足够的距离,将模型在距离机头 670mm 处截断。此方案能保证模型长细比约为 5,以尽量减少模型截断对机头原始流场造成的影响。设计提供三个机头,分别为 model-1、model-4 和 model-5,DPIV 试验中对其中的 model-1 和 model-5 进行了试验。模型上顺流线方向即模型头部母线方向开有 182 个测压孔(图 7.49)。机头背风对称面母线,沿流线方向布置了12 个测压截面,机头前缘点即第 0 截面布置一个测压点用于测量驻点压力。试验马赫数为 0.785、0.82,攻角为 3°、6°,共计 8 个工况。

图 7.49　1.2m 亚、跨、超声速风洞与机头试验模型

试验前将光学减振平台架设在试验段多孔板上方驻室内,其气囊压力为0.3MPa,激光器固定在平台上,激光器出光孔处装有长 0.6m 的导光臂,平台上还固定一个多维移动系统(三维平移、一维旋转、一维偏转)在激光器前端,导光臂上的集成片光源固定在多维移动系统上,激光片光透过多孔板上的光学玻璃窗照亮流场,CCD 相机通过侧窗拍照流场照片(图 7.50)。

试验前首先将一块标定板放置于试验区域,用 CCD 相机拍摄下来,确定实际测量区域大小及 CCD 相机像素与标定板尺寸的比例关系。由来流总温和试验区域马赫数,可以确定试验区域大致流速,依据 CCD 相机像素所代表的实际空间大小和拟定的位移像素数,可以确定激光脉冲曝光间距。

试验时要首先开启粒子播发器(图 7.51),然后运行风洞,进行 CCD 相机拍摄。为了消除模型反射光的影响,在模型上还涂抹了荧光染料,CCD 相机

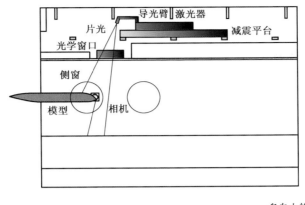

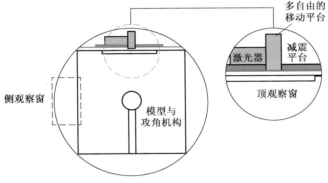

图 7.50　试验光路布局图

上安装了窄带滤色片((532±5)nm)。CCD 相机用的光学镜头为 Nikkon 50mm/F1.4,CCD 相机的曝光间距为 4μs,拍摄区域大小为 400mm,激光片光厚度为 1mm。

图 7.51　大流量雾化粒子发生器系统、驻室内减振平台和外部 CCD 相机架设

通过 DPIV 试验可以测量机头附近速度场(图 7.52),如果知道来流总温 T_0,可以依据绝热(边界层外可认为是等熵流动)假设计算出机头附近马赫数

分布云图。

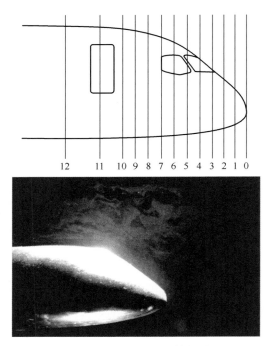

图 7.52　示踪粒子图像样片

$$Ma = \frac{V}{C} = \frac{V}{\sqrt{\gamma R \left(T_0 - \frac{(\gamma - 1) V^2}{2 \gamma R} \right)}} \qquad (7.28)$$

式中：Ma——马赫数；

γ——比热比；

R——通用气体常数（J/kg）；

T_0——来流总温（K）。

本试验提供机头附近速度场矢量场分布，速度场矢量场通过在采集的前后两帧粒子图像上的相同位置获取两个同样尺寸大小的判读区，采用互相关算法和快速傅里叶算法获取判读区内示踪粒子群的平均位移，再通过亚像素拟合的方法对平均位移进行修正，再根据试验参数即可得到绝对速度矢量值。在实际的图像处理中为了提高计算精度和速度场分辨率,还采用了多尺度迭代算法和变形窗口算法。

2) 试验结果与分析

图 7.53 ~图 7.56 为 model-1 的 DPIV 试验结果,从速度场和马赫数分布的情况来看,当高速气流接近机头时逐步开始减速,到机头前缘点附近处减速为零形成驻点,此点应为压力最大区域,之后气流沿机头对称面(90°母线,背风对称面)向上流动逐渐加速。当 $\alpha = 3°$,$Ma = 0.785$ 时,气流在 8#测压面

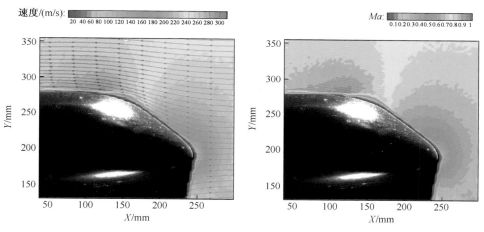

图 7.53　model-1,$\alpha = 3°$,$Ma = 0.785$ 流线和马赫数分布图

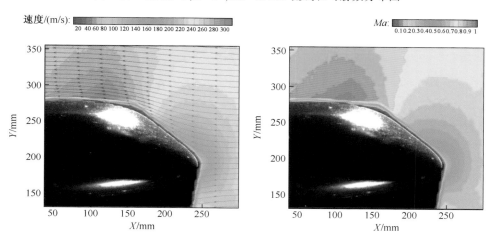

图 7.54　model-1,$\alpha = 3°$,$Ma = 0.820$ 流线和马赫数分布图

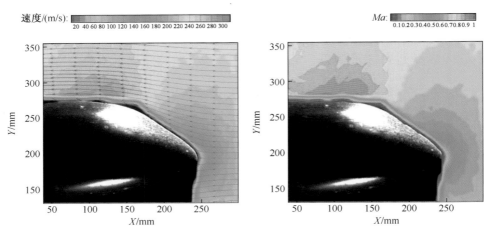

图 7.55　model-1,$\alpha = 6°$,$Ma = 0.785$ 流线和马赫数分布图

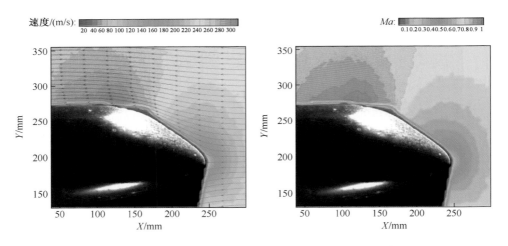

图 7.56　model-1,$\alpha = 6°$,$Ma = 0.820$ 流线和马赫数分布图

进入高流速区($0.95 < Ma < 1.0$,下略),流速接近声速,但未超过声速。当 $\alpha =$ $3°$,$Ma = 0.820$ 时,气流在 7#测压面进入高流速区, 在 8#测压面进入超声速区($Ma \geqslant 1.0$,下略),超声速区域很小。当 $\alpha = 6°$,$Ma = 0.785$ 时,气流越过 7#测压面进入高流速区,流速接近声速,但未超过声速。当 $\alpha = 6°$,$Ma = 0.820$ 时,气流在 6#和 7#测压面之间进入高流速区,气流越过 7#测压面进入超声速区,超声速区域很小。

图 7.57 ～图 7.60 为 model-5 的 DPIV 试验结果, model-5 的试验结果与 model-1 的试验结果很相象, 但有所差别。当 $\alpha = 3°$, $Ma = 0.785$ 时, 气流在 7#和8#测压面之间进入高流速区, 流速接近声速, 但未超过声速。当 $\alpha = 3°$、$Ma = 0.820$ 时, 气流在 6#和 7#测压面之间进入高流速区, 在 7#和 8#测压面之间进入超声速区, 超声速区域很小。当 $\alpha = 6°$、$Ma = 0.785$ 时, 气流在 6#和 7#测压面之间进入高流速区, 流速接近声速, 但未超过声速。当 $\alpha = 6°$、$Ma = 0.820$ 时, 气流在 6#测压面进入高流速区, 在 6#和 7#测压面之间进入超声速区, 超声速区域很小。

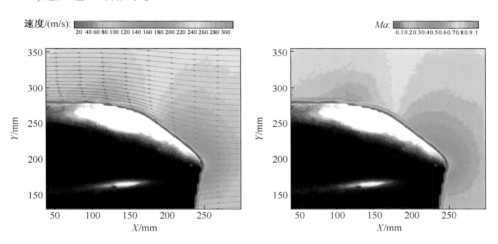

图 7.57　model-5, $\alpha = 3°$, $Ma = 0.785$ 流线和马赫数分布图

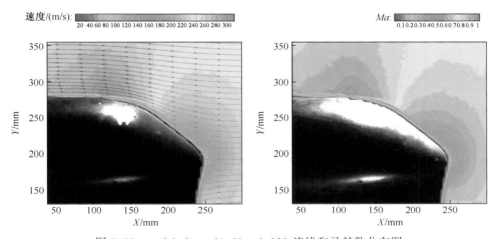

图 7.58　model-5, $\alpha = 3°$, $Ma = 0.820$ 流线和马赫数分布图

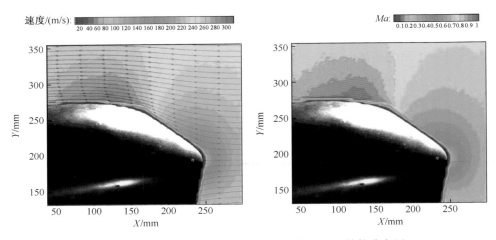

图 7.59　model-5,$\alpha=6°$,$Ma=0.785$ 流线和马赫数分布图

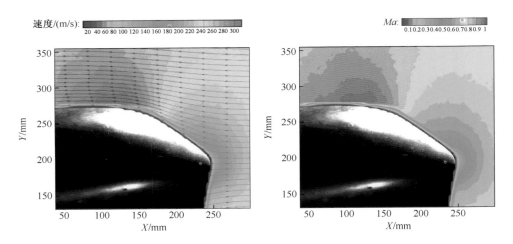

图 7.60　model-5,$\alpha=6°$,$Ma=0.820$ 流线和马赫数分布图

比较而言,相同工况下气流在 model-5 上进入高流速区或超声速区的位置均有所提前,约为半个测压面间距,且 model-5 上超声速区域大于 model-1 上超声速区域。model-5 上高流速区或超声速区的位置前移意味着转捩、湍流发生的提前,导致阻力增加,飞行时能量的消耗要加大。相同来流马赫数情况下,随着攻角增大,气流在 model-1 或 model-5 上进入高流速区或超声速区的位置有所提前。来流马赫数为 0.785 时,气流在 model-1 或 model-5

上不存在超声速区,不存在波阻。来流马赫数为 0.820 时,model-1 机头上的超声速区域(最大 $Ma_{max} = 1.04$)在 7#测压面后方,其所产生的气动噪声不会影响驾驶舱的舒适性(驾驶舱舷窗在 3#和 7#测压面之间)。当 $\alpha = 6°$,$Ma = 0.820$ 时,气流在 model-5 上 6#和 7#测压面之间进入超声速区(最大 $Ma_{max} = 1.05$),在 9#和 10#测压面之间进入亚声速区,即使存在激波也为弱激波,处在 7#测压面后方,不会影响驾驶舱的舒适性。

从速度场分布测量结果来看,气流沿机头前缘点对称面向上流动逐渐加速,速度分布是平滑的,没有突变的地方,这表明机头附近流场不存在流动分离。这是与同时进行的压力分布和油流显示试验结果相吻合的。

最终试验获得了两个机头模型在多个工况下的速度场分布结果,获得了速度场分布随攻角和马赫数的变化规律。只有在快速巡航马赫数下,机头顶端存在很小区域的声速区,强度很小,在远离机头舷窗的后方,且不存在流动分离现象。从测量结果来看,model-1 机头要优于 model-5 机头。本次试验数据符合气动规律,本次试验 DPIV 测量误差为:$\varepsilon \leq 0.05$ 像素(等效速度误差 $\leq 2.4 m/s$),风洞攻角机构误差的绝对值为:$\Delta\alpha \leq 3'$,试验数据可以作为机头气动设计的依据。

7.3.3.3 DPIV/SPIV 技术在通气模型内阻测量中的应用

高超声速飞行器为了获得高升阻比的气动性能,其发动机和机身是要进行一体化设计。其机身前部下表面同时也是超燃发动机进气道前压缩面,机身后部下表面同时也充当了发动机尾喷管的一部分。为了给出控制和弹道等提供飞行器气动力特性数据,需要对飞行器进行大量的风洞试验研究。传统上对于带有吸气式发动机的飞行器是通过通气模型测力试验来完成这一工作的,但是对于高超声速飞行器,传统的试验方法有了新的挑战。

通气模型试验是研究发动机进气对飞行器气动特性影响的重要手段,通过尽可能的模拟进气道前面的流动,从而能确定模型的外流影响和气流通过进气道后的动量变化。在通气模型试验中,天平所测阻力包括了管道的内部

阻力系数 C_{Ain},必须扣除,模型内阻系数 C_{Ain} 通过测量内流出口处平均静压 $\overline{p_e}$ 和平均总压 $\overline{p_{e0}}$ 计算得到。这种通气模型试验得到飞行器前部阻力与发动机厂家提供发动机净推力在阻力定义上是相匹配的,测力试验数据可以直接应用。

高超声速飞行器通气模型试验技术的难点主要在于进气道内流在出口处的气流参数的测量困难,这是由于发动机尾喷管的膨胀外形,使得内流出口流动方向不是一致的向一个方向,而天平支杆的存在导致出口气流更为复杂。内流出口气流参数的测量不准确最直接的影响就是内阻不能合理扣除,更进一步的影响是内流的不完全模拟对全弹气动力系数和力矩系数存在影响。高超声速飞行器的进气道/发动机布局有多种形式,研究用于不同布局的内阻扣除技术是型号设计的迫切要求。

通常的内阻测量方式是测量发动机喷管出口处内流的总静压,计算出总压平均值 $\overline{p_0}$ 和静压平均值 $\bar{p}$ 后,利用动量定理计算,计算发动机的内阻。可以利用理想气体绝热条件下,流速、马赫数、总压、静压之间的关系,通过 SPIV 和总压测压排架测量高超声速飞行器发动机喷管出口处流场和总压场,导出马赫数分布和静压分布,最终计算出发动机的内阻。

在利用 SPIV 技术测量内阻的试验中,要测量的是发动机出口速度场和总压 p_{0i}(i 为总压测点号),速度场由 PIV 试验获得,总压由测压把测量。总压管的分布应该尽可能的密,任意一个总压测点 i 点处的标量速度 v_i 可以在 PIV 测得的速度场上得到。

根据总温的定义,在满足绝热条件的空气中有

$$T_0 = T_i + \frac{v_i^2}{2c_p} \qquad (7.29)$$

式中:T_0——气流总温(K);

$\quad$ T_i——第 i 测点处静温(K);

$\quad$ T_i——第 i 测点处标量速度(m/s)。

又有

$$c_p = \frac{\gamma}{\gamma - 1} R \qquad (7.30)$$

式中: γ ——气体比热比,对于完全气体取 1.4,如考虑真实气体效应,可以根据实际气体状态范围在空气的热力学参数表中查,一般来讲在一定静温范围内变化不太大,可以认为是常数;

　　R ——通用气体常数(J/Kg)。

根据声速的计算公式有

$$c = \sqrt{\gamma R \mathrm{T}} \qquad (7.31)$$

在式(7.27)和式(7.28)中解出 T_i 代入式(7.29)得 i 测点处声速:

$$c_i = \sqrt{\gamma R \left(T_0 - \frac{v_i^2}{2c_p} \right)} = \sqrt{\gamma R \left(T_0 - \frac{(\gamma - 1) v_i^2}{2\gamma R} \right)} \qquad (7.32)$$

由上式可以求出 i 测点的马赫数:

$$Ma_i = \frac{v_i}{c_i} = \frac{v_i}{\sqrt{\gamma R \left(T_0 - \dfrac{(\gamma - 1) v_i^2}{2\gamma R} \right)}} \qquad (7.33)$$

气体总静压参数比有公式:

$$\frac{p_0}{p} = \left(1 + \frac{\gamma - 1}{2} Ma^2 \right)^{\frac{\gamma}{\gamma - 1}} \qquad (7.34)$$

p_0 需要通过总压耙测得;一般情况下 γ 取 1.4 就可以了,以 $\gamma = 1.4$ 时的情况来进一步推导公式,当 $Ma_i \leqslant 1$ 时,可求得第 i 测点静压 p_i ,

$$p_i = p_{0i} \left(1 + \frac{\gamma - 1}{2} Ma_i^2 \right)^{-\left(\frac{\gamma}{\gamma - 1} \right)} = p_{0i} (1 + 0.2 Ma_i^2)^{-3.5} \qquad (7.35)$$

当 $Ma_i > 1$ 时,由于总压测量值 p_{0i} 为激波后总压,进行波前波后总压转

换后,静压 p_i 计算公式如下:

$$p_i = p_{0i} \left(\frac{5}{6Ma_i^2} \right)^{3.5} \left(\frac{7Ma_i^2 - 1}{6} \right)^{2.5} \qquad (7.36)$$

到目前为止,根据式(7.31)、式(7.33)、式(7.34)可求得各总压测点位置的马赫数 Ma_i 和静压 p_i,利用这些测点的值,可以通过平均法或根据测点分布进行加权平均,得到出口的平均马赫数 $\overline{Ma_e}$ 和静压 $\overline{p_e}$,利用下面的公式可以计算内阻:

$$C_{\text{Ain}} = \frac{X_{\text{in}}}{q_\infty S_r} \qquad (7.37)$$

$$X_{\text{in}} = 1.4MaMa_e A_e \overline{P_e} \left[\frac{(1 + 0.2Ma_e^2)^{1/2}}{(1 + 0.2Ma^2)^{1/2}} - \frac{Ma_e}{Ma} \right] - (\overline{P_e} - P_\infty) A_e$$

$$(7.38)$$

式中: C_{Ain} ——内部阻力系数;

$\quad X_{\text{in}}$ ——内部阻力(N);

$\quad q_\infty$ ——自由来流动压(Pa);

$\quad S_r$ ——参考面积(m^2);

$\quad A_e$ ——内流出口处横截面积(m^2);

$\quad Ma$ ——自由来流马赫数;

$\quad Ma_e$ ——内流出口处马赫数;

$\quad P_\infty$ ——自由来流静压(Pa)。

与传统的内阻测量方法相比 PIV 内阻测量方法具有如下优点和创新点:

利用 PIV 技术,即使有支杆也可以较准确的测量出口复杂流场的速度分布;不用测量静压,只要测量出总压就可计算内阻,总压测量误差较小,有利于提高精度;尝试把 PIV 试验技术应用到工程实际中,具有探索价值。

1）FD-12 风洞通气模型出口流场 SPIV 测量试验条件与布局

通气模型内阻 SPIV 测量试验中,采用两台相机从离轴的两个方向(满足 Scheimpflug 条件)同时拍摄流场中被照明区域,记录粒子图像的获取体视三维速度场信息。为获取尾喷管出口截面的三维速度场,在 FD-12 风洞两侧观察窗口处离轴设置两台 CCD 相机(配置体视镜头角度控制机构,镜头为长焦镜头),激光片光从 FD-12 风洞一侧观察窗口射入,照亮尾喷管出口截面,两台 CCD 相机与尾喷管出口截面之间的夹角应为 90°~120°(图 7.61)。

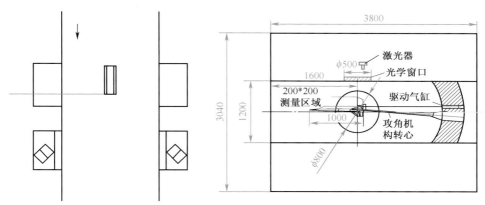

图 7.61　SPIV 光路布置图

激光片光的透射方式有两种:①激光片光从 FD-12 风洞一侧观察窗口射入,照亮尾喷管出口截面此种最简单,但可能存在前向后向散射的问题;②激光器通过减振台安装在 FD-12 风洞特种试验段驻室内,激光片光通过试验段上壁板的观察窗投射到模型尾喷管出口截面,模型反装。

SPIV 试验中所有的光学设备都要进行减振处理,考虑到试验模型有正负功角的调整,CCD 相机应安装在多自由度的移动平台上,还应加工制造多自由度的校正板。

试验现场照片如图 7.62 所示。

根据前述的超声速 SPIV 试验基本要求和超声速飞行器通气模型内阻 SPIV 测量方案,在 FD-12 风洞,针对 $Ma=4$、攻角 $-4° \leqslant \alpha \leqslant 4°$ 开展通气模型

图 7.62　激光器、导光臂和片光源

内阻测量技术研究。其中 SPIV 来流试验条件见表 7.9。

表 7.9　来流试验参数

Ma	P_0/MPa	T_0/K	P_∞/kPa	q_∞/kPa	$Re/L/(1/\mathrm{m})$
4.00	6.47	300	4.26	47.73	3.03×10^7

2）试验结果与分析

试验采用平移标定板法来生成满足数量需求和空间分布要求的标定点空间立体网格阵列。三维物面空间坐标系的原点建立在镜头物面上，其 x 轴和 y 轴分别为物面上及校正板平面的水平方向和竖直方向，z 轴为物面的法向方向，三轴的正方向符合右手定则。标定板在镜头物面上时，定义为零位置（$z=0.0\mathrm{mm}$）处，9×9 点阵的行向和列向分别与物面空间坐标系的 x 轴和 y 轴重合。将标定板从 $z=-1.0\mathrm{mm}$ 位置处开始沿 z 轴的正方向平移四次 0.5mm 的距离，由此建立起一个尺寸为 120mm(x)×120mm(y)×2mm(z)、标定点数量为 9(x)×9(y)×5(z) 的标定点立体网格阵列。在标定板平移的同时，左右侧的两台相机也采集到了以下 5 个 z 向位置上的标定板图像，即 −1.0mm、−0.5mm、0.0mm、0.5mm 和 1.0mm，获得了 5 组能反映标定板点阵 z 向位置变化情况的图像。将零位置标定板图像称为基准标定板图像（图 7.63），因为该位置的校正板图像将用于计算畸变图像的几何校正系数表，该校正系数表利用基于格林函数的二维双调和样条插值方法即可得到。然后应用校正系数表和双三次插值算法对拍摄的零位置和其他四个位置的图像进行校正后，就可以得到与标准校正板图像同样大小的标定板图像，但是位置发生了明显的偏移,实际标定板的 z 向位移信息就包含在这校正后图像的偏移之中,利用这些偏移量和物空间 z 向位移即可得到前述标定算法中的各项系数,用于二维速度场向三维速度场合成的过程。

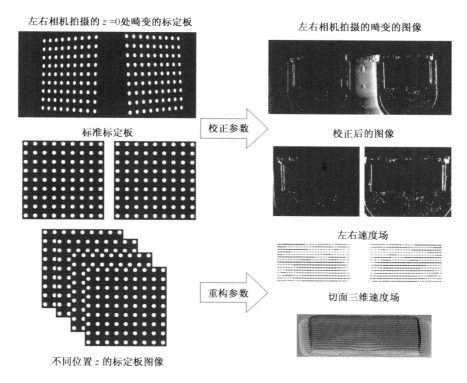

左右相机拍摄的 $z=0$ 处畸变的标定板

标准标定板

不同位置 z 的标定板图像

校正参数

重构参数

左右相机拍摄的畸变的图像

校正后的图像

左右速度场

切面三维速度场

图 7.63　基本的数据处理流程

喷管出口截面坐标系定义如下:以出口截面几何中心 O 点为坐标原点, OX 轴指向出口右壁面为正, OY 轴指向出口上壁面为正, OZ 轴指向出口外侧,如图 7.64 所示(模型后视)。

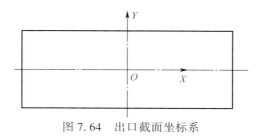

图 7.64　出口截面坐标系

309

图 7.65 为试验中 $Ma = 4$, $\alpha = 0°$ 时的一对示踪粒子图像,间隔 600ns。利用以相关算法为原理的处理软件进行处理,可以得到尾喷管出口速度矢量分布图(图 7.66)。

图 7.65　SPIV 技术左右相机的一对尾喷管出口示踪粒子图像

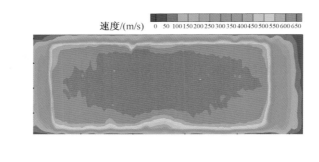

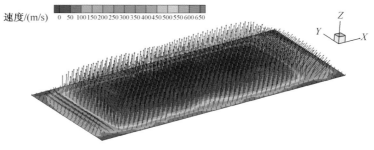

图 7.66　$Ma = 4$,0°攻角时的尾喷管出口速度分布云图和三维速度矢量图

图 7.67 为 $Ma=4$,不同攻角下模型出口截面马赫数云图,可见 SPIV 所测得的马赫数云图左右对称性较好,由于附面层的影响,靠近壁面的流动速度显著低于中心区域的速度,呈现出中心速度高于两侧速度的趋势;随着攻角的由负变正,入口捕获流量增大,喷管出口高速区面积变大,攻角 4°时经入口后的流动总压损失较大,上壁面低速区面积增加;−4°攻角时由于进气道入口实际捕获面积明显减小,喷管出口低速区增大,且由各分量速度可知,模型出口主流区速度基本沿出口截面法向。

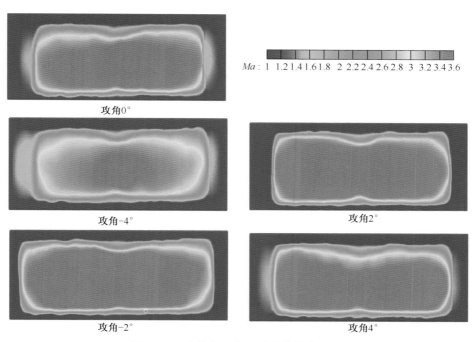

图 7.67　喷管出口截面马赫数分布云图

7.3.4　粒子图像测速技术的总结与展望

粒子图像测速技术以其非接触、全局测量优势可以获得复杂飞行器外部扰流流场的流动结构和速度分布,适用速域广(低速、亚跨超声速和高超声速风洞),测量流场的绝对速度最高可达 1500m/s,具备为各类高超声速飞行器风洞测试的外部流场显示与测量能力。随着国内航天型号研制需求的不断增加,其复杂空间流场对粒子图像测速技术提出了更高的要求,目前粒子图像测速技术正朝着三维体空间速度场测量和超高频测量的方向发展。如层析粒子图像测速技术(TOMOPIV)通过体光源照明流场,采用三四台 CCD 相机从不同方向拍摄流场,可以获得三维体空间内三维速度场的分布;兆赫兹粒子图像测速技术(MHz-PIV)通过多腔同步高频脉冲激光器、超高速多相机和高精度同步控制器,实现连续多张极短时间间隔($<1\mu s$)的流场示踪粒子图像获取,使超声速甚至高超声速流场时间分辨率速度场的获取成为可能。

参 考 文 献

[1] GARLICK G. Luminescent materials[J]. Clarendon, Oxford, England, UK, 1949, 1(6):18-24.

[2] CZYSZ P A, Dixon W P. Instrum[R]. Control Syst, 1968.

[3] BORELLA H M. EG&G Energy measurements Inc [R]. Technical Report No. M - 2657, March 14, 1986.

[4] ALLISON S W, ABRAHAM M A, BOATNER L A. Technical digest of the eleventh international congress on lasers & electro-optics laser institute of america[R]. Anaheim, CA, 1992.

[5] BERRY S A, BOUSLOG S A, BRAUCKMANN G J. Boundary layer transition due to isolated roughness: shuttle results from the larc 20-inch mach 6 tunnel[J]. AIAA Paper 97-0273, 1997, 1:12-16.

[6] BUCK G M. Automated thermal mapping techniques using chromatic image analysis[R], NASA TM-101554, April 1989.

[7] MILLER C G. Langley hypersonic aerodynamic/aerothermodynamic testing capabilities: present and future[J], AIAA Paper No. 90-1376, 1990, 3:56-60.

[8] SCOTT A, BERRY, ROBERT J, et al. Boundary layer control for hypersonic airbreathing vehicles[J]. AIAA Paper 2004-2246, 2004, 3:34-36.

[9] RICHARD A, THOMPSON. Review of X-33 Hypersonic aerodynamic and aerothermodynamic development[R]. ICAS 2000 Congress, 2000.

[10] HORVATH T J, BERRY S A, HOLLIS B R. X-33 experimentala eroheating at mach 6 using phosphor thermography[J]. AIAA Paper 99-33908, 1999, 23:15-18.

[11] THOMPSON R A, HAMILTON HH, BERRY S A. Hypersonic boundary-layer transition for x-33 phase II vehicle[J]. AIAA P 98-0867, 1998, 6:12-15.

[12] THOMAS J, HORVATH, SCOTT A, et al. Shuttle damage/repair from the perspective of hypersonic

boundary layer transition-experimental results[J]. AIAA 2006-2919,2006,5:6-12.

［13］ MICHELLE L J,SCOTT A B. Thermographic phosphor measurements of shock-shock interactions on a swept cylinder[R]. TFAWS,2013.

［14］ DENNIS C B. Boundary-Layer instability measurements in a Mach-6 Quiet Tunnel. AIAA 2012-3147,2012,6:45-48.

［15］ DEREK S L. Aerothermodynamic testing of protuberances and penetrations on the nasa crew exploration vehicle heat shield[J]. AIAA 2008-1240,2008,1:26-27.

［16］ INNA K,JOSEPH D. Temperature-sensitive paint calibration methodology developed at aedc tunnel 9[J]. AIAA 2011-851,2011.

［17］ 毕志献,韩曙光,伍超华,等. 磷光热图测热技术研究[J]. 试验流体力学,2013,27(3):87-92.

［18］ 毕志献,宫建,文帅,等. 磷光热图技术在仿X-33飞行器表面热流测量试验中的应用[C]. 中国力学大会,2013.

［19］ HAN S G,WEN S,WU C H,et al. Global Heat-flux measurements using phosphor thermography technique in gun tunnel[J]. AIAA 2015-3517.

［20］ 范洁川,等. 流动显示与测量. 北京:机械工业出版社,1997.

［21］ DUDDERAR T D,MEYNART R. SIMPKINS P G. Laser speckle velocimetry[J]. IN:U. S. National Congress of Applied Mechanics,10th,Austin,TX,June 16-20,1986,Proceedings（A87-40051 17-31）. New York,American Society of Mechanical Engineers,1987,187-200.

［22］ ADRIAN R J. Scattering particle characteristics and their effect on pulsed laser measurements of fluid flow-Speckle velocimetry vs particle image velocimetry[J]. Applied Optics,1984,23:1690-1691.

［23］ JACQUOT P,RASTOGI P. Influence of out-of-plane deformation and it′s elimination in white light speckle photography[J]. Opt Lasers Eng 1981,2:33-55.

［24］ SINHA S. Improving the accuracy and resolution of particle image or laser speckle velocimetry[J]. Exp Fluids,1988,6:67-68.

［25］ SHEN GX ,KANG Q. Stereoscopic particle image velocimetry technique and preliminary application for 3d vortex flow[J]. Flow visualization VII;Proceedings of the 7th International Symposium on Flow Visualization,Seattle,WA;UNITED STATES;11-14 Sept,1995,733-738.

［26］ HINSCH K D. Three-dimensional particle velocimetry[J]. Meas Sci Technol 1995,6:742-753.

［27］ PRASAD A K,JENSEN K. Scheimpflug stereocamera for particle image velocimetry in liquid flows[J]. Appl Opt,1995,34:7092-7099.

［28］ WESTERWEEL J,VAN OORD J. Stereoscopic PIV measurements in a turbulent boundary layer[R]. In:Stainslaus M;Kompenhans J;Westerweel J（eds）Particle image velocimetry;progress toward industrial application. Kluwer,Dordrecht 1999.

[29] 彭少波. 气压式粒子发生器研制及初步调试[D]. 北京:北京航空航天大学,1998.

[30] 理查特·丹尼斯. 气溶胶手册[M]. 北京:原子能出版社,1988.

[31] VAN H C. Light Scattering by Small Particles[M]. New York:Dover Publications,1957.

[32] RAFFEL M,WILLERT C E,KOMPENHANS J. Particle image velocimetry:a practical guide[R]. Berlin and New York:Springer-Verlag,1998.

[33] HUMPHREYS W M,BARTRAM S M,BLACKSHIRE J L. A survey of particle image velocimetry applications in Langley aerospace facilities[J]. AIAA,Aerospace Sciences Meeting and Exhibit,31st,Reno,NV,1993,11-14.

[34] 言仿雷. 超微气流粉碎技术[J]. 材料科学与工程,2010,18(4):145-149.

[35] KEANE R D,ADRIAN R J. Double exposure,multiple-field particle image velocimetry for turbulent probability density[J]. Optics and Lasers in Engineering,1988,9:211-228.

[36] YAO C S,ADRIAN R J. Orthogonal compression and 1-D analysis technique for measurement of 2-D particle displacements in pulsed laser velocimetry[J]. Applied Optics,1984,23:1687-1689.

[37] RONALD J A. Image shifting technique to resolve directional ambiguity in double-pulsed velocimetry[J]. Applied Optics,1986,25:3855-3858.

[38] KEANE R D,ADRIAN R J. Optimization of particle image velocimety[R]. I. Double pulsed systems. Meas. Sci. Technol,1990.

[39] LIU Z C,LANDRETH CC,ADRIAN R J,et al. High resolution measurement of turbulent structure in a channel with particle image velocimetry[J]. Experiments in Fluids,1991,10(6):56-59.

[40] WILLERT C E,GHARIB M. Digital particle imagevelocimetry[J]. Experiments in Fluids,1991,10(4):181-193.

[41] WESTERWEEL J. Digital particle image velocimetry:theory and application[R]. Dissertation Mechanical Maritime and Materials Engineering,1993.

[42] WESTERWEEL J. Fundamentals of digital particle image velocimetry[J]. Meas. Sci. Technol,1997,8:1379.

[43] WESTERWEEL J. Theoretical analysis of the measurement precision in particle image velocimetry Experiments in Fluids[J]. Supplement 1,2000,29:45-47.

[44] CHEN J,KATZ J. Elimination of peak-locking error in PIV analysis using the correlation mappingmethod. Meas[J]. Sci. Technol,2005,16:1605-1618.

[45] ADRIAN R J. Twenty years of particle image velocimetry[J]. Experiments in Fluids,2005,39(2):159-169.